JN073234

論究
日本の危機管理体制

国民保護と防災をめぐる葛藤

武田康裕 編著

芙蓉書房出版

はじめに

2001年米国同時多発テロ、2011年東日本大震災、2017年北朝鮮危機などを契機に、我が国の危機管理への関心は着実に高まってきた。2016年に公開された映画「シン・ゴジラ」の大ヒットも、政府の危機管理体制に対する問題提起が人々の共感を得たからであろう。何より、2020年7月に開催予定の東京五輪に向け、危機管理の在り方が各方面で検討されてきた。そんな矢先に日本列島を直撃したのが、新型コロナウイルスの感染拡大であった。

2019年12月、中国湖北省武漢市で原因不明の肺炎患者が確認された。それからわずか約2週間という速さで、日本国内で最初の感染者がみつかった。2002年に流行した致死率約10%の重症急性呼吸器症候群（SARS）が日本に上陸するまでには約6か月を要した。これと比べると、今回の新型コロナウイルスは、致死率こそ約3%ながら、感染のスピードと範囲という点でそれを大きく上回った。厚生労働省と世界保健機関（WHO）の発表によれば、2020年3月31日現在、国外の感染者数は750,890人、死亡者数が36,405名にのぼり、国内の感染者数は1,953名、死者数は56名である。

今回の新型コロナウイルスをめぐる危機管理は、様々な局面で厳しい選択を迫るものであった。元来、感染症対策は、大規模自然災害や重大事故と並ぶ防災上の対象であり、同時にまた、化学生物テロ対策の一環として国民保護の対象としても想定されていた。それにもかかわらず、未知のウイルスへの対応は「想定外」との認識を醸成し、安全と共に重視すべきそれ以外の価値や課題との葛藤を冷徹に直視するのを妨げた可能性がある。

第一に、発生早々に直面した選択は、閉鎖された武漢市から迅速に在外邦人を退避させるという課題と、国内への感染拡大のリスクをいかに抑えるかという課題との葛藤であった。武漢市在住の約700名を退避させるため、政府は1月26日にチャーター機の派遣を決定した。1月30日の WHO による緊急事態宣言を待つことなく、感染症としては初の在外邦人輸送に踏み切った。その結果、1月28日の第1便から2月16日の第5便までに、武漢市を含む湖北省の邦人と中国人家族ら約900名弱が無事帰国できた。

ただし、国内感染を阻止するための対処は後手に回った感が否めない。帰国者を2週間隔離収容できる施設の確保は十分とはいえず、隔離用ホテルで相部屋が用意される事態も起きていた。また、感染者への強制的な健康診断や入院措置を可能にする「指定感染症」の施行日は、当初2月7日に予定されていた。急遽2月1日に前倒しされたものの、第3便までの到着には間に合わなかった。何よりも、症状が出ていない帰国者を強制的に隔離する法的根拠はなかった。

第二に、渡航制限や入国拒否による水際での感染拡大の阻止をめぐり、有事の危機対応と平時の法解釈との間で葛藤があった。WHO の緊急事態宣言を受けて、2月2日、米国は、公衆衛生上の緊急事態を宣言し、過去2週間以内に中国を訪問した外国人の入国を禁止した。他にも、オーストラリア、シンガポールなどが中国全土からの入国を拒否するといった徹底した措置をとった。その一方で、日本は湖北省及び浙江省の滞在歴のある外国人を原則入国拒否するにとどまった。しかも、滞在歴はあくまで自己申告であった。これは、外国人の入国を禁止する出入国管理法第5条1項14号が、騒乱などを想定した例外的措置であり、感染症の拡大を理由に同法を適用することへの躊躇があったからに他ならない。先に示した通り、指定感染症の施行に一定の周知期間を設定しようとしたのも、同様に平時の発想に基づく制度の運用から来たものであったと言わざるを得ない。中国と韓国からの入国制限に踏み切ったのは3月上旬になってからであった。

第三に、感染防止と人権配慮の狭間で、ちぐはぐな選択を迫られたのが、クルーズ船「ダイヤモンド・プリンセス」号への対応であった。2月3日、人道上の理由から乗員乗客約3700人を乗せた「ダイヤモンド・プリンセス」号の横浜寄港と停留を認めた。その一方で、2月6日には香港からのクルーズ船「ウエステルダム」号の入港を安全保障上の理由で拒否した。ただし、海上での隔離と船舶検疫という過酷な状況は人権侵害であるとの批判に直面しつつ、政府は潜伏期間を考慮した14日間の船内待機を条件に、下船を許可した。にもかかわらず、人道的観点から実際の船内隔離は徹底されておらず、結果的に大規模な船内感染を促進してしまった。しかも、所定の待機期間を終えて下船した乗客が、公共交通機関で帰宅したことが、内外の不安を煽ることとなった。3月16日現在、712名の感染者と7名の死者を出している。

新型コロナウイルスは、「今そこにある危機」である。東京五輪の開催に向けていつ終息宣言が出せるかは、現在進行中の危機管理にかかっている。過去に実施された数々な危機管理の経験と教訓が、今回の危機にどのように生かされ、また生かされなかったのかは、今後の重要な検討課題であることは間違いない。ただし、本書は、危機を乗り越えるために何が障害だったのか、どのような方法や手段をとるべきだったのか、という問題解決型のアプローチとは一線を画すものである。むしろ、所与の条件下でなぜ最善の方法ではなく、時に矛盾した対応がとられることになったのか、という疑問の解明に本書の主要な関心がある。言い換えれば、本書の特徴は、危機の対極にある安心・安全を手に入れるため、犠牲にせざるを得ない別の価値や課題との葛藤に注目する点にある。つまり、本書は、「葛藤」という切り口から、日本の危機管理体制を点検する試みである。

2020年3月

武田康裕

論究　日本の危機管理体制
—国民保護と防災をめぐる葛藤—

目次

第3部　危機的課題

序　論　安全神話は崩壊したのか

武田 康裕

1．問題の所在

> 安心の増進はつねに自由の犠牲を求めるし、自由は安心を犠牲にすることによってしか拡張されない。しかし、自由のない安心は、奴隷制に等しいし、（中略）安心のない自由は見捨てられ途方にくれることに等しい*1。

これは、社会学者バウマン（Zygmunt Bauman）が、現代社会の普遍的原理として、安全と自由がトレードオフ（二律背反）の関係にあることを端的に指摘した一節である。安全を高めようとすれば、自由やプライバシーが損なわれることを覚悟せねばならない。反対に、自由を享受したいのであれば、安全の低下を覚悟せねばならない。安全も自由も不可欠な価値ではあるが、状況に応じて優先順位を決めて選択をしなくてはならない。そして、より高いレベルの安全と自由を達成するために、いかにして二つの価値の最適なバランスを求めるかが社会の重要課題なのである。こうした安全と自由に代表される重要な諸価値の間の果てしない葛藤こそが、危機管理の本質であり、本書を貫くテーマである*2。

安全とは危険の少ない状態を意味し、安全の対極にあるのが危機である。したがって、危機を管理することは、安全を手に入れることであり、両者は表裏一体の関係にある。安全は絶対的かつ唯一至高の価値ではない。なぜなら、危険という不確実性がゼロになることはない以上、絶対的な安全はありえないし、他の価値を犠牲にして獲得すべき唯一の価値でもないからである*3。だとすれば、危機管理も、二律背反の関係にある価値の葛藤を常に意識せざるを得ないのである。

いささか大上段に構えた書き出しとなったが、実際に危機が発生した時、安全と自由という二つの価値のバランスのとり方は、国によって異なり、時代によっても異なる。何より、当該社会を構成する国民の安全観にそれは大きく影響を受けるに違いない*4。

たとえば、2011年の東日本大震災は、地震、津波、原発事故が同時に発生した未曽有の広域複合災害であり、18,000人以上の死者・行方不明者を出した戦後最大級の国難であったと言っても過言ではない。しかし、災害対策基本法に規定された災害緊急事態の布告（非常事態宣言）が発動されることはなかった。戦後の日本において、自然災害に際して一定の範囲で私権を制限する非常事態宣言は一度として発令されたことはない。また、武力攻撃や大規模テロに遭遇した際、一定の範囲で私権の制約を容認しつつ、国民の生命・財産を保護する国民保護法が整備されたのは、実に2004年のことであった。

他方で、諸外国に目を転じると、非常事態宣言のハードルはそれほど高くはないことがわかる。米国では2001年の同時多発テロの他にも、2009年には新型インフルエンザの拡大に対しても非常事態宣言を出している。最近では、2019年9月にフロリダ州に上陸したハリケーン「ドリアン」に対し、米国政府は直ちに非常事態宣言を発令した。「ドリアン」の最大風速は毎秒58メートルに達していたが、同年10月に関東を直撃した台風19号でも同程度の暴風が予想されていた。また、2002年6月、欧州連合（EU）は、50万人に上る不法移民の域内流入による治安の悪化に対処するために「非常事態」を宣言した。2020年3月、WHO が新型コロナウイルスをパンデミックと表明したのに続き、米国は直ちに国家非常事態を宣言した。欧州でも、イタリア、ハンガリー、チェコ、スロバキア、スペインが相次いで非常事態を宣言した。日本では、緊急事態を宣言できる期間を最長2年間とする特措法がようやく成立した。

このように、欧米諸国が、危機に応じて非常事態宣言を出し、安全のために自由の制約を選択する決断をしてきたのに比べると、非常事態宣言を一貫して忌避してきた日本は、安心・安全よりも自由の価値を優先させてきたといえなくもない。しかし、実際には、安全と自由のトレードオフに直面していながら、価値の選択を回避してきた結果ともいえる。わが国には、洪水で浸水が予想される地域に住む人たちに対して、強制的に退去させる制度はない。また、外国の武力攻撃によって甚大な被害が発生しても、住民に救援活動を義務付けることはできず、自主防災活動への自発的な協力を要請することしかできない。そうした背景には、欧米諸国とは異なる日本の特異な安全観があると考えられる。

わが国では、古来より怖いものを示す言い伝えとして、「地震、雷、火事、おやじ」という諺（ことわざ）がある。この「おやじ」とは、親爺ではなく大山嵐（おおやまじ）が変化したもので、台風のような猛烈な強風を指すとの説もある＊5。いずれにせよ、怖いものの序列の上位に並ぶのは、一過性の自然災害である。外敵という脅威を強く意識しない日本人固有の安全観がここに表れているとの指摘もある＊6。

確かにそれは、大陸国家に暮らす欧米人が、紛争に由来する人為的な脅威を意識せざるをえなかったのとは異なり、島国に住む日本人ならではの安全観かもしれない。そして、天災は人智を超えた制御不能なリスクであるが故に、安全への受動的な態度と危機に対する「宿命論」へと日本人を導くと共に、主体的に危機を管理するという発想を育まなかったと考えられる。

「日本人は安全と水は無料で手に入ると思いこんでいる」と云われて久しい。これは、1970年に発表された『日本人とユダヤ人』の中で、先の諺の紹介と共に日本人の安全観を示すものとして繰り返し引用されてきた一節である＊7。しかし、水はもはや無尽蔵の資源ではないことは周知の事実である。欧米のように、ワインよりミネラルウォーターの方が高価というわけではないが、日本でもペットボトルの天然水をコンビニで買うことに何の抵抗もなくなったことは確かである。同様に、安心と安全は黙っていても手に入るものといったかつての安全神話は、阪神淡路大震災と東日本大震災を契機に劇的に変化し、さらにここ最近の度重なる風水害の激甚化によって決定的に崩れ去ったといえよう。

内閣府による「国民生活に関する世論調査」によれば、悩みや不安を感じる人の割合が、1992年以前の55％前後から2000年代にはいると65％前後に増加した。2008年にはその割合は約71％に達し、不安を感じていない割合の29％の２倍以上に膨らんだ＊8。また、別の世論調査によれば、「日本が戦争に巻き込まれたりする危険がある」と答えた比率は、2012年から2018年の間に72.3％から85.5％へと増大した＊9。さらに、災害発生時に取るべき対応として「自助」と答えた人の割合は、2009年から2017年までの間に16.9％から39.8％へと拡大している＊10。

上記の各種世論調査から、日本人の安心・安全への関心は確実に高まっており、安全が誰かに与えられるものではなく、自分で自主的に守るものであり、コストが掛かるものであるという意識は確実に醸成されてきたことがわかる。このように、安全はタダで手に入るものではないという考え方が定着する一方で、安全は自由とトレードオフの関係にあるという点は、果たしてどれほど日本人の間で意識されるようになったのであろうか。安全にコストがかかるということと、安全を手に入れるには別の重要な価値を犠牲にしなくてはならない、ということとは別の話なのである。『日本人とユダヤ人』の中で、日本人の安全観を説明した章のタイトルが、実は単なる「安全と水のコスト」ではなく「安全と自由と水のコスト―隠れキリシタンと隠れユダヤ人―」であったことを想起すべきかもしれない＊11。その意味で、日本の安全神話は、まだ完全には崩壊していないのかもしれない。

２．主要概念の整理—危機管理、防災、国民保護

さてここで、本書を構成する三つのキーワード（危機管理、防災、国民保護）を定義し、整理しておこう。定義に当たっては、先行研究による概念整理を踏まえる一方で、慣用的に使用される語法から大きく逸脱しないようにしたい。また、学術的な分析概念と法令等で使用される政策概念とを峻別するように心がけたい。そこで、危機管理を分析概念として考察した後、政策概念としての防災と国民保護を整理していこう。

はじめに、危機管理とは、「危機」と「管理」で構成される多義的な概念である。それだけに、学術と実務の世界で共有された統一の定義は未だ存在しない。また、政治学、行政学、法律学、経済学、経営学、社会学に至る様々な学問分野において、さらには同一分野でも論者によって随所にニュアンスの違いが散見される。

日本語では一括りで使用されることが多い「危機」という言葉は、リスク（risk）とクライシス（crisis）という二つの概念を包摂する。リスクとは、主体の機能や価値を損なうような事態の発生が予測される状況を指し、クライシスとは、リスクが既に現実のものとして出現した状況を指す。つまり、時間軸に応じて、リスクは事前の潜在的な不安を意味し、クライシスは事後の顕在化した不安全を意味する。

リスクは、事態の発生確率と被害の深刻度によって評価され＊12、一般に発生頻度が高いほど被害の深刻度は小さく、比較的小規模の行政単位でも対応が可能である。反対に、発生頻度が低いほど被害の深刻度は大きく、比較的大規模で高度な能力を有する行政単位による対応が必要になる。そして、顕在化したリスクは、深刻度の低い順に「インシデント（incident）」、「緊急事態（emergency）」、「災害（disaster）」、「大惨事（catastrophe）」に分類されるが、これら全てがクライシスと呼ばれるわけではない（図表１参照）。

クライシスとは発生後の被害が比較的重大なものだけに限定される＊13。具体的には、被害が比較的軽微で発災現場を主管する基礎自治体で対応が可能な「インシデント」を除き、広域自治体および国家の支援が必要な「緊急事態」以上の状況をカバーする概念である＊14。ちなみに、実際の区分認定は、単に被害の深刻度だけで一律に決まるのではなく、対応する行政単位の能力との関係性による。たとえば、被害の深刻度が小さくても対応能力が低ければ「緊急事態」ではなく「災害」になりうるし、逆に被害の深刻度が大きくても対応能力が十分に高ければ「緊急事態」にとどまることもありうるだろう＊15。

図表1 リスク評価と危機の分類

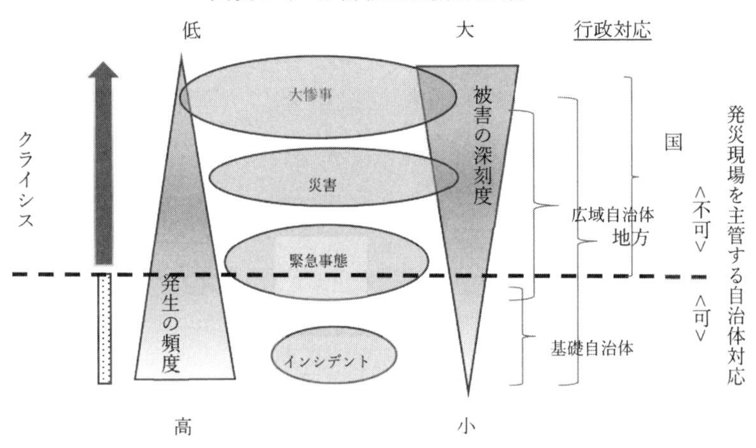

出典:林春男『組織の危機管理入門』(丸善、2008年)2頁を参考に筆者作成。

次に、危機と管理の組み合わせを考察しておこう。上記の整理に基づいて、リスクを管理することがリスク・マネジメントであり、事態発生前の予知、予防・抑止などを含む事前の対策である。他方で、クライシスを管理することがクライシス・マネジメントであり、事態発生後の対処と復旧・復興を含む事後の対策である＊16。また、時間の経過とともに、リスクが顕在化してクライシスへと深刻化し、それが収束した後に再び新たなリスクが発生するとすれば、そうした循環的変化に応じて危機管理もリスク・マネジメントとクライシス・マネジメントとの間を往来する（図表２参照)。

図表2 危機管理の概念図

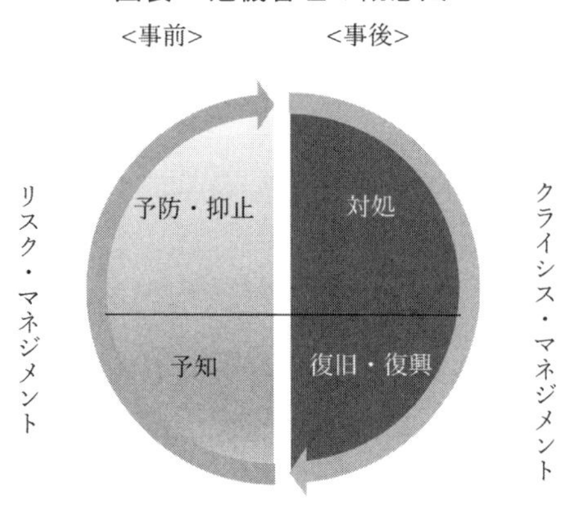

出典:筆者作成

このように整理すると、広義の危機管理はリスク・マネジメントとクライシス・マネジメントの双方を含む概念で、狭義の「危機管理」はクライシス・マネジメントだけに限定した概念ということになる。内閣法15条は、危機管理を、「国民の生命、身体又は財産に重大に被害が生じ、または生じるおそれがある緊急の事態への対処及び当該事態の発生の防止（下線筆者）」と規定している。一重下線部が事前対策のリスク・マネジメント、二重下線部が事後対策のクライシス・マネジメントを意味するとすれば、内閣法15条の定義は広義の危機管理と一致する。

危機管理に包摂されるリスク・マネジメントとクライシス・マネジメントが、時間軸に沿って区分される機能別の概念であるのに対し、「防災」と「国民保護」は、危害の発生源（ハザード）に応じた日本独自の法制度上の分類である。

「防災」とは、災害対策基本法第2条の2によれば、「災害を未然に防止し、災害が発生した場合における被害の拡大を防ぎ、及び災害の復旧を図ること（下線筆者）」と定義され、リスク・マネジメント（一重下線部）とクライシス・マネジメント（二重下線部）を含む。第一義的な対応主体は市町村レベルの基礎自治体で、これを都道府県レベルの広域自治体、最後に国が補完することになっている。災害対策基本法第2条の1は、災害を「暴風、竜巻、豪雨、豪雪、洪水、崖崩れ、土石流、高潮、地震、津波、噴火、地滑りその他の異常な自然現象又は大規模な火事若しくは爆発その他その及ぼす被害の程度においてこれらに類する政令で定める原因により生ずる被害」と定義する。つまり、①大規模自然災害、②重大事故、③その他（感染症等）に分類され、不作為の局地的、もしくは稀に全域的な規模で発生する被害が防災の対象となる。自然災害のように不作為による事態は予見が困難であるため、クライシス・マネジメントに重点が置かれがちであった。しかし、近年は防災におけるリスク・マネジメントの側面が注目され、「減災」という用語が使用されるようになってきた。

他方で、「国民保護」は、「武力攻撃事態等において武力攻撃から国民の生命、身体及び財産を保護し、並びに武力攻撃の国民生活及び国民経済に及ぼす影響が最小となるようにすること」（国民保護法第1条）である。第一義的な責任は国にあり、地方自治体に対応を委託することになっている*17。武力攻撃事態等を予知し、予防・抑止し、脅威を直接排除するのは防衛の役割であり、被害の最小化をめざす「国民保護」と防衛は安全保障の両輪をなす。

ちなみに、国民保護で想定されるハザードに着目すれば、①「武力攻撃事態」と武力攻撃に準じる②「緊急対処事態」に二分される。

「武力攻撃事態」とは、「武力攻撃が発生した事態又は武力攻撃が発生する明白な危険が切迫していると認められるに至った事態」(事態対処法第2条）と定義される。これらは、外国による作為的で全域的な重大緊急事態で、着上陸作戦、弾道ミサイル攻撃、ゲリラ・特殊部隊による攻撃、航空攻撃などが想定されている。「緊急対処事態」とは、「武力攻撃の手段に準ずる手段を用いて多数の人を殺傷する行為が発生した事態又は当該行為が発生する明白な危険が切迫していると認められるに至った事態」(事態対処法第25条第1項）と定義される。大規模テロ等による原子力事業所、石油コンビナート、危険物積載船、大規模集客施設や重要インフラ攻撃が想定されており、作為的ながら局地的に発生する点に特徴がある。

図表３は、危害の意図と被害の範囲に応じて、様々なハザードや事態を整理したものである。「防災」と「国民保護」は、不作為か作為かという危害の意図に応じて区分されていることがわかる。ここで国民保護の論理（A)、国家の対応（a)、防災の論理（B)、地方自治体の対応（b）とした場合、二つの矢印 Ab が交差する「緊急対処事態」は、作為を前提とする国民保護の論理に基づいて国家の責任で実施することになっているが、被害の局地性を考慮し

図表3 防災と国民保護の対象

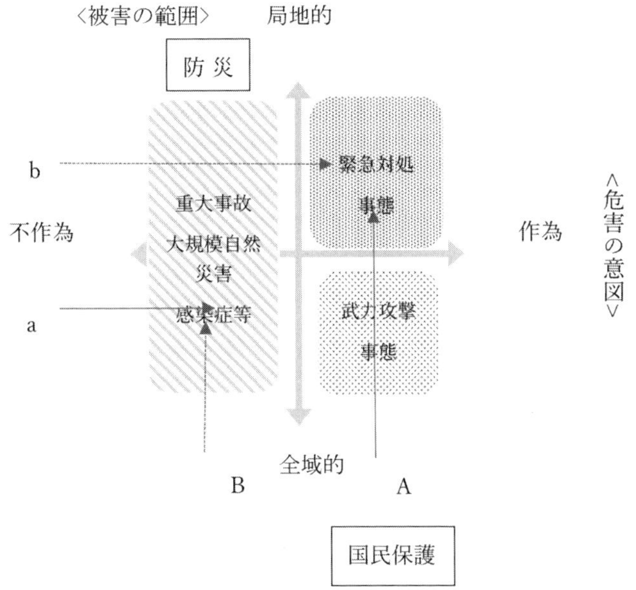

〈被害の範囲〉　局地的
防 災
b
緊急対処事態
重大事故
大規模自然災害
感染症等
不作為
作為
〈危害の意図〉
a
武力攻撃事態
全域的
B
A
国民保護

出典:筆者作成

て地方自治体が対応する可能性を示唆している。反対に、Ba が交差する感染症や一部の大規模災害は、不作為を前提とする防災の論理に基づいて地方自治体の責任で実施することになっているが、被害の全域性を考慮して国家が対応する可能性を示唆している。

ちなみに、内閣官房のホームページで、「防災」は“Disaster Management”、「国民保護」は“Civil Protection”という訳語が当てられている。ここに、日本の危機管理体制が抱える本質的な問題とその特異性が端的に現れている。一般に、諸外国では、自然災害及び重大事故に対応する措置を「市民保護（civil protection)」と称し、武力攻撃からの被害の最小化を「民間防衛（civil defense)」と位置付けてきた。つまり、日本の「国民保護」は元来 civil defense と同義であり、これを「民間防衛」と呼ばずに「国民保護」と命名したところに、概念的なねじれが生じている。

「民間防衛」とは、軍事防衛と密接に連動した概念であり、武力紛争による被害を軽減するという考え方に基づき、ジュネーブ条約（1949年）と二つの追加議定書（1977年）で明文化された人道的任務である。第一追加議定書第61条は、「敵対行為又は災害の危機から文民たる住民を保護し、その直接的影響からの回復を支援し、生存に必要な条件を整えるための人道的任務」と定義する。つまり、「民間防衛」は国家による行為や機能を示す有事の概念で、トップダウン型の指揮・統制の論理が埋め込まれている。これに対し、「市民保護」は、1980年代初頭に欧州で生まれた概念で、平時において自然災害や重大事故のリスクを低減するために、情報の共有と協力を重視するボトムアップ型の論理で構成されている＊18。

「民間防衛」から「市民保護」という欧米諸国の流れとは逆に、いち早く「市民保護」（防災）に着手する一方で「民間防衛」への取り組みが遅れた日本は、「市民保護」の論理を内在する「国民保護」という形式に帰着せざるを得なかったのである＊19。

3．日本の危機管理をめぐる葛藤

本書の中心テーマである葛藤とは、妥協や調整が容易な単なる対立や不一致ではなく、時に両立が困難な、相反する複数の価値、目標、選択肢などに直面する状況を意味する。冒頭の「問題の所在」でも述べたように、危機管理の要諦は、何を犠牲にして安全を追求するかを意識することにあるからだ。

ところが、我が国の危機管理体制において、葛藤に正面から向き合うことを妨げてきたのが安全神話である。東日本大震災に伴う福島原発事故は、まさにその安全神話の陥穽が劇的な形で露呈した。日本の原発事業は絶対に安全であるという神話を前提に推進されてきた。つまり、原発の安全性が深刻な事故は起こらないこと、と読み替えられ、ゼロリスクを求める心理に支配されてきた＊20。その結果、深刻な事故を未然に防止するためのリスク・マネジメントも、事故の発生を所与として組み立てられるクライシス・マネジメントも、思考停止に陥り、すべてが「想定外」として処理されることとなった。こうした日本人の安全観に由来する問題を克服する手立ては、日本の危機管理体制に内在する様々な葛藤を炙り出し、その一つ一つに丁寧に対応していくことであろう。本書の狙いはそこにある。

日本の危機管理体制が抱える様々な葛藤は、(1)「防災」と「国民保護」を関係づける制度設計、(2)危機管理を担う行政機構の実施体制及び運用、そして、(3)具体的な危機的課題という三つの側面で存在する。以下で、本書が取り組む三つの問題群を提示しておこう。

第一に、戦後日本の危機管理は、自然災害に対する「防災」にいち早く着手し、1961年11月に災害対策基本法が公布された。その後、大規模災害に直面するたびに漸進的に制度の改革を積み重ね、応急の対処と復旧・復興を重視するクライシス・マネジメントから、被害の抑止と軽減を視野に入れたリスク・マネジメントへと拡充されてきた。他方で、有事関連法制は長年先送りされてきた。2003年6月に武力攻撃事態対処法が成立し、外国の武力攻撃やテロの脅威に対する国民保護の整備は、2004年6月の国民保護法と翌年3月に閣議決定された「国民の保護に関する基本方針」を待たねばならなかった。その結果、「国民保護」は民間防衛の要素を欠いたまま、平時の論理の延長線上に「防災」と並置された。日本の危機管理をめぐる実施体制と運用、そして具体的な危機的課題で発生する葛藤の根本原因はここにある＊21。

元来、平時の市民保護と有事の民間防衛との間には、リスク・マネジメントとクライシス・マネジメントをめぐる優先順位の設定、地方自治体と国家、及び関係行政組織間での責任と権限、予算や資源などの配分をめぐって厳しい葛藤が存在する。日本の危機管理体制は、こうした葛藤にどのように向き合い、それをどのように克服しようとしているのであろうか。日本の制度設計上の特徴を浮き彫りにし、日本の抱える課題を克服する処方箋を考えるうえで、諸外国の事例との比較分析が欠かせないであろう。

第二は、日本の危機管理法制の下で、「国民保護」や「防災」を担う実施体制が直面する葛藤、及び国民保護法制を実際に運用する際に発生する葛藤に注目する。

日本の危機管理システムは、独立した権限を有する各所管省庁が、平時の縦割り構造を維持しつつ、有事に際しては組織を横断する水平的調整が実現可能であることを前提に組み立てられた分権的・多元的システムである。中央省庁の縦割り構造は、地方自治体と垂直的に連携することで高い管理能力を発揮する一方で、系列外の地方自治体や自治体間の横断的連携を妨げる可能性がある。また、「防災」と「国民保護」の任務と責任は、一旦被害が発生すればその最前線たる市町村等の基礎自治体や民間セクターほど大きくなる反面、対応の権限は地方より中央、民間セクターより公的セクターほど大きく設定されている。こうした構造の下、各実施主体はどのような葛藤に直面し、そうした葛藤にどのように対処しているのかを、中央と地方、地方自治体間（縦と横の連携）、公民セクター間の視点から複合的に分析する。

国民保護法制は、戦争・紛争を念頭に置いた「武力攻撃事態」と大規模テロ等を想定した「緊急対処事態」とに大別される。これらの事象の様相は極めて多様で、影響の程度や範囲にも大きな振幅が予想される。事態の認定、対処、指定の解除、復旧・復興などの各局面で、制度設計上の想定と実際の運用との間にはいかなる齟齬が発生し、それはどのようにして克服できるのであろうか。特に、国民保護における対処の局面に注目した場合、自然災害とは異なり、危険な場所を事前に想定できず、事案発生後も危険な場所が不明なことが多いにもかかわらず、なぜ避難ありきの対応に終始しているのであろうか。

第三に、既存の危機管理体制下で発生が想定される個別の危機的課題に内在する葛藤をとりあげる。たとえば、「国民保護に関する基本方針」で想定されている弾道ミサイル攻撃は、民間企業にとっては顕在化しつつある政治リスクであるにもかかわらず、なぜ対応が遅れているのであろうか。同様に、着上陸侵攻やゲリラ・特殊部隊による攻撃の可能性が最も大きい離島において、基礎自治体やこれを支援する地方自治体の対応が遅れているのはなぜなのか。また、「基本方針」や「緊急対処事態」では必ずしも想定されていない発災時のデマや流言といった人為的危機やサイバー攻撃に対して、既存の枠組みでどこまで対応が可能であり、どこに制度的限界があるのだろうか。それぞれの危機的課題に固有の葛藤に着目しつつ、新たな制度設計の在り方を考えてみたい。最後に、五輪テロのシミュレーションを基にテロ対策の在り方を考える。

4．本書の構成

第１部では、危機管理の制度設計に内在する葛藤を取り上げる。特に、日本の危機管理体制の特徴を浮き彫りにした上で、そこにある葛藤を打開するための示唆を得るための比較事例として、一元的な All-Hazards アプローチで民間防衛と防災の両立を志向する米国と、民間防衛を基本に据えて危機管理制度を構築したドイツの事例を取り上げる。

第１章「日本の危機管理制度―国民保護と防災の論理」（平嶋）では、日本の危機管理体制の抱える多くの課題が、防災と国民保護に係る概念的歪みに由来する点に着目し、市民保護と民間防衛を軸に構築されてきた欧米諸国の危機管理体制との比較を念頭に日本固有の制度設計が直面する矛盾を浮き彫りにする。

第２章「米国の国内危機管理における All-Hazards アプローチ―安全保障プログラムと災害対策をめぐる葛藤」（伊藤）では、民間防衛を端緒とする現代米国の国内危機管理において、特定ハザードに特化しない包括的かつ一元的な仕組みを志向する All-hazards アプローチが誕生した歴史的経緯と、同アプローチ採用が1970年代以降の制度・政策にもたらし影響について検討する。それを通じて、米国が「緊急事態管理」という All-hazards アプローチに基づく国家的制度を形成する中で、安全保障プログラム（軍事攻撃・テロに備えた準備）と災害対策（自然・技術ハザード向けの支援）をめぐる政治的選好やそれに伴う葛藤にどのように取り組んできたのかを明らかにする。

第３章「ドイツの非常事態法制とその政策的含意―連邦軍の国内出動を中心に」（中村）は、戦後ドイツの非常事態法制や関連組織を概観した上で、連邦と州の文民保護・災害援助の統合について検討する。特に、近年の安全保障環境の変容に合わせ、対外安全保障を担う連邦軍と、国内危機管理に責任を持つ州政府の警察・消防などが相互の連携を強化し、テロリズムなどの新たな脅威に対応していく方針に焦点を当て、歴史的曲折を踏まえて軍と警察などを峻別してきたドイツの政治規範や現行法制との関係、及びその運用上の葛藤や課題を検討する。

第２部では、日本の危機管理法制の下で、国民保護や防災を担う実施体制に伴う葛藤、及び国民保護法制とその具体的運用の間で発生する葛藤に注目する。

第４章「地方公共団体の危機管理体制―連携をめぐる葛藤」（加藤）は、広域にまたがる自然災害への対処において、自治体同士、あるいは、警察、消防、自衛隊といった組織同士の連携や協力の必要性が認識されながら、それが進まないという葛藤の原因を、「構造的障壁」と「心理的障壁」に求め、それを克服する方法を考察する。

第5章「国民保護行政のなかの分権性と融合性」（川島）は、国民保護の制度設計が貫徹されておらず、それとは異なる運用実態が存在することが、国民保護行政の独特な問題点であると指摘する。こうした制度と運用の捻じれを、国民保護行政の主体をめぐる集権性と分権性、及び客体をめぐる分立性と融合性との葛藤として捉えられている。

第6章「避難のトラップ―なぜ国民保護では行政誘導避難なのか」（宮坂）は、自然災害以上に予測が困難な国民保護事態に対し、移動を前提とした避難ありきの対策がとられてきた原因に焦点を当てた。特に、災害対策基本法が国民保護法に与えた影響、及び自然災害と国民保護事案とを同一視する問題を指摘しつつ、行政誘導避難が自主避難の機会を妨げてしまう葛藤を考察した。

第7章「武力攻撃事態における国民保護に関する制度運用の全体像と課題」（中林）は、武力攻撃事態における国民保護に関する制度運用の全体像を、主に自治体が行う諸活動に焦点をあてて整理した。国民保護法制は、二つの異なる事象（武力攻撃事態と緊急対処事態）を単一の制度で処理する点に設計上の葛藤を抱えているが、実際の運用は緊急対処事態に偏重しており、国民保護全体に関する課題の検討が十分になされていない。そこで、本章では沖縄戦の事例を手掛かりに、住民避難をめぐる運用上の課題と実効性を検討した。

第3部では、具体的な危機的課題として、災害情報に由来する人為的危機、離島問題、弾道ミサイル攻撃に対する民間事業者の対応、サイバー攻撃対処、五輪テロ・シミュレーションから見える国民保護の陥穽などを取り上げ、それぞれの課題が抱える葛藤に注目した。

第8章「人為的危機対応の通時的変化―自然災害発生時の災害情報をめぐる葛藤を中心に」（林）は、明治期から近年のわが国の政府（地方自治体も含む）が自然災害の発生後に誘発されがちな人為的危機（デマ・流言、パニックなど）に、どういった対応を試みてきたのか、あるいは各時代でいかなる課題が存在していたのかについて明らかにする。特に、災害直後の情報空白期に直面する災害情報の迅速性と正確性との葛藤をいかに克服すべきかを、関東、阪神・淡路、東日本大震災等の事例から考察した。

第9章「離島問題に見る基礎自治体の国民保護計画への対応」（古川）は、離島問題を切り口に、その「危機的課題」としての特性を踏まえつつ、基礎自治体と上位の地方自治体、さらには国家との関係性の中で、国民保護の抱える「葛藤」を論じる。具体的には、基礎自治体が直面する国民保護計画に基づく態勢整備と行政のスリム化との葛藤に着目し、「なぜ日本の離島でも国民保護に係る施策が進んでいないのか」という問いに答えた。

第10章「弾道ミサイル攻撃と民間事業者の対応」（芦沢）は、弾道ミサイル攻撃のリスクが高まり、対応の必要性が再三指摘される中で、民間事業者の危機管理部門による具体的かつ充分な対策が進んでこなかった原因を論じた。弾道ミサイル攻撃には自然災害とは異なる固有の対応が求められるものの、国民保護業務の推進主体として国（内閣官房及び総務省消防庁）が中央から統制することで、支援・保護対象に近い現場自治体の機能が発揮されないという葛藤に焦点を当てた。

第11章「重要インフラに対する破壊的サイバー攻撃とその対処―『サービス障害』アプローチと『武力攻撃』アプローチ」（川口）は、重要インフラへのサイバー攻撃対処として、サイバーセキュリティ基本法の枠内での「サービス障害」と位置づけるアプローチと、「武力攻撃」と捉えて国民保護法制下の対処を可能とするアプローチを比較検討した。両アプローチの特徴、相違点と共通点を浮き彫りにすることで、サイバー攻撃対処を検討する上での葛藤を考察した。

第12章「オリンピックテロ・シミュレーションから考える国民保護の陥穽」（本多）は、2020年東京オリンピック・パラリンピックで強固な対策が準備される中、テロリスト側にとってテロを実施する魅力や目標とは何なのか、また、具体的なテロの様態はどのようなものになるのかを考えた。特に、防御・攻撃のずれを生む制度と、制度を活用できない政治の葛藤を検討することで、国民保護の陥穽を検討した。

註

1 ジグムント・バウマン、奥井智之訳『コミュニティ―安全と自由の戦場』（筑摩書房、2010年）31頁。

2「自由と安全」の相克に着目した類書に、「市民生活の自由と安全」研究会による大澤秀介・小山剛編『市民生活の自由と安全』（成文堂、2006年）、同『自由と安全―各国の理論と実務』（向学社、2009年）、同『フラット化社会における自由と安全』（向学社、2014年）がある。これらは、主にテロ対策を中心に「自由と安全」という切り口から紐解いた論文集であるのに対し、本書は、危機管理の制度設計、体制と運用、危機的課題の全体を俯瞰し、そこに潜む様々な葛藤（相克）を抽出した上で、それを克服する処方箋を検討した。

3 David A. Baldwin,“Concept of Security,”*Review of International Studies*, No.23, 1997, pp.18-21.

4 安全観と類似した概念として安全文化（safety culture）という言葉がある。北野大他『日本の安全文化』（研成社、2013年）によれば、安全文化は、チェルノブイリ原発事故報告書の中で安全に対する考え方や意識を示す概念として登場したことが紹介されている。この安全文化という言葉には、安全がすべてに優先する最も重要な価値として位置付けられており、他の価値とのトレードオフという視点が希薄である。

5 〈http://kotowaza-allguide.com/si/jishinkaminarikajioyaji.html〉

6 向殿政男「日本と欧米の安全・リスクの基本的な考え方について」『標準化と品質管理』（Vol.61,No.12、2008年12月）5頁。

7 イザヤ・ベンダサン『日本人とユダヤ人』（角川ソフィア文庫、1971年）19頁。

8 〈https://survey.gov-online.go.jp/r01/r01-life/2-1.html〉

9 〈https://survey.gov-online.go.jp/h29/h29-bouei/2-6.html〉

10 〈https://survey.gov-online.go.jp/h29/h29-bousai/〉

11 イザヤ・ベンダサン、前掲書、13頁。

12 被害のようなマイナスの影響のみならず、プラスの影響も含む場合、リスクは「目的に対する不確かさの影響」と定義される。ISO/Guide 73:2009(en)Risk management Vocabulary 〈https://www.iso.org/obp/ui/#iso:std:iso:guide:73:ed-1:v1:en〉(2019年12月8日アクセス)

13 林春男編『世界に通じる危機対応』（日本規格協会、2014年）30頁は、被害規模の違いからクライシスを緊急事態と災害の間に位置づけるが、「分岐点」や「重大な局面」というクライシスの語源と、リスク概念との質的相違を重視し、本書では多様な危機を包含する概念として捉えることにする。

14 一般に、地方自治体は、最小の行政区画を意味する基礎自治体と、それより上位の広域自治体とに区分される。日本では市町村及び特別区が基礎自治体、都道府県が広域自治体に相当するが、フランスの様に州・県・市の３層制を採用して両者の間に中間自治体を設定する国もある。

15 Thomas A. Glass, “Emergency, Disaster, and Catastrophe: A Typology with Implications for Terrorism Response,” in S. Wessely and V. V. Krasnow (eds.) *Psychological Responses to the New Terrorism: A NATO Dialogue*, ION Press, 2005, pp.25-28.

16 リスク・マネマネジメントとクライシス・マネジメントを、時間軸に応じて事前対策と事後対策に峻別するものとして、伊藤哲朗『国家の危機管理―実例から学ぶ理念と実践』（ぎょうせい、2014年）1～14頁や関西大学社会安全学部編『社会安全学入門』（ミネルヴァ書房、2018年）164頁がある。他方でクライシス・マネジメントがリスク・マネマネジメントに包摂されるとするのが、吉野毅「自治体における危機管理概念に関する一考察―危機管理とリスク・マネジメント」『日本大学大学院総合社会情報研究科紀要』（No.7、2006年）292頁。

17 国民保護法制運用研究会編著『有事から住民を守る―自治体と国民保護法制』（法令

出版、2004年）68〜78頁。

18 UNISDR, *The Structure, Role and Mandate of Civil Protection in Disaster Risk Reduction for South Eastern Europe*, 2009, pp.3-5.

19 詳細は、武田康裕「市民保護と民間防衛―日本の国民保護をめぐる視座」武田康裕編『グローバルセキュリティ調査報告』(2018年、第2号) 1〜9頁を参照。

20 西山昇・今田高俊「ゼロリスク幻想と安全神話のゆらぎ ―東日本大震災と福島原子力発電所事故を通じた日本人のリスク意識の変化―」(CUC View & Vision、No.3) 57〜64頁。

21 拙稿「危機管理システムの日米比較」伊藤潤・武田康裕・中村登志哉・樋口敏広編・解説『米国国立公文書館（NARA）所蔵　アメリカ合衆国連邦緊急事態管理庁（FEMA）記録－オンライン・アーカイブ』(極東書店、2016年)。

第１部

危機管理の制度設計

第１章　日本の危機管理制度
―国民保護と防災の論理

平嶋 彰英

はじめに

日本の危機管理体制が抱える国民保護と防災の間の葛藤は、どのような歴史的な経緯の中で形成され、なぜ我が国の危機管理制度に内在するようになったのであろうか。本章の目的は、我が国の危機管理に関する諸制度の成り立ちを振り返り、制度の概要と特色を考察することにある。特に、政府内で危機管理政策の立案と履行に関わった経験*1に基づきつつ、次章以降で取り上げるアメリカやドイツとの対比を意識しながら検証することとする。民間防衛の適用範囲を防災にまで広げる形で危機管理を進めてきた諸外国とは異なり、我が国では防災が先行し、有事の国民保護制度の整備は遅れた。その結果として日本の危機管理制度に内在することとなった葛藤は、果たして解決が可能であるのか。また、その葛藤の解消を追求することが現実的なのであろうか。本章では、今後のあるべき制度設計を考える上での材料を提供したい。

Ⅰ　日本の危機管理制度の形成過程とその留意点

１　自然災害対応を中心とした危機管理制度の形成

諸外国の危機管理体制は、それぞれの国が置かれている地理的条件と、それによる災害の多寡と態様及び被害の程度、並びにそれぞれの国が歩んできた近隣諸国との紛争関係を含む歴史的な道のりに大きく依存すると筆者は考える。

そうした視点から、我が国の危機管理体制のあり方と国民保護法制を考える上で、特に留意すべき点は、第一に、そもそも、日本では、危機管理の中核をなす有事への対応の枠組み、すなわち有事法制に関する本格的な議論がなかなか行われず、実態に応じた深みのあるものにならなかったという経緯である。第二に、我が国の危機管理法制は、その地理的条件から、戦後直後から頻発した自然災害への対応を中心に形成され、災害対策基本法を中心とする自然災害対応法制を中心に発達してきたという経緯である。

有事法制の形成過程に目を向けると、本来であれば、警察予備隊、保安隊、自衛隊の創設時に、戦前の反省も踏まえ、有事法制に関する本格的な議論が行われていてもよかったという見方もあろう。幸いにして、戦後の日本は、武力攻撃が急迫するような事態に遭遇することはなかった。また、軍事分野における危機管理が実質的に安保条約によってアメリカに委ねられていたこともあり、有事法制に関する本格的な議論が行われることはなかった。ただ、我が国政府から GHQ に提出された「憲法改正要綱」では「五 第十一条中ニ「陸海軍」トアルヲ「軍」ト改メ且第十二条ノ規定ヲ改メ軍ノ編制及常備兵額ハ法律ヲ以テ之ヲ定ムルモノトスルコト（要綱二十一参照）」とされており、戦前の有事における体制を踏まえ、戦後、軍の編成は法律で定め、国会で定める法律の統制の下におくべきだという考えはあったのだろう。

有事法制の中でも後回しにされていたのが、国民保護（民間防衛）の議論だったのではないだろうか。本来、警察予備隊、保安隊、自衛隊の創設時にも、終戦前の沖縄の地上戦、満州や樺太での戦闘、空襲など国民保護（民間防衛）の検討の材料は多々あったはずだが、法制化等につながるような検討は行われていないのではないだろうか。戦前の大日本帝国憲法の下で陸海軍の統帥権が全面的に天皇に留保されていたことも影響しただろうが、自衛隊法の成立時にも、自衛隊を国会の統制の下に置く検討は十分には行われなかったのではないだろうか。その原因を戦後憲法の問題にすることも可能であろうが、結局制定された日本国憲法は、自衛隊の存在を前提としていない以上、有事における自衛隊の文民統制に関する手続き等に関する規定はなかった。また、有事法制に関する議論が行われない中では、国民保護（民間防衛）の議論が行われる余地も小さかったのではないか。結局、ジュネーブ条約の批准すら国民保護法の成立時まで長く行われていなかった。そのような状態でも、自衛隊法は成立し、日米安全保障条約の批准も行われたのであった。

本格的な有事法制の検討は、概ね、日米安全保障条約体制における米軍の活動に対し、自衛隊がどう対処するか、ということが問題となる度に少しずつ検討が行われてきた。いわゆる三矢研究（昭和38年度総合防衛図上研究）も、結局のところ、日米安保条約の改定が契機として行われることとなったのではないか。また、三矢研究以来、日本では有事法制を含む危機管理研究が事実上タブー視され＊2、逆に有事法制の議論を封じる効果をもたらしたのではないか。有事法制としての周辺事態安全確保法（1999 年成立）の検討も、1995年のナイ・イニシアティブとこれに基づく1978年の「日米安保ガイドライン」とがきっかけとなったといってよいのではないか。さらに国民保護法の前提となっている有事法制である「事態対処法」も、その周辺事態安全確保法に基づき議論が進んだものである。いわゆる「平和安全法制」も、直接のきっかけは1997年の日米防衛協力のための指針（の改定新「日米防衛協力のための指針」）である。

このように、なかなか進まなかった有事法制の検討の中でも、国民保護（民間防衛）に関しては、結局のところ、検討が置き去りにされていた。そのような背景の下で、国民保護法制は事態対処法の成立を図るために検討されることとなった面が強く、必ずしも具体的な要請に基づいて検討され、国会に提出されたものとはいえないのではないだろうか。

戦後直後から自然災害への対応を中心に形成されてきた我が国の危機管理体制は、戦後に新たに発足した憲法下での地方自治重視の体制の下で、地方公共団体の責務とする体制を前提に、分権的、分散的に構築されてきた。明治憲法下における自然災害への危機管理対応も、実は、戦後とさして変わらず、地方公共団体の責務が中心とされていたことも見逃してはならない。さらにいえば、自然災害のみならず、我が国における民間防衛の嚆矢ともいえる、空襲に対する防空体制等の民間防衛も、国の指導はあっても、地方公共団体の責務と整理されていたと考えられる＊3。

2　各制度に関する留意点

国民保護法は事態対処法の施行法的性格をもち、両者を合わせて読む必要がある＊4。本多は、「国民保護法案の法制度的特質として第一に挙げなければならないのは、本法が現在未施行の攻撃事態対処法14条ないし16条の施行法的性質を有している点である。」とし、国民保護法の附則12条は武力攻撃事態対処法14条ないし16条の施行日を定めている。」ことも指摘している。このため、国民保護法は、緊急事態として「武力攻撃事態」しか射程に入れておらず、従って、そもそも自然災害等の緊急事態への対処は対象としていない。東日本大震災に「国民保護法を発令すべきだった」というような議論を散見するが＊5、それは、その法制的な立て付けからいって、そもそも難しいことを理解しておく必要がある。

なお、国民保護法は、これに加え、事態対処法第3章「武力攻撃事態等への対処に関する法制の整備」の中の第22条（事態対処法制の整備）第1項第1号において、「武力攻撃が国民生活及び国民経済に影響を及ぼす場合において当該影響が最小となるようにするための措置」が法制化されたものという性格を有している。

災害対策基本法は、伊勢湾台風による災害を契機に制定されたと言われるが＊6、戦後すぐからの多くの災害発生に対応し、災害救助法等様々な災害対策法制が順次制定されていった。他方で、災害対策基本法の制定の議論が始まった昭和20年代半ば頃、我が国は、朝鮮戦争という朝鮮半島における重大な危機に直面し、それに対応して自衛隊の前身となる警察予備隊の創設（1950年）や保安隊の創設（1952年）等が行われた。しかし、先の大戦の影響もあってか、それらの議論に際して有事における対応が議論となることはほとんどなかった。警察予備隊や保安隊の創設に際しての議論でも、「目的は治安維持」という説明がなされている＊7。中でも、民間防衛の議論は置きざりにされていたのではないだろうか。

Ⅱ 日本の危機管理制度の現状とその体制の概要

1　日本の危機管理制度の対象と認識されている「緊急事態」

我が国で危機管理の対象と考えられている事象は何か。我が国の法令上、「危機管理」との用語が用いられている法律に、「国会議事堂、内閣総理大臣官邸その他の国の重要な施設等、外国公館等及び原子力事業所の周辺地域の上空における小型無人機等の飛行の禁止に関する法律」がある。その第2条第1項第1号ハにおいて、「危機管理」は、「国民の生命、身体又は財産に重大な被害が生じ、又は生じるおそれがある緊急の事態への対処及び当該事態の発生の防止をいう。」とされている。条文自体は、いわゆるドローンの飛行を禁止する対象施設を政令で定める際の危機管理行政機関を定義する上での規定である点に十分留意する必要がある。ただ、この定義自体は「内閣法第15条」の内閣危機管理監の設置に関する部分においても、「危機管理の定義」として、「国民の生命、身体又は財産に重大な被害が生じ、又は生じるおそれがある緊急の事態への対処及び当該事態の発生の防止をいう。」と同様である。従って、我が国の法制上「危機管理」とは、このように定義されていると考えて良いだろう。ここで、問題となるのは、危機管理が対処することとなる事象、すなわち「緊急の事態」とは何であるかである。日本の危機管理法制の特色の一つは、この「緊急の事態」の内容に応じて、対処するための法制が作られているところにある。

そこで、まず政府資料から、この「危機管理」の対象となる「緊急の事態」とは何であると政府が認識しているのかを探ってみたい。日本周辺の安全保障環境が一層厳しさを増す中、内閣を挙げて外交・安全保障体制の強化に取り組む必要があるとの問題意識の下、外交・安全保障政策の司令塔となる国家安全保障会議の創設に向けて、そのあるべき姿について検討するため2013年2月14日に設置された「国家安全保障会議の創設に関する有識者会議」の同年3月13日の第2回会合に政府から提出された資料2「我が国の危機管理について」と題する資料がある。これは、当該第2回会合において示された「国家安全保障会議」の創設に当たっての論点」の中に、「国会安全保障会議と危機管理との関係の整理」があることから、これを踏まえて作成された資料と思われる。

当日の議事要旨をみると、安倍総理がその挨拶で「国家安全保障会議」の創設に当たっては、「外交・安全保障政策の司令塔」として果たすべき役割について整理することが、まずは大切だと考える旨発言があった」とあり、さらに、こうした観点から国家安全保障会議のあるべき姿について知見を頂きたい旨の発言があったとある。「国家安全保障、危機管理及び情報の関係の整理が、『国家安全保障会議』を、屋上屋を架すことなく、適切に機能させるために大切だ。」と述べた、とされている。そして、危機管理の定義として、前述の内閣法第15条の定義を示しつつ、緊急事態の分類と概要が示されている。内閣官房の website ＊8では、「国民生活を脅かす様々な事態」として、図表１が紹介されている。

図表1　緊急事態の主な分類

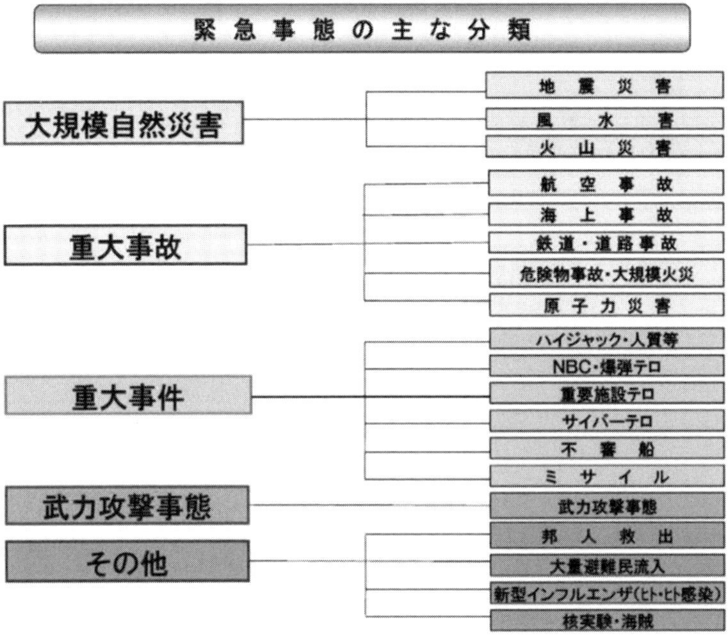

緊急事態の主な分類

大規模自然災害	地震災害
	風水害
	火山災害
重大事故	航空事故
	海上事故
	鉄道・道路事故
	危険物事故・大規模火災
	原子力災害
重大事件	ハイジャック・人質等
	NBC・爆弾テロ
	重要施設テロ
	サイバーテロ
	不審船
	ミサイル
武力攻撃事態	武力攻撃事態
その他	邦人救出
	大量避難民流入
	新型インフルエンザ（ヒト・ヒト感染）
	核実験・海賊

2　政府の考える危機管理の対象となる緊急事態の分類

（1）態様やその性格に応じた政府の分類

危機管理の対象となる緊急事態として、図表1は約20種類の幅広いものを掲げている。政府は、これらの態様に応じて、大まかに地震災害、風水害、火山災害を「大規模自然災害」、海上事故、鉄道・道路事故、危険物事故・大規模火災、原子力災害を「重大事故」とハイジャック・人質等、NBC 爆弾テロ、重要施設テロ、不審船、ミサイルを「重大事件」、武力攻撃事態を「武力攻撃事態」、邦人救出、大量難民流入、新型インフルエンザ（ヒト・ヒト感染）、核実験・海賊を「その他」と5種類に分類している。つまり、その性格に応じた対応の仕方の違い等に応じて5種類に分類しているのである。

（2）緊急事態の性格に応じたその他の分類

内閣危機管理監を務めた伊藤哲朗氏は、その著作『国家の危機管理』の中で、「危機には様々な態様があるが、時代や社会状況、周辺の国際環境の変化に伴いその態様及び緊急事態発生の蓋然性は異なってくる。」とした上で、緊急実態の発生原因に応じて、自然災害と人為的な事件、事故若しくは戦争及びパンデミックのような病疫との3種類に分類した。さらに、自然発生のものと人為的なものに区分できるとし、人為的なものを、ハイジャックやテロのように意図的なものと重大事故や大量難民流入のように危害を意図せざるものに分類した＊9。特に武力攻撃事態の場合は、相手に意図があり、第二、第三の攻撃が起こるおそれが高いことを考慮して、対応を行う必要がある。殺傷を目的とした武器により 被害が時間的、空間的に拡大する可能性もあるという指摘もある＊10。

（3）緊急事態への対処の枠組みに応じた分類

緊急事態への対応には、危機発生の時間の経過に応じて、さまざまな危機対応がある。第一に、危機発生前の段階における予防と危機の前兆となるシグナルの発見（警戒）、第二に、危機発生時直後の即時・応急対応、危機の局限化，拡大防止、第三に、危機がほぼ終了した後の復旧・復興，再発防止の３段階になるのではないだろうか。

これらの活動について、あらかじめ、どのような法令が、その枠組みを作っているかは、法治国家である以上、極めて重要である。そうした観点から見てみると、前述の緊急事態の例示のうち、大規模自然災害（地震災害、風水害、火山災害）、重大事故（航空事故、海上事故、鉄道・道路事故、危険物事故・大規模火災、原子力災害）に関しては、まず、災害対策基本法がその基本的な枠組みを定める法律となっている。これに加え、原子力災害については別途、「原子力災害対策特別措置法」に基づき対処することとなっている。さらに武力攻撃に関しては、「事態対処法」及び「国民保護法」に基づき対処していくこととなる。

次節以降では、それぞれの緊急事態への対処の枠組みを定めた法令（主に法律）が、どのようなものであり、どのような事態を対象としているのかを整理してみたい。まず、災害対策法制を概観した上で、その中核となる「災害対策基本法」を概観することとする。その上で、武力攻撃事態等に関する対処への枠組みを定めた「事態対処法」及び「国民保護法」の概要を見ていく。

Ⅲ　日本の危機管理への枠組みを定めた法制の概要と特色

1　災害対策法制の概要とその特色

ここで、我が国の危機管理法制の中核をなす災害対策法制の特色を指摘してみたい。災害対策法制の基本をなすのは、もちろん、災害対策基本法である。しかし、我が国の災害対策を考えるときに、災害対策基本法だけをみれば、市民保護としての災害対策法制の全容が分かるわけではない。災害対策を実践する消防、警察、海上保安庁や自衛隊といった機関の組織法やその作用法を把握しておくことが必要である。また、災害対策については、その災害の特殊性に応じて、災害対策基本法を補完する個別の法律が定められていることに十分留意する必要があろう。

例えば、原子力災害については、「原子力災害対策特別措置法」が制定されており、石油コンビナート施設については、「石油コンビナート等災害防止法」により特別の規制が行われ、総合的な防災体制の確立が図られている。さらに、我が国特有の地震災害については、「大規模地震対策特別措置法」、「南海トラフ地震に係る地震防災対策の推進に関する特別措置法」「日本海溝・千島海溝周辺海溝型地震に係る地震防災対策の推進に関する特別措置法」、「首都直下地震対策特別措置法」などが、別途定められている。

また、災害対策の多くは、地方公共団体が住民に対し一次的な責任を負うこととされていることから、災害に関する国と地方公共団体の財政負担等に関しては、地方財政法における原則や特例災害対策基本法における特例に加え、「災害救助法」「公共土木施設災害復旧費国庫負担法」、「激甚災害に対処するための特別の財政援助等に関する法律」さらに、個別の災害ごとに復旧復興等に関し国庫負担の特例が定められるケースもある。たとえば、「阪神・淡路大震災に対処するための特別の財政援助及び助成に関する法律」などである。

このように災害ごとに多くの特別立法がなされている。災害の応急対応では、「災害救助法」が重要な役割を果たしていることも抑えておく必要があるだろう。さらに、大規模災害からの復旧・復興に関しては、内閣総理大臣は、復興を推進するために特別の必要があると認めるときは、内閣府に復興対策本部を設置することができる。また、政府は、当該災害からの復興のための施策に関する基本的な方針を定めること等を内容とする「大規模災害からの復興に関する法律」も定められている。以下では、まず、その基本となる「災害対策基本法」の概要を見てみたい。

（１）災害対策基本法の概要

災害対策基本法は、防災に関し、基本理念、住民等、国、地方公共団体（都道府県及び市町村）が「防災」に関し果たすべき責務を明らかにした上で、我が国の防災体制の基本構造を定めている法律である。災害対策基本法上「防災」とは「災害を未然に防止し、災害が発生した場合における被害の拡大を防ぎ、及び災害「の復旧を図ることをいう。」「予防」と「警戒」、危機発生時直後の即時・応急対応、危機の局限化、拡大防止」、さらには、危機がほぼ終了した後の段階からの復旧・復興、再発防止」の３段階の全てにおいて、法的枠組みを規定しているものである。

（２）災害対策基本法上の公的主体の責務

災害対策基本法は、国、地方公共団体（都道府県及び市町村）が「防災」に関し果たすべき責務をどのように規定しているのか。災害対策基本法における国・地方公共団体（都道府県及び市町村）の役割分担、責務のあり方は、我が国の危機管理関係の法制全般において共通する、地方公共団体（都道府県及び市町村）、特に市町村が、住民（国民）に対し一次的な責任を負うという体制の基盤となっていると考えられるからである。災害対策基本法は、市町村中心主義であり、同法は、市町村を中心とした仕組みとして構成されているという指摘もある＊11。

「防災」に関し果たすべき国の責務は、災害対策基本法第3条に規定されている。「国は、前条の基本理念（以下「基本理念」という。）にのっとり、国土並びに国民の生命、身体及び財産を災害から保護する使命を有することに鑑み、組織及び機能の全てを挙げて防災に関し万全の措置を講ずる責務を有する。」と規定されている。この規定は「防災についての国の責務が強調されていると、政府部内では捉えられているようである＊12。

この国の責務の規定は、政府提出の原案が「国の責務が地方公共団体等の責務との対比において規定されている関係もあって、きわめて事務的に表現されており、しかも市町村の責務の場合には、基礎的な地方公共団体として、その有するすべての機能を十分に発揮して責務を遂行すべき旨の力強い表現が用いてあるのと対比して、いかにも迫力に欠け、このことが基本法としての格調を弱めていることは争えない」との理由で「国は使命として防災の任務に対処するものであるという大きな前提を置くことによって、国民が本法案に対して寄せる強い要望に応えようと国会修正されたものなのである＊13。

このように、災害対策基本法制定前に、日本国憲法と同時に施行された地方自治法の規定や、消防法や水防法等を前提に制定された災害対策基本法では、地方公共団体の責務が極めて大きいものとなっている。災害対策基本法上の地方公共団体の事務は、基本的に「自治事務」とされている。

地方公共団体の責務のうち市町村の責務は、災害対策基本法第5条に規定されており、おり、「市町村は、基本理念にのっとり、基礎的な地方公共団体として、当該市町村の地域並びに当該市町村の住民の生命、身体及び財産を災害から保護するため、関係機関及び他の地方公共団体の協力を得て、当該市町村の地域に係る防災に関する計画を作成し、及び法令に基づきこれを実施する責務を有する。」とされている。さらに、第2項は、「市町村長は、前項の責務を遂行するため、消防機関、水防団その他の組織の整備並びに当該市町村の区域内の公共的団体その他の防災に関する組織及び自主防災組織の充実を図るほか、住民の自発的な防災活動の促進を図り、市町村の有する全ての機能を十分に発揮するように努めなければならない。」こととされている。

この規定は、前述のとおり、国会審議においても「基礎的な地方公共団体として、その有するすべての機能を十分に発揮して責務を遂行すべき旨の力強い表現が用いてある」と評価されていたものである。加えて第2項は、「 消防機関、水防団その他市町村の機関は、その所掌事務を遂行するにあたっては、第一項に規定する市町村の責務が十分に果たされることとなるように、相互に協力しなければならない。」と定めている。

都道府県については、災害対策基本法第4条において、「都道府県は、基本理念にのっとり、当該都道府県の地域並びに当該都道府県の住民の生命、身体及び財産を災害から保護するため、関係機関及び他の地方公共団体の協力を得て、当該都道府県の地域に係る防災に関する計画を作成し、及び法令に基づきこれを実施するとともに、その区域内の市町村及び指定地方公共機関が処理する防災に関する事務又は業務の実施を助け、かつ、その総合調整を行う責務を有する。」加えて、公安委員会等の多様な行政機関をもつ都道府県の場合、「都道府県の機関は、その所掌事務を遂行するにあたっては、前項に規定する都道府県の責務が十分に果たされることとなるように、相互に協力しなければならない」とも定められている。

（３）災害対策基本法上の災害

我が国の危機管理法制が対象としているものを明らかにしておく意味も込めて、ここで、災害対策基本法上の対象となる災害とは何かを確認しておこう。後述するとおり、日本の危機管理法制の中で、有事における国民保護、民間防衛を定める「国民保護法」が、災害対策基本法その他災害関連法における災害対策措置の特別法的性質を有していることもあるからだ＊14。また「災害と武力攻撃といったように原因行為はまったく性格を異にするもののそこから生じた被害に対して市民を保護するといった任務に関しては、両法制の同質性を認めることは可能である」との指摘もある＊15。

災害対策基本法は第1条に定義規定をおいており、そこでは「災害」は「暴風、豪雨、豪雪、洪水、高潮、地震、津波、噴火その他の異常な自然現象又は大規模な火事若しくは爆発その他その及ぼす被害の程度においてこれらに類する政令で定める原因により生ずる被害をいう」とされており、主として、自然災害を対象としていることが分かる。

さらに、災害対策基本法施行令では「災害対策基本法（以下「法」という。）第2条第1号 の政令で定める原因は、放射性物質の大量の放出、多数の者の遭難を伴う船舶の沈没その他の大規模な事故とする。」とされており、前述の区分で言えば、「重大事故（航空事故、海上事故、鉄道・道路事故、危険物事故・大規模火災、原子力災害）」も災害対策基本法は対象としていることが分かる。

災害対策基本法は、前述の政府の緊急事態の分類図表１における「大規模自然災害」を全てカバーするものとなっていると考えて良いであろう。

（４）我が国の災害対策基本法制の特色

①分権的・分散的に構築されてきた災害対策法制

まず、指摘しなければならないのは、災害対策法制が分権的分散的に構築されてきたということである。

災害対策基本法に基づく日本の災害対応システムは、各組織の独立した権限を前提とする分権的・多元的なシステムである。米国のような命令・統制型のシステムとは発想が根本的に異なる。全体の状況が十分掌握されておらず、指揮命令系統が確立されていなくとも、分権的に各機関が行動することができる点はメリットであり、危機管理体制の強化のためには、内閣官房が関係省庁を調整する現在のやり方を強化するほうが現実的との見方もある＊16。

戦後直後から自然災害への対応を中心として形成されてきた我が国の危機管理体制は、戦後に新たに発足した憲法下での地方自治重視の体制の下で、自然災害対応は、地方公共団体の責務とする体制を前提に、分権的、分散的に構築されてきた。ただ、後述のとおり、「分権的・分散的」との特色は、国・地方公共団体の間のみをとらえられてはならない。中央政府内も「分権的・分散的」であったのである。

②国と地方公共団体との分権的役割分担

国と地方公共団体の災害対策基本法上の責務のところで述べたように、基礎的地方公共団体としての市町村が、住民に対し広く重要な役割を担っている。この特色は、戦後憲法、地方自治法の下でのみの特色と考えてはならない。実は、明治憲法下における自然災害への危機管理対応も、戦後とさして変わらず、自然災害等はもとよりであるが、防空体制等の国民保護・民間防衛の多くも、地方公共団体の責務とされていたことは忘れてはならないだろう。空襲に対する防空等の民間防衛の多くも、国の法令や指導はあっても、基本的には地方自治体の責務と整理されていた。

③政府内の危機管理対応組織内の分権分散

また、分権的・分散的に形成されてきた災害対策法制と危機管理体制という時に、国と地方公共団体との間の責務や事務配分、その間の指揮命令系統が分権的、分散的であることにのみ、目を奪われてはならない

我が国の場合、中央集権的に形成された国・地方関係の中で集権的に形成された中央政府内においても、各省庁の独立性が強いのではないだろうか。行政改革会議最終報告が「各省庁の特定行政分野についての排他的所掌を前提とした分担管理原則は、ややもすれば所掌範囲内の政策の独占と縦割りの硬直性、省庁をまたがる政策課題への対応力の欠如を招いている。」と指摘した問題である。この行政改革会議の見方は、危機管理体制にもあてはまるのではないだろうか。危機管理対応の組織には実行部隊としての自衛隊を所管する、防衛省、実行部隊としての都道府県警察を所掌する警察庁があるほか、実行部隊である市町村消防を所管する消防庁があり、水防や、河川管理事務所等や、海上保安庁を所掌する国土交通省も存在している。これらの調整組織として、危機管理監や内閣官房副長官補（安全保障危機管理担当）等が設けられてきているとはい

え、今も、危機管理、災害対策、国民保護等に関しても、行政改革会議最終報告が指摘してきた「所掌範囲内の政策の独占と縦割りの硬直性、省庁をまたがる政策課題への対応力の欠如」は、一定程度今もあてはまるものと考えておかなければならない。

そもそも、1940年代後半に災害対策基本法の国会提出に向けた調整が進まなかった原因の一つに、災害対策基本法の所管問題、中央防災会議の事務局をどこが担当するかの問題があったようである＊17。

④我が国の災害対策基本法制の形成過程

上記の「我が国の災害対策基本法制の特色の考察」に関連関し、我が国の災害対策基本法を中心とする災害対策基本法制が、どのように形成されてきたかを簡単に振り返っておきたい。

我が国の災害対策法制は、基本となる1961年に制定された災害対策基本法が、1959年に発生した伊勢湾台風を踏まえて制定されたといわれていることに象徴されるように、基本的に、発生した災害に応じてその対応への反省に基づいて、そのたびに形成されたということができるであろう。その、災害対策基本法は、阪神・淡路大震災や東日本大震災への対応への反省から大改正が行われて、今日の姿となっている。

前述の通り、戦後すぐから様々な災害対策法制が順次制定されていったが、有事等における国家緊急事態への対処が議論となることはほとんどなかった。中でも、民間防衛の議論が行われた様子はうかがわれない。

関連する緊急事態法制については、災害対策基本法制定時の審議経過を見ると、国会に提出された法案には、規定として盛り込まれた災害緊急事態の布告と関連する規定は「その及ぼす影響もきわめて広く、各般の立場から慎重に審議すべきものと考えるのでありまして、本委員会におきまして、このような見地から連日慎重かつ熱心に審議がなされてきたのでありますが、時日の関係からなお審議を尽くすに足らず、各党間における意見も一致を見るに至っていない。」との理由で、国会修正で、災害緊急事態に関する各条文については、章名を除き全部削除されてしまった。次の国会に提案された災害対策基本法の一部を改正する法律案によって、当初案から修正を加えた案が可決されたものの、実際に発動されたことはないまま今日に至っている＊18。

（5）自然災害を中心として形成されてきた日本の危機管理法制

戦後日本の危機管理は、外国の武力攻撃やテロの脅威からの国民保護と、自然災害からの防災を分離してきた。地震や台風による風水害を始め幾多の甚大な被害をもたらした自然災害にさらされてきた我が国においては、朝鮮戦争という重大な危機に対応して自衛隊の前身となる警察予備隊や保安隊の創設等が行われたものの、先の大戦の影響もあってか、有事における対応が議論となることはほとんどなかった。その一方で、戦後直後から大規模な自然災害が相次いだことから、緊急事態への対処については自然災害からの防災のための法制が先行して整備が行われていくこととなった。こうした歴史的経緯の中で、危機管理法制、緊急事態法制は自然災害を中心として構成されることとなった。またその体制については、阪神・淡路大震災等の大きな災害が発生する度にその反省に基づき見直され強化が行われてきたものの、本格的な有事法制の議論は、小泉内閣における事態対処法制の議論を待つことになる。

さらに、自然災害以外の災害については、1999年9月30日の東海村 JCO 臨界事故を契機に、原子力災害対策特別措置法が制定されるなどの、対応が行われることもあった。原子力災害対策特別措置法では、災害対策基本法を補完する形で、第3章に「原子力緊急事態宣言の発出及び原子力災害対策本部の設置等」に関する規定がおかれ、東日本大震災に際して、原子力緊急事態宣言が発出されている。また、2001年9月11日に米国で発生した同時多発テロの発生を踏まえて、「大規模テロ等のおそれがある場合の政府の対処について」が同年11月2日に閣議決定された。

このように、我が国の危機管理体制は制度設計上、外国の武力攻撃やテロの脅威からの国民保護の要素を欠いたまま整備されてきた感は否めない。このため、外国の武力攻撃時の国民保護から危機管理体制を築いてきたアメリカやドイツ等が、危機管理全般について、All-hazards アプローチと言われる、政府の指揮命令が一貫して末端まで貫徹される体系となりやすいのに対し、我が国の危機管理体制は分権、分散的になっている。

結局、我が国が本格的な有事法制の整備に乗り出したのは2001年米国同時多発テロ後のこととなる。その翌年に、小泉首相が有事法制整備を明言し、同年の通常国会に「安全保障会議設置法の一部を改正する法律案」、「武力攻撃事態における我が国の平和と独立並びに国及び国民の安全の確保に関する法律案」及び「自衛隊法及び防衛庁の職員の給与等に関する法律の一部を改正する法律案」が提出されることになる＊19。

こうして有事関連法制が先送りされてきた結果、先行した防災においても、災害対策基本法制定時の災害緊急事態関連の規定が国会修正されたことは前述のとおりである。審議を尽くすに至らずとの理由から章名を除きこれを全部削除することとされ、今日に至っている。また、阪神淡路大震災を踏まえた災害対策基本法の改正では、災害緊急事態の布告がなくとも緊急災害対策本部が設置できるようにする等の改正が行われ、東日本大震災を踏まえた「災害対策基本法の改正」においては、「災害緊急事態の布告があったときは、災害応急対策、国民生活や経済活動の維持・安定を図るための措置等の政府の方針を閣議決定し、これに基づき、内閣総理大臣の指揮監督の下、政府が一体となって対処するものとすること。」等の改正が行われた。令和元年9月1日の、首都直下型地震を想定した防災訓練においては、災害緊急事態の布告も含めた訓練が行われたが実際上「災害緊急事態」の布告は行われたこととはなく、発動は回避され続けた。

さらに2000年代になって整備された国民保護法制も、極東有事に備えたアメリカとの日米安保体制との関連から有事関連法制の関係で整備されることとなったものの、有事における具体的な民間防衛の要素を欠いたまま、自然災害時の危機管理緊急事態対応の延長線上で法制が整備されたといってもよいであろう。実施体制、運用、危機的課題のレベルで発生する葛藤の原因はここにある。

2　事態対処法制と国民保護法制の形成過程と概要

（１）有事法制の検討経緯

いわゆる「有事法制」については、1977年8月以来、防衛庁が中心となって研究が実施されてきており、これらを基礎として、平成13年1月、当時の森総理は施政方針演説において、「法制化を目指した検討を政府に要請する」との与党の考え方を十分に受け止め、検討を開始するとの方針を示した。その後、内閣官房を中心に、関係省庁の連携・協力を得て検討が進められ、前述のとおり平成14年2月には、小泉総理が、施政方針演説において、有事法制についての取りまとめを急ぎ、関連法案を国会に提出するとの方針を示した。そして、4月には、武力攻撃事態における対処を中心に、国全体としての基本的な危機管理態勢の整備を図るため、武力攻撃事態対処関連３法案が国会に提出された。

こうして提出された法案であったが、衆議院では、①武力攻撃事態の定義、②武装不審船事案や大規模テロなどの新たな脅威に対する政府の対応の在り方、③国民の保護のための法制の在り方、などについて意見があり、約67時間にわたる審議の末、継続審査の扱いとなった。その後、事態対処法案の審議は2002年秋の臨時国会を経て、2003年の通常国会に議論は持ち越されたが、政府による国民の保護のための法制の概要の提示、野党民主党の「緊急事態への対処及びその未然の防止に関する基本法案」などの政府原案への対案と修正案の提出等を経て、与党３党と民主党との間で協議が行われ、政府原案に対する修正合意が成立し、2003年6月に武力攻撃事態対処関連3法案は成立した。

修正された点は、①武力攻撃事態の定義の修正、②基本的人権の保障の明記、③国民への情報提供の明記、④国会の議決による対処措置の終了、⑤国民の保護のための法制の整備、⑥武力攻撃事態以外の緊急事態対処のための措置（武装不審船事案や大規模テロなどの新たな脅威に対して取り組む旨を明示等）等である。以上のような修正合意を踏まえ、5月5日、与野党を含む約9割の賛成多数で衆議院本会議を通過、6月6日、参議院本会議においても同様の賛成多数で武力攻撃事態対処関連３法が可決、成立した。

なお、衆参両院の特別委員会において、国民の保護のための法制の整備については、事態対処法の施行の日から一年以内を目標として実施することなどの趣旨の附帯決議が付された。

（２）国民保護法の立案と成立の過程

政府は、2003年6月に武力攻撃事態対処関連３法案が成立した後、直ちに国民保護法制整備本部を発足させた。整備本部のメンバーは内閣官房長官を本部長に、総理以外の全閣僚をメンバーとするという体制であった。政府は、順次、国民保護法制の「輪郭」「概要」「要旨」を公表し、節目において地方公共団体等に説明し、意見聴取を行っているが、特に、国民保護法制整備本部においては「要旨」の取りまとめに当たり、2003年8月に都道府県知事との意見交換会を行ったことに加え、11月に公表した「要旨」について、都道府県知事との意見交換会を始め、地方公共団体、民間機関の代表者や有識者との意見交換を行った。

その上で、政府は、地方公共団体からの意見を法案に反映するよう努め、具体的には、①都道府県知事に対し、国の指示がなくても住民に「緊急通報」や「退避の指示」、「警戒区域の設定」ができることとするなど、都道府県知事の権限を強化したこと、②都道府県知事や市町村長が、指定行政機関の長等に国民の保護のための措置の実施に関し必要な要請ができるようにしたこと、などの点で意見が取り入れられている。

国民保護法制整備本部は、2004年2月の第4回会合で、法案の概要を了承し、政府は、3月9日に国民保護法案他有事関係７法案及び３条約を閣議決定して、国会に提出した。

このように、国民保護法は、災害対策基本法の体系を踏まえた検討が行われたことに加え、上記のような地方公共団体の意見を反映した結果、国・地方公共団体の関係においては、相当程度、分権的、分散的構造をもつこととなるのである。

政府は、2004年3月9日、「武力攻撃事態等における国民の保護のための措置に関する法律案」（以下、「国民保護法案」という。）等有事関連7法案と3条約案を閣議決定して、国会に提出した。同法案は、衆議院では、50時間を超える質疑を経た後、与野党の協議による修正を行ったうえで、5月20日に修正案を可決し、参議院では、30時間に及ぶ審議の後、6月14日に、衆議院での修正案どおり可決され、成立した。

（3）事態対処法・国民保護法の法制的な特色

①災害対策基本法をベースとした構成

事態対処法・国民保護法の法制的な特色として第一に掲げるべきことは、法体系の基本的構成において、武力攻撃災害と自然災害の違いを十分認識しつつも、災害対策基本法をベースにしたものとなっていることにある＊20。そのため、地方公共団体の役割が極めて大きいものとなっており＊21、分権的、分散的に構築されている。なお、国民保護法のみならず武力直攻撃事態対処法の原案作成作業に当たっては、我が国初の有事法制ということで参考となりそうなものが災害対策基本法ぐらいしか見当たらなく、また、自然災害と武力攻撃事態とは異なるものの、本部設置の枠組みや、事案対応における特例措置の創設などについては似通っていることもあり、災害対策基本法をかなり参考にしたようである＊22。

また、この点については、国会審議においても日本共産党吉井英勝議員の質疑で「武力攻撃事態等の避難の法制度に災害の法体系というのを準用する、その理由というのは何ですか。」と質したのに対し、国民保護法案国会審議当時の担当大臣井上喜一国務大臣は、「国民保護措置の中身で主要なものは、警報の発令でありますとか、あるいは避難の誘導、あるいは救援、あるいは武力攻撃事態によって生じた災害を極力最小化していく、そういう措置だと思うのでありますけれども、これはいずれも災害と共通するところがかなりあるわけでありまして、そういう共通する部分については、災害対策基本法の援用を初め、災害救助法なんかの規定も援用しているというところでございます。 確かに、今申し上げました主要なところについては、事項としてはやはり共通するところがかなりあるんじゃないか、ただ、程度は違うかもわかりませんけれども。我々、そんなふうに考えまして、このような法律の 制度をつくった次第でございます。」と答弁している＊23。

②事態対処法と一体で解釈すべきとなった国民保護法の構成

前述の通り、国民保護法案の制度的特質は、攻撃事態対処法14条ないし16条の施行法的性質にあった＊24。そもそも、国民保護法は、事態対処法第3章「武力攻撃事態等への対処に関する法制の整備」に基づいて整備されたものであり、事態対処法と一体で考えるべきことは当然なのである。事態対処法第3章について礒崎は、「この法律の規定に基づいて整備する国民保護法等の事態対処法制の整備に関する基本方針及び内容等について定めているこれらの規定は、プログラム法と呼ばれ、この法律の規定に基づいて整備する法制を法律上明らかにするものであり、中央省庁改革法でとられた手法と同様のものである。」と解説している＊25。

（４）国民保護法制の検討経緯

このような事態対処法・国民保護法の特色はその検討経緯及び両方の国会審議の影響を受けた部分も大きいので改めて、その経過を振り返っておきたい。

国民保護法制整備本部は、2004年2月の第4回会合で、法案の概要を了承し、政府は、3月9日に国民保護法案他有事関係７法案及び３条約を閣議決定して、国会に提出した。ただし、災害対策基本法上は、地方公共団体の事務は基本的に「自治事務」とされているのに対し、事態対処法及び国民保護法上は、地方公共団体の事務は「法定受託事務」とされていることには、留意する必要がある。大石や当局関係者は、この点について「国民保護法の規定に基づいて地方公共団体が処理することとされている事務は、国の定める方針に基づいて、国が本来果たすべき役割に係るものであって、国がその適正な処理を特に確保する必要があるものであることから、原則として法定受託事務としている。」と解説している＊26。

このうち2004年6月14日に成立した国民保護法は、2003年の通常国会で成立した武力攻撃事態等における我が国の平和と独立並びに国及び国民の安全の確保に関する法律（平成15年6月13日法律第79号、以下「事態対処法」という。）の国会での審議に際して付された附帯決議により、1年以内を目標として整備することとされていたものである。このように、この法律の成立の経過から考えても、前述したとおり、国民保護法は事態対処法の施行法的性格をもち、両者を合わせて読む必要があるのである。

国民保護法案の提出は内閣官房から行われているが、その提出に当たっては、総務省消防庁が、災害対策基本法において重要な役割を果たしていたことと関係があったであろう。消防が担う役割に加え、国民の保護のための措置の多くを担う地方公共団体との連絡調整を行う責務を災害対策基本法と同様消防庁が担うこととされており、法案の立案段階から、協力を重ねたこうした内閣官房と消防庁の関係は、災害対策基本法における、内閣府と消防庁の関係を彷彿とさせるものがある。

以下、国民保護法案の検討経緯、事態対処法との関係、法案の概要、地方自治体の事務、国会審議における修正の経緯等について簡単に概説する。

国民保護法案については、衆議院で、与野党の協議により、修正を行われているが、その内容は、次のとおりである。

修正点の第一は、緊急対処事態についてである。政府原案では、緊急対処事態への対処は国民保護法案に位置付けられていたが、攻撃の鎮圧等の事態を終結させる措置についても対処方針に定めることとして、事態対処法の中に位置付けることとされた。また、緊急対処事態の認定について、国会の「事後」承認に係る規定を設ける等により、国会の関与が担保された。

第二は、国の現地対策本部についてで、政府原案では、国の現地対策本部の規定が置かれていなかったが、災害対策基本法と同様に、現地対策本部を設置することができるよう、所要の規定が追加された。

第三は、訓練に関するもので、国民保護の訓練は、災害対策基本法に基づく防災訓練との有機的連携に配慮するものとするとともに、訓練の経費については、国が地方公共団体と共同して行う訓練に係る費用で地方公共団体が支弁したものについては、原則として国の負担とし、所要の規定を追加することとされた。

なお、法案の議決において、衆参両院の委員会において附帯決議が付されているが、地方公共団体に関連する事項としては、地方公共団体の国民保護協議会については、防災会議と一体的かつ円滑な運営を可能とするために必要な検討を行い、その結果に基づき、必要な措置を講ずること、基本指針の策定に当たって地方公共団体の意見を幅広く聴取すること、地方の実情に配慮しつつ適切な支援を行うとともに、国・地方公共団体間の十分な連携体制を整備すること等が決議されている。

（５）事態対処法の概要

事態対処法は、いわば有事法制の中核となる法律であり、武力攻撃事態等への対処について、基本理念、国、地方公共団体等の責務、国民の協力その他の基本となる事項を定め、必要な体制を整備しようとするものである。

基本理念としては、武力攻撃事態等への対処において、国、地方公共団体が国民の協力を得つつ相互に連携協力し万全の措置が講じられなければならないこと、日本国憲法の保障する国民の自由と権利の尊重、適時適切な国民への情報提供、日米安保条約に基づいてアメリカ合衆国と緊密に協力しつつ、国際連合を始めとする国際社会の理解及び協調的行動が得られるようにしなければならないこと、などが定められている。

また、国は、組織及び機能のすべてを挙げて武力攻撃事態等に対処するとともに、国全体として万全の措置が講じられるようにする責務を有することとされ、地方公共団体は、その地域、住民の生命、身体及び財産を保護する使命を有することに鑑み、国等と相互に協力し、必要な措置を実施する責務を有することとされている。国と地方の役割分担としては、国は武力攻撃事態等への対処に関する主要な役割を担い、地方公共団体は国の方針に基づく措置の実施その他適切な役割を担うことを基本とするものとされている。なお、国民は、国、地方公共団体等が対処措置を実施する際は、必要な協力をするよう努めるものとすることとされている。

また、武力攻撃事態等に至ったときの具体的な対処手続きとして、政府は、対処に関する基本的な方針（対処基本方針）を閣議で決定することとされており、対処基本方針には、防衛出動待機命令等の承認、防衛出動を命ずることについての国会承認の求め等を規定することとされている。対処基本方針は、閣議決定後、直ちに国会の承認を求めなければならないこととし、不承認の議決があったときは、対処措置は、速やかに、終了しなければならないこととされているなど、国会による統制が規定されている。

また、政府は、対処基本方針を定めたときは、内閣に、内閣総理大臣を長とする武力攻撃事態等対策本部（対策本部）を設置することとされている。

（6）国民保護法等の概要

国民保護法は、事態対処法に定められた基本的な枠組みに沿って、国民の保護のための措置を的確かつ迅速に実施することを目的としている。

①住民の避難

住民の避難に関する措置について、対策本部長（内閣総理大臣）は、武力攻撃から国民の生命、身体又は財産を保護するため緊急の必要があると認めるときは警報を発令する共に、関係都道府県知事に対し所要の住民の避難に関する措置を講ずべきことを指示すること、避難措置の指示を受けた都道府県知事は市町村長を通じて住民に対し避難の指示をすること、市町村長は消防を含む市町村職員を指揮し、警察等の関係機関と連携して避難住民を誘導しなければならないこと等を定めている。

都道府県知事は避難住民等に対し、食品の給与、医療の提供その他の救援を行わなければならないこと、救援を行うため必要があると認めるときは、医薬品、食品その他の救援の実施に必要な物資についての売渡しを要請すること等ができること、地方公共団体の長、総務大臣その他の関係機関は、避難住民等の安否情報を収集し、照会に対し回答すること等を定めている。

②武力攻撃災害への対処に関する措置

国は自ら必要な措置を講ずるとともに地方公共団体と協力して武力攻撃災害への対処に関する措置を的確かつ迅速に実施しなければならないこと、地方公共団体はその区域に係る武力攻撃災害を防除し、及び軽減するため必要な武力攻撃災害への対処に関する措置を講じなければならないこと、指定行政機関の長は危険物質等に係る武力攻撃災害の発生を防止するため必要な措置を命ずることができること、内閣総理大臣は放射性物質等による汚染への対処のため関係大臣を指揮し必要な措置を実施しなければならないこと等を定めている。

③国民生活の安定に関する措置等

指定行政機関の長等は、武力攻撃事態等において生活関連物資等の価格の高騰又は供給不足が生ずるおそれがあるときは、法令の規定に基づいて適切な措置を講じなければならないこと、電気事業者、ガス事業者その他の指定公共機関等は、武力攻撃事態等において、電気、ガスの安定的な供給等必要な措置を講じなければならないこと等を定めている。

④復旧、備蓄その他の措置

武力攻撃災害の復旧、国民の保護のための措置の実施に必要な物資等の備蓄、国民の保護のための措置に係る職務を行う者等に対する特殊標章の交付等について定めている。

⑤財政上の措置等

国及び地方公共団体は、この法律の規定に基づく処分が行われたときは当該処分により通常生ずべき損失を補償しなければならないこと、地方公共団体が実施する国民の保護のための措置に要する費用については、原則として国が負担すること等を定めている。

⑥緊急対処事態に対処するための措置

住民の避難、避難住民等の救援、災害への対処に関する措置など国民の保護のための措置に準ずる措置を講ずること等を定めている。

（７）国民保護法案における地方公共団体の役割

①平時における役割

・国民保護計画の策定

国、地方公共団体は、あらかじめ、国民保護計画を作成することとされている。この場合、国が作成することとされている基本指針に基づき都道府県が計画を作成し、その都道府県の計画に基づき市町村が計画を作成することになる。

・国民保護協議会

国民保護計画を策定するに当たって、幅広く住民の意見を求め、関係する者から意見を聴取するため、全ての都道府県及び市町村に、国民保護協議会が設置されることになる。国民保護計画の作成又は変更にあたっては、地方公共団体の長はこの国民保護協議会に諮問をしなければならないこととされている。

②武力攻撃事態等における対処

・国・地方公共団体の対策本部の設置

武力攻撃事態等に至ったとき、政府は、武力攻撃事態等への対処に関する基本的な方針を定めるとともに、臨時に国の武力攻撃事態等対策本部を設置することになるが、内閣総理大臣が対処基本方針案を作成し閣議の決定を求めると同時に、都道府県及び市町村国民保護対策本部を設置すべき都道府県及び市町村の指定について閣議の決定を求めることになる。指定を受けた都道府県及び市町村は、国民の保護に関する計画に基づき国民保護対策本部を設置することとなる。なお、法案では、都道府県及び市町村の側から、対策本部を設置すべき指定を行うよう内閣総理大臣に対し要請を行うこともできることとされている。

・警報の通知・伝達

武力攻撃事態等に至った場合、国の対策本部長は基本指針及び対処基本方針に基づき警報を発令することになる。都道府県知事には総務大臣を経由して警報が伝えられると同時に、指定公共機関である放送事業者も警報を放送することとなる。

警報の内容は、1)武力攻撃事態等の現状及び予測、2)武力攻撃が迫り、又は現に武力攻撃が発生したと認められる地域、3)その他住民及び公私の団体に周知させるべき事項とされている。都道府県知事により警報が市町村長に通知され、市町村長は防災行政無線等を用いて住民に警報を伝達することになる。

・避難措置の指示

国の対策本部長は、警報を発令した場合において、基本指針で定めるところにより、関係都道府県知事に対し、住民の避難に関する措置を講ずべきことを指示する。避難措置の指示には、1)住民の避難が必要な地域（要避難地域）、2)住民の避難先となる地域（住民の避難経路となる地域を含む。避難先地域）、3)住民の避難に関して関係機関が講ずべき措置の概要、が示されることになる。避難措置の指示は、総務大臣（消防庁）を経由して関係都道府県知事に伝達される。都道府県知事は、避難措置の指示を受けたときは、要避難地域を管轄する市町村長を経由して、避難すべき旨を指示しなければならない。避難の指示には、国が発する避難措置の指示の内容に加えて、「主要な避難の経路」や「避難のための交通手段その他避難の方法」が示される。また、放送事業者である指定公共機関又は指定地方公共機関は、警報の放送と同じく、速やかに避難の指示も放送することになる。

・避難住民の誘導

市町村長は、都道府県より避難の指示があったときは直ちに避難実施要領を定め、避難住民の誘導を行わなければならない。避難実施要領には、1）避難の経路、避難の手段その他避難の方法に関する事項、2）避難住民の誘導の実施方法、避難住民の誘導に係る関係職員の配置その他避難住民の誘導に関する事項、3）その他避難の実施に関し必要な事項が示される。市町村長は、避難実施要領に定めるところにより、市町村の職員並びに消防長及び消防団長を指揮して、避難住民の誘導を行う。また、市町村長は、必要があると認めるときは、警察官、海上保安官、自衛官に避難住民の誘導を行うよう要請することができることとされている。

・避難住民等の救援

救援の実施は都道府県が中心的な役割を果たすこととされている。国の対策本部長が避難措置の指示をしたとき又は武力攻撃災害による被災者が発生した場合において、救援が必要な地域を管轄する都道府県知事に対し、救援に関する措置を講ずべきことを指示する。都道府県知事は、当該指示を受けた場合は救援を行わなければならない。また、事態に照らし緊急を要し、救援の指示を待ついとまがないと認められるときは、指示を待たないで救援を行うことができることとされている。救援の内容としては、1）応急仮設住宅を含む収容施設の供与、2）炊き出しその他による食品の給与及び飲料水の供給、3）被服、寝具その他生活必需品の給与又は貸与、4）医療の提供及び助産、5）被災者の捜索及び救出、6）埋葬及び火葬、7）電話その他の通信設備の提供、規定されている。

・物資の売渡し要請・土地の使用・医療の実施の要請等

国民保護法案においても、災害対策基本法及び災害救助法の規定同様、物資の売渡し、土地の使用、医療の実施などの規定も設けられている。しかし、国民保護法案においては、これらの規定はすべて、まずは要請を行うこととされ、正当な理由がないのに当該要請 に応じない場合にはじめて、物資の売渡し等を行うことができることとされている。

・安否情報の収集、報告

市町村長は、避難住民及び武力攻撃により被害を受けた住民の安否情報を収集、整理するよう努め、都道府県知事に対し安否情報を報告しなければならないとされている。また、都道府県知事は、安否情報を整理するとともに、自ら安否情報を収集、整理するよう努め、総務大臣に対し報告をしなければならないとされている。総務大臣及び地方公共団体の長は、安否情報について照会があった場合は、個人情報の保護に十分留意の上、速やかに回答しなければならないこととされている。

③財政措置

武力攻撃事態等における対処は、基本的に国の責任の下に行われるものであり、国民保護法案においては、武力攻撃事態等が発生した場合における住民の避難、避難住民等の救援、武力攻撃災害への対処に関する措置に要する費用、損失補償等に要する経費については、国が負担することとされている。ただし、職員の人件費のうち固定給部分や、地方公共団体の行政事務の執行に要する経費、公共的施設の管理者として行う事務に要する経費といった平時でも当然必要となる経費については地方公共団体の負担になる。

また、法案では、国民の保護のための措置やその他国民保護法案に基づいて実施する措置に要する費用について、国庫補助金の根拠規定がおかれている。さらに、衆議院における修正によって、国と地方が共同して行う訓練に要する経費も、国が負担することとされた。

おわりに

最後に、我が国の危機管理法制の評価をしておこう。冒頭の問題意識において、我が国の危機管理法制は、その地理的条件から、戦後直後から頻発した自然災害への対応として形成されてきた災害対策基本法を中心とする自然災害対応法制を中心に発達してきたという経緯がある。そうした背景や、第二次世界大戦の反省、さらには戦後の憲法と地方自治法の下で、危機管理法制も、国・地方公共団体の関係が、極めて分権的・分散的に構築されていうという特色があることを述べてきた。

こうした体制は、我が国の地理的条件と歴史的経緯の中で形成されてきており、それなりに機能しており、それなりに評価されていいのではないか。米国のような命令・統制型のシステムやAll-hazardsアプローチに向けた取り組みが必要との意見もあろう。しかし、我が国の危機管理体制は、米国のような命令・統制型のシステムとは発想が根本的に異なる。そこには、全体の状況が十分に掌握されておらず、指揮命令系統が確立されていなくとも、分権的に各機関が行動することができるメリットがある。危機管理体制の強化のためには、内閣官房が関係省庁を調整する現在のやり方を強化するほうが現実的である。

ある面で、一貫した命令統御といっても、台風の度にその状況に応じ、地域住民に対し、国や内閣総理大臣が、避難先を指定するなどというのは現実的ではない。また、住民に身近な地方自治体、特に市町村が責任を持つことは、戦前の記憶からも国民にも受け入れやすかったのではないだろうか。また、自然災害に限らず、武力攻撃事態も含め、地方公共団体が避難等の市民保護に当たることは、ある意味で、市町村レベルで、All-hazardsアプローチが実現しているということであって、これが、適切に機能しているのであれば、国家レベルで、All-hazardsアプローチを導入する必要性は、さほどないのではないだろうか。

ただ、課題がない訳ではない。本書の第2部でも指摘されているが、武力攻撃事態やテロ等の緊急対処事態に対する知見のない地方自治体レベルの訓練における戸惑い等の問題がある。それは、我が国の分権的・分散的な危機管理体制を前提に、国や都道府県関係が、基礎的自治体である市町村等をサポートすればいいことではないだろうか。国民保護法第42条には「指定行政機関の長等は、それぞれその国民の保護に関する計画又は国民の保護に関する業務計画で定めるところにより、それぞれ又は他の指定行政機関の長等と共同して、国民の保護のための措置についての訓練を行うよう努めなければならない。この場合においては、災害対策基本法第48条第1項の防災訓練との有機的な連携が図られるよう配慮するものとする。」としている。本書のアメリカやドイツの事例でも、結局は住民レベルでは、地方自治体の役割が重要である。この第42条を実効あらしめる措置をどう講じるかということが課題ではないだろうか。

註

1 筆者は、阪神淡路大震災当時及び、東日本大震災当時に、災害に関する地方公共団体の応急、復旧復興対策に関する財政を担当する総務省自治財政局に勤務していたほか、国民保護法の国会審議、国民保護基本方針、都道府県国民保護モデル計画の検討過程において、総務省消防庁の国民保護室長を務め、後にJアラートと呼ばれるシステムの検討を行っていた。また、国民保護室長当時には、中越地震の対応も行った。

2 加藤朗「危機管理の概念と類型」『日本本公共政策学会年報』1999年、2頁。

3 川口朋子「戦時下建物疎開の執行目的と経過の変容」『日本建築学会径角形論文集』第76巻第666号、2011年、1509～1511頁。水島朝穂「防空法制から診る戦前の国家と社会」『立命館平和研究』第16号、2015年3月、2～5頁。財団法人日本消防協会『消防団120年史』、近代消防社、2015年、121頁。

4 本多滝夫「有事法制と国民保護法案」『法律時報』第76巻7号（2004年6月）は、「国民保護法案の法制度的特質として第一に挙げなければならないのは、本法が、前述した、現在未施行の攻撃事態対処法一四条ないし一六条の施行法的性質を有している点である。」とし、国民保護法の附則一二条は武力攻撃事態対処法一四条ないし一六条の施行日を定めている。」ことも指摘している。

5 樋口「『国民保護法』を発令すべきだった東日本大震災」2012, SSRIwebsite

6 政府の災害対策に関する公式パンフレット「日本の災害対策」（内閣府、2015年3月）も、「昭和34年の伊勢湾台風を受けて、総合的かつ計画的な防災体制の整備を図るため、昭和36年に災害対策基本法が制定されました。」と記述している。

7 前田哲男・飯島滋明『国会審議から防衛論議を読み解く』三省堂、2003年、37頁。

8 http://www.cas.go.jp/jp/gaiyou/jimu/fukutyoukanho.html、2019年12月25日閲覧

9 伊藤哲朗『国家の危機管理―実例から学ぶ理念と実践』ぎょうせい、2014年、10頁。

10 消防庁「自然災害と武力攻撃や大規模テロの相違（ポイント）」（https://www.fdma.go.jp/mission/protection/item/protection001_01_kokuminHogo_Sikumi.pdf　2019年12月25日閲覧）自然災害と武力攻撃や大規模テロの相違（ポイント）

11 大橋陽一「国民保護法制における自治体の法的地位：災害対策法制と国民保護法制の比較を中心として」『法政研究』70-4号（2004年）、九州大学法政学会、70頁。

12 防災行政研究会編集『第３次改訂版災害対策基本法逐条解説』ぎょうせい、2016年、86頁。

13 昭和36年10月27日　衆議院地方行政委員会議事録14号。

14 本多滝夫「有事法制と国民保護法案」『法政研究』76-7号（2004年）、58頁。

15 同上。

16 政府の危機管理組織の在り方に係る関係副大臣会合 平成26年8月27日（水）参考資料２ FEMA に関する有識者等の意見より。

17 防災行政研究会編集『第３次改訂版災害対策基本法逐条解説』1頁、武田文男「災害対策基本法の見直しと今後の課題」『自治研究』88-12、2012年、22頁。

18 現在では、「大規模地震・津波災害応急対策対処方針」（平成29年9月21日中央防災会議幹事会決定）において、）「内閣総理大臣は、収集された情報により、国の経済及び公共の福祉に重大な影響を及ぼす異常かつ激甚な被害が発生しており、当該災害に係る災害応急対策を推進し、国の経済の秩序 を維持し、その他当該災害に係る重要な課題に対応するため特別の必要があると認めるとき（首都直下地震の具体計画又は南海トラフ地震の具体計画が定める当該具体計画が初動対応を行う判断基準に該当する地

震が発生したときを含む。）は、直ちに閣議を開催し、災害緊急事態の布告、緊急災害対策本部の設置（既に設置されている場合を除く。）及び災害緊急事態への対処に関する基本方針を決定する。」こととされており、災害緊急事態の布告も速やかに行われることが予定されている。」また、事実、東京都23区を震源とするマグニチュード7.3、最大震度７の首都直下地震が発生したという想定で行われた令和元年度総合防災訓練」では、災害緊急事態の布告の訓練も行われた。

19 衆議院憲法調査会事務局「非常事態と憲法（国民保護法制を含む）」に関する基礎的資料」衆憲資第45号（2004年）。

20 大橋陽一「国民保護法制における自治体の法的地位」840頁。

21 大橋陽一「国民保護法制における自治体の法的地位」841頁。

22 原案作成当時の消防庁担当者や内閣府出向者への筆者の取材による。

23 平成16年4月20日 衆議院 武力攻撃事態等への対処に関する特別委員会。

24 本多滝夫「有事法制と国民保護法案」57頁。

25 礒崎陽輔『武力攻撃事態対処法の読み方』ぎょうせい、2004年、6頁。

26 大石利雄「国民保護法等有事関連７法」特集第159回国会主要成立法律、『ジュリスト』、2004年、43頁。同旨、国民保護法制研究会編集『逐条解説国民保護法』ぎょうせい、2005年、86頁。

第2章　米国の国内危機管理におけるAll-Hazardsアプローチ
—安全保障プログラムと災害対策をめぐる葛藤

伊藤　潤

はじめに

米国が国家レベルで国内危機管理体制を本格的に整備するようになったのは第二次世界大戦後のことである。その際、戦時の市民保護を目的とした「民間防衛（Civil Defense)」を基軸に形成したことが、その後の制度の方向性を大きく規定した。今日、大規模自然災害に対する備えや対応・復旧の取り組みが、テロ対策・国境管理・サイバーセキュリティに主眼を置く「国土安全保障（Homeland Security)」の枠組みの中に組み込まれているのは、この起源と決して無関係ではない。このような安全保障プログラムと災害対策の共存という課題は、連邦制に由来する課題（地方－州－連邦間の円滑な連携）と並び、長らく米国の危機管理をめぐる議論の中心的テーマであった。これらの制度上の課題を克服するため、米国では1970年代後半から「緊急事態管理（Emergency Management)」の名の下で包括的かつ一元的なシステムを構築してきた。その担い手として1979年に設立されたのが連邦緊急事態管理庁（Federal Emergency Management Agency, FEMA）である。そして、FEMAを含む米国の関係組織や専門家が緊急事態管理を実現するために長らく依拠してきたのがAll-hazardsアプローチ（All-hazards Approach, 日本では「オールハザード・アプローチ」と訳）と呼ばれるコンセプトである［※本章ではタイトルを除き以下AHアプローチと表記する］＊1。

災害や危機の原因となるハザード（hazard, 危険要因）は、ハリケーン・洪水・地震のような自然現象、化学物質流出や大規模停電のような技術的事故、さらに軍事攻撃・テロといった人為的（man-made）なものまで多岐に及ぶ＊2。AHアプローチとは、危機管理の制度や計画の形成において、自然・技術・人為の各種ハザード対策に共通して必要となる能力・技術・資源の整備に重点を置く姿勢や取り組みのことである。その狙いは、危機管理に割くことができる資源が限られる中で、同コンセプトに基づいて高度の汎用性を有した包括的かつ一元的なシステムを構築することにより、運用上の効率性や経済性を確保することにある。そのメリットから、米国はもちろん、近年では欧米圏を中心に多くの国で採用されている＊3。

他方で、1992年のハリケーン・アンドリュー（Andrew）や2005年のハリケーン・カトリーナ（Katrina）をはじめ、米国での実際の災害対応や準備体制はこれまで数多くの批判にさらされ、たびたび制度・政策の見直しを余儀なくされてきた。その際、論点のひとつになったのがAHアプローチの達成度である。特に連邦政府による取り組みが各種ハザード対策の垣根を超えた包括的システムの整備に資するものであったか否かという点が問われた。この背景には、皮肉にも米国で長らく続く安全保障プログラム（かつての民間防衛や現在のテロ対策）と災害対策（自然・技術ハザード向け）をめぐる葛藤がある。しかも、この葛藤は今なお米国の国内危機管理に影を落としている。ゆえに、米国における国内危機管理の実相を把握するためには、これまでどのようにAHアプローチを実現しようとしてきたのか、そして本当にAHアプローチを実現できているのか、ということを検討する必要がある。

そこで、本章では、米国における緊急事態管理とAHアプローチの定義を確認した上で、1970年代後半以降の連邦レベルにおける危機管理制度・政策の変遷を辿っていく。それを通じて、AHアプローチが国内危機管理の整備において果たしてきた役割を明らかにし、その歴史的意義を改めて考察する。

I　米国における「緊急事態管理」とAll-Hazardsアプローチ

連邦制国家である米国において、国内危機管理に関する責務・権限は地方－州－連邦の各政府間で明確に区分されている。インシデント（incident, 事態）の現場に近い地方政府とそれを支援する州政府は、緊急時の対応・復旧に加え、予防・軽減措置や事前準備を担う主体に位置づけられている。しかも、合衆国憲法修正第10条＊4の州に対する権限留保規定により、危機管理における州政府の役割は極めて大きい。これに対し、連邦政府の役割は州政府の要請に応じて彼らの活動を支援することにある。そのため、米国の国内危機管理体制は階層化されており、政府間の支援は下位からの要請とその後の調整によって決まるボトムアップ型になっている。ゆえに、制度上の課題は、危機管理に携わる各政府・組織間の分権性を前提として、いかに効率的かつ効果的な調整・連携を行える仕組みを作れるか、という点にある。

この課題を克服するため、米国は「緊急事態管理」の名の下で包括的かつ一元的な管理・調整制度を形成している。緊急事態管理は、法的には「自然災害、テロ行為、その他の人為的災害の差し迫った脅威またはその発生に対する準備・保（防）護・対応・復旧・軽減に関する能力（capabilities）を構築、維持、改善するために必要なすべての活動を調整・統合する政府機能」と定められている＊5。その機能を実現するため、国家レベルの制度に関しては1988年に制定されたロバート・T・スタフォード災害救助・緊急事態援助法（Robert T. Stafford Disaster Relief and Emergency Assistance Act, 通称スタフォード法［Stafford Act］）を軸に、複数の法令やプログラム等に基づいて基本的な枠組みが形成されている。

その上で、現行（2020年時点）の政策形成・運営は、2011年の大統領政策指令第8号（PPD–8）「国家準備（National Preparedness）」で示された基本方針に基づいて行われている。国家安全保障決定である PPD-8 は、「テロ行為、サイバー攻撃、パンデミック、そして壊滅的な自然災害を含む国家の安全に最大のリスクをもたらす脅威に対し、体系的な準備を通じて米国のセキュリティとレジリエンスを強化する」ことを国家準備目標として設定し、その達成のために予防・保護・軽減・対応・復旧の各ミッション・エリア（Mission Area）に必要な能力を構築するよう求めている＊6。その具体的方針に関しては、ミッション・エリア毎に形成されるフレームワーク（Framework）を通じて明示されている（例：国家対応フレームワーク National Response Framework, NRF］など）。また、管轄や専門性の異なる組織・スタッフ間での円滑な情報共有や調整を促進するため、国家インシデント・マネジメント・システム（National Incident Management System, NIMS）を通じて危機管理の標準化を図っている＊7。

こうした制度形成の基本コンセプトになっているのが AH アプローチである（図表１参照）。AH アプローチは、法的には自然災害、テロ行為、その他の人為的災害に対する準備・保護・対応・復旧・軽減に必要な「共通の能力（common capabilities）」を構築することと定められている＊8。

先述の通り、危機管理上で想定されるハザードは多岐にわたる。しかし、公共・民間を問わず組織が危機管理に割ける資源には限りがあり、すべてのハザードに対して同水準の個別制度・対策を準備することは現実的に不可能である。そこで、AH アプローチが着目するのが、各種ハザード対策（準備・対応・復旧・軽減の各フェーズ）にみられる共通性や類似性である。例えば、シェルター施設や備蓄資源の多くは様々なハザード対策でも利用することができるし、致死性の高い感染症発生時の対応には生物・化学テロ対策を応用することも可能である＊9。さらに、緊急時に初動対応にあたる組織の多くが類似した組織構造や手続きを採用している。AH アプローチは、これらの共通性・類似性を活か

図表1 All-Hazardsアプローチに基づく緊急事態管理のイメージ（筆者作成）

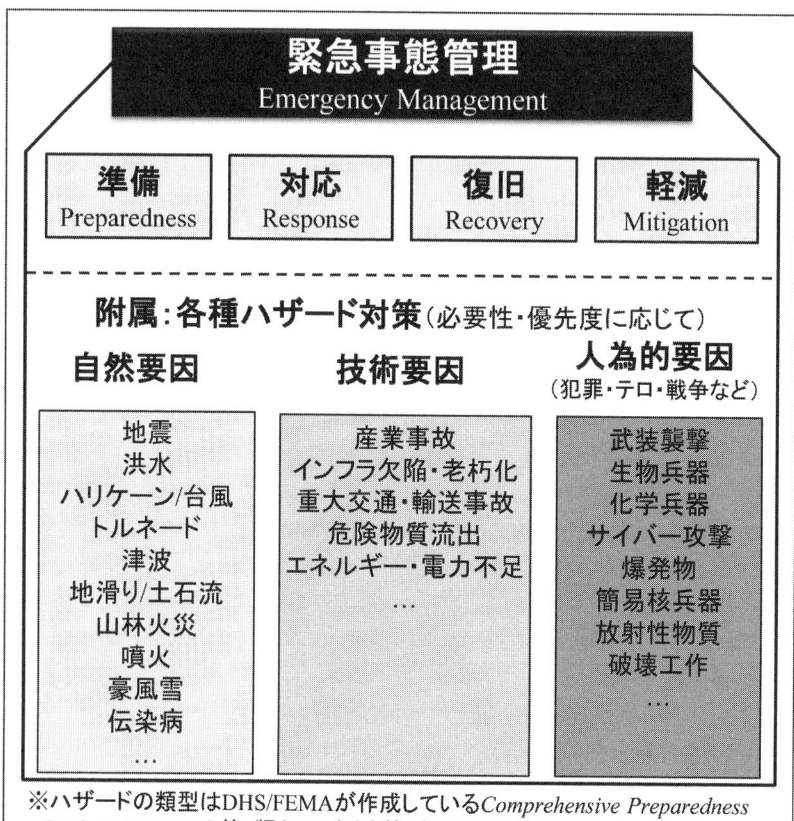

し、各種ハザード対策に適用可能な包括的かつ一元的な基本システムを形成すれば、危機管理行政／業務の有効性を失うことなく効率性・経済性を確保することができる、という発想に基づいている。そのため、事前のリスク／脅威分析を通じて、備えるべきハザードとその対策を特定する専門的作業が不可欠となる。

ここで留意しておかなければならないのは、AH アプローチが決して個別ハザードに焦点を当てた Hazard-specific な対策の必要性を軽んじてはいないという点である。一般的に、AH アプローチは各種災害対策に共通して必要な基本能力の形成という側面が注目されがちだが、法的には「国家に最大のリスクをもたらす特定タイプのインシデントの危険性」に必要な「特有の能力（unique capabilities)」も構築すると規定しており、個別ハザード対策の整備を同時に求めている＊10。実際、連邦・州・地方の各政府や組織が用意する計画書等では、管轄内で想定される各種ハザードの特殊性を考慮し、その個別対策に必要な情報・能力・技術を附属書（appendix または annex）という形で詳細にまとめている。

このようなコンセプトに基づき、米国は連邦から州・地方政府、民間までカバーする包括的な制度を形成してきたのである。では、AH アプローチはどのような経緯で誕生し、その後の制度形成にどのような影響を及ぼしてきたのか。次節から米国の危機管理制度の歴史的変遷を辿ることによって明らかにしていく。

Ⅱ　All-Hazards概念の由来

1　民間防衛とデュアルユース

現代米国における国内危機管理の原点は、1950年代初頭に形成された二つの制度にある。ひとつは、民間防衛法（Civil Defense Act of 1950）に基づいて形成された軍事攻撃、特に核攻撃時の市民保護を想定した準備制度である。もうひとつは、災害救助法（Disaster Relief Act of 1950）に基づく大規模自然災害時の支援制度である＊11。冷戦初期におけるこの二つの連邦法制定を契機に、米国の危機管理はハザード別（軍事攻撃と自然災害）で、異なる機能（事前準備と対応支援）に主眼を置く制度が分立する形になった＊12。その上で、1950～60年代初頭における危機管理は「民間防衛」を軸に制度整備が進められた。ゆえに、民間防衛は現代米国の危機管理のルーツといわれている＊13。

冷戦期の民間防衛は、第二次世界大戦の経験と戦後の米ソ冷戦という国際環境から、政府継続（Continuity of Government）とともに急速に整備された。ソ連の原爆実験（1949年）や朝鮮戦争の影響で核戦争の脅威に対する認識が高まったことを受け、1951年1月に民間防衛法（上述）が制定され、政策形成を担当する組織として連邦民間防衛局（Federal Civil Defense Administration, FCDA）［1950-58］が設立された＊14。このように連邦政府の体制が整備される一方、当時の民間防衛は自助努力を原則としていた。そのため、連邦の役割は主として国家レベルの政策や枠組みの形成であり、FCDA やその後継組織は全米を対象とした関連計画（シェルター建設、警報システムの設置、避難・疎開、資源備蓄など）の策定や広報活動（教育支援含む）を担当した。その上で、実際の政策実施や活動運営は基本的に州・地方レベルに委ねられており、各政府は所管内に民間防衛を担う組織や担当者を設置して対応にあたった*15。

しかし、民間防衛に対する政策的評価は当初から決して高くなかった。当時進められていたシェルター建設や大規模避難・疎開計画は、早くから費用対効果や実現可能性が疑問視され、熱核兵器や弾道ミサイルの開発が進むとほとんど有効性がないことが明らかになった。そのため、民間防衛に関する予算は連邦議会によって削減され、連邦レベルの所管組織も統廃合や新設を繰り返すなど、政策優先度は低調というのが実態であった*16。

それでも、民間防衛が存続したのは、その主体である州・地方レベルにおいて、本来の市民保護よりもむしろ自然災害対策を含む危機管理体制の整備として受け入れられていたからである。1953年に FCDA が自然災害対策を一時的に担うことになった際、州・地方でもそれに倣って管轄内の民間防衛組織（ないし担当官）にその機能を移管している。そのような経緯もあり、州・地方レベルでは、当初から民間防衛の技術や資源を日常的かつ現実的な脅威である自然災害対策に活用するデュアルユース（dual-use）が一般的となった。制度上、地方・州政府からの協力を得る必要があった連邦政府も、条件付きでそれを認めていた*17。さらに、1958年の民間防衛法改正により、民間防衛は連邦－州－地方が共同責任で行う国家的事業としての様相が強くなり、連邦政府が州・地方での人件費・運営費などを一部支援することになった。連邦政府からの支援は小規模であったとはいえ、制度の存続には大きく寄与したといわれている*18。その結果、軍事攻撃に対する備えを目的とした民間防衛は、事実上、国家規模の総合的な危機管理制度として広く定着するようになったのである。

その後、1960年代後半～70年代にかけて国内危機管理制度を取り巻く状況に変化が生じた。デタント（緊張緩和）による冷戦体制の弛緩から米国内でも民間防衛に対するニーズや関心が大幅に低下する一方、増加傾向にあった大規模自然災害の経験から州・地方政府や連邦議会では連邦による災害支援の強化を求める声が高まった。それに呼応する形で、災害救助法の改正（1969年、1970年、1974年）も実施されている*19。この流れを受けて、連邦政府は民間防衛の資源をそれ以外の災害に活用する「デュアルユース」を公式化する方向に動いた。ニクソン（Richard Nixon）政権は国家安全保障決定覚書第184号（NSDM-184）［1972年］によってデュアルユース重視の方針を打ち出すとともに*20、政策推進を支える組織として国防総省（DoD）内に国防民間準備局（Defense Civil PreparednessAgency, DCPA）が設置された*21。とはいえ、デュアルユースはあくまで民間防衛政策の維持を正当化するための苦肉の策という一面もあり、ハザード別の危機管理という従来の構造から完全に脱却したことを意味したわけではなかった。

2　All-Hazards概念の登場

デュアルユースが公式化される一方、1970年代後半には、全米知事協会（National Governors Association, NGA）の報告書などに象徴されるように、特定ハザードに特化した制度設計自体が疑問視されるようになった＊22。それ以前から、危機管理行政を取り巻く環境は大きく変化していた。都市化の進展や複雑化した技術システムへの依存が拡大すると、軍事攻撃や自然現象に由来する被害だけでなく、新たな種類のハザードについても想定する必要がでてきた。ダム決壊や大規模停電のようなインフラ事故から化学・放射性物質の流出といった技術事故、さらに暴動・騒乱やテロも対象になるなどハザードの種類が増加し、それとともに社会の危機・災害に対する脆弱性が拡大した。そのため、地方・州政府では、人的・物的資源が限られる中で、日常的に直面する恐れのある自然災害や人為的事故に対する備えと、連邦政府が推進する国家安全保障政策の民間防衛を個別に整備することが負担になっていた。そこで、ハザード別制度とそれに依拠するデュアルユースの限界を意識した多くの州政府では、自らの管轄内で危機管理のフェーズに注目した包括的な制度・政策を形成しはじめた。それを象徴するかのように、一部の政府機関では民間防衛という用語に代えて「緊急事態管理」という用語を使用する動きが拡大した＊23。そして、この新たに台頭してきた緊急事態管理を支えるコンセプトとして登場してきたのがAll-hazardsだったのである。

地方・州政府におけるAll-hazards概念の導入は、連邦政府の危機管理体制にも大きな変化をもたらした。当時、連邦政府の危機管理行政は、主として住宅都市開発省（HUD）の連邦災害援助局（Federal Disaster Assistance Administration, FDAA）、一般調達局（GSA）の連邦準備局（Federal Preparedness Agency, FPA）、そしてDoDのDCPAが個別に所管しており、それら以外の責務や機能も政府内部で広く分散していた＊24。この分散化に伴って連邦政府の行政効率は著しく低下し、州・地方政府の関係当局者や連邦議会からは批判の的であった。このような状況を改善するため、自らも州知事時代に危機管理改革を推進した経験を持つジミー・カーター（Jimmy Carter）は、大統領就任後に既存の組織体制の刷新を図った。カーター政権が提示した1978年再編計画第3号（Reorganization Plan No. 3 of 1978）では、連邦政府の現状が「州および地方の緊急事態組織や資源に対する連邦政府の支援を著しく阻害してきた」ということを認めた上で、再編法に基づき連邦政府の体制を見直すことを表明した。その際、州・地方政府に倣って All-hazards を採用し、「緊急時における準備・被害軽減・応急活動を一元化（consolidating）することにより、重複に伴う行政コストを削減し、緊急事態を効率的に処理する能力を強化する」という方針を打ち出した＊25。この再編計画に則り、カーター政権は79年に行政命令第12127号（Executive Order［E.O.］12127）と第12148号（E.O.12148）を発行し、連邦政府内で分散している危機管理関連組織・プログラムの集約を実施した。そして、連邦政府内の「単一の窓口（single point of contact）」として、集約した組織やプログラムを一元的に管理するために新設されたのが FEMA（連邦緊急事態管理庁）である＊26。

このようにして、米国は、1970年代末を境に従来のハザード別制度設計を見直し、All-hazards に基づく緊急事態管理システムへと移行し始めたのである（図表２参照）。

図表2 1970年代後半における緊急事態管理への移行（筆者作成）

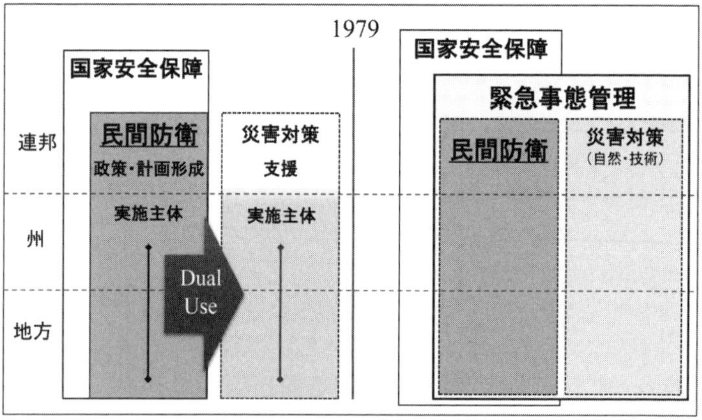

3　一元化の実態：民間防衛の復活と災害対策の停滞

FEMA 創設は、地方・州政府から始まった AH アプローチが連邦にまで波及したことを示す象徴的な出来事であった。FEMA の初代長官（Director）に就任したジョン・メイシー（John Macy）は、就任当初から、このコンセプトに基づく「包括的な緊急事態管理」を通じて、連邦から地方に至る政府間でのパートナーシップや資源・活動のマルチユースを実現しようとした＊27。そして、FEMA を「全米で起きる大規模な生命を脅かす緊急事態に対して準備、軽減、タイムリーに対応するための凝集的アプローチ」を備えた統合組織にするという方針も示していた＊28。

しかし、その後の80年代、FEMA は AH アプローチを掲げながらも、実態としては民間防衛を中心とする安全保障プログラムへと傾倒していくことになる＊29。その背景のひとつに、米国を取り巻く安全保障環境の変化があった。カーター政権からレーガン（Ronald Reagan）政権に移行する頃には、デタントが後退し、米ソの緊張関係と核軍拡競争が再燃していた。そのような情勢に加え、FEMA の新たな長官に就任したルイス・ジュフリーダ（Louis O. Giuffrida）とそのスタッフは安全保障プログラムの推進派であり、民間防衛や政府継続プログラムを優先する傾向が強かった＊30。他方で、州・地方政府が本来期待していた自然災害対策についてはほとんど進展がみられなくなった。レーガン政権は、新連邦主義（New Federalism）に基づき、州政府が連邦政府に依存する状況を改めるため、連邦政府の責務や権限を州政府にできる限り戻すことで、連邦の機能をスリム化しようとした。州政府・地方政府が主体となっている自然災害対策はまさに上記に基づく削減対象だったのである＊31。

ただし、この時期に AH アプローチに基づく緊急事態管理の整備が全く行われなかったというわけではない。1983年に FEMA は統合緊急事態管理システム（Integrated Emergency Management System, IEMS）を公表してフェーズ毎の能力形成に関する国家的枠組みを示すとともに、連邦・地域・州レベルの情報通信インフラを統合するために国家緊急事態管理システム（National Emergency Management System, NEMS）を導入した＊32。これらの施策は連邦政府によるトップダウン型での緊急事態管理システム形成の先駆け的な試みであった。しかし、当時これらの政策を広く普及させるだけの権限を FEMA は持ち合わせていなかった。FEMA 創設以降も、緊急事態管理に関する連邦政府の責務・権限・機能は依然として分散しており、その調整力は限定的だったからである。

状況に変化の兆しが見えたのは1980年代後半のことである。この時期、国家安全保障に主眼を置く緊急事態管理政策に対して批判が集中するようになった。専門家の間では安全保障プログラムの実現性が疑問視されるとともに、推進役であった FEMA の政治スキャンダル（ジュフリーダ長官を含む FEMA 幹部の汚職問題と辞任、国家安全保障会議［National Security Council, NSC］スタッフのオリバー・ノース［Oliver North］が関与した超法規的な政府継続プログラムに関するマスコミ報道など）が重なった＊33。

このような経緯もあり、連邦議会は政府の取り組みの軌道修正を狙って、緊急事態管理に関する法改正に着手した。その結果制定されたのがロバート・T

・スタフォード災害救助・緊急事態援助法（スタフォード法）である。スタフォード法は、連邦政府による自然災害支援を目的とした1974年災害救助法（Disaster Relief Act of 1974）を改正したものであり、大統領が連邦政府の支援を開始するために必要となる宣言（declaration）プロセスや、緊急事態管理に関する FEMA の権限など、現行制度の基礎を形成する内容になっていた＊34。特に AH アプローチとの関連で重要だったのは、「緊急事態（Emergency）」の定義を変更し、大統領がハザードに関係なく独自の判断に基づいて宣言を出すことを可能にした点である＊35。これにより、制度上米国内でのテロや武力攻撃といった安全保障関連の事態にも同規定を適用することが可能になった。

とはいえ、スタフォード法の制定によって All-hazards 実現に向けた法的課題が完全に解消されたわけではなかった。この段階では、たとえ同法の適用範囲が拡大しても、民間防衛法との整合性については手付かずのままだったからである。この課題の克服は冷戦後の90年代に引き継がれることになった。

Ⅲ　90年代におけるAll-Hazardsアプローチの推進

1　民間防衛重視から災害対策重視へ

スタフォード法の制定によって災害支援制度の整備や FEMA の役割強化など変化の兆しはあったものの、すぐに緊急事態管理システム全体が大きく変化することはなかった。80年代末から国際環境は米ソ冷戦終結に向かって推移したが、制度・政策の主眼は依然として民間防衛など安全保障プログラム推進のままだったからである。

ところが、レーガン政権からブッシュ政権（George H. W. Bush）に移行した直後から大規模な自然災害（1989年のハリケーン・ヒューゴ〔Hugo〕やロマ・プリータ〔Loma Prieta〕地震、1992年のハリケーン・アンドリューなど）が多発したことを受けて状況が一変する。FEMA はスタフォード法に基づき1992年に連邦政府による支援体制を効率化するため連邦対応計画（Federal Response Plan, FRP）を公表していたが＊36、大規模災害時の対応で十分な効果を発揮することはなかった。それどころか、地方・州政府に対する支援の遅延や非効率さが目立ち、政府内外から多くの批判にさらされることになった＊37。

その際、構造的原因として問題視されたのが連邦政府の旧態依然とした政策方針であった。たとえば、連邦議会の要請を受けてハリケーン・アンドリュー後に緊急事態管理システムの調査を行った全米行政アカデミー（National Academy of Public Administration, NAPA）は、FEMA の災害対応に伴う問題の多くが国家安全保障プログラムへの傾倒に原因があると指摘した上で、「all-hazards アプローチを使用して重点を国家安全保障から国内の民間緊急事態管理に移す時」として抜本的な方針転換を勧告した＊38。このようなNAPA の提言もあり、AH アプローチを実現するためには FEMA 廃止を含め連邦政府の体制を刷新すべきという意見が強まっていった。

2　ウィット長官時代のFEMA改革

上記の流れを受け、クリントン（William J. Clinton）政権期に入ると、FEMA の抜本的改革を通じて緊急事態管理システムの見直しが実施された。それを主導したのが新たに FEMA 長官に就任したジェームズ・ウィット（James L. Witt）である。FEMA の長官職に当該分野の実務経験者が就任するのはこれが初めてのことであった＊39。ウィットとそのスタッフは、FEMA の新たな政策方針として AH アプローチの実現と災害予防・被害軽減の重視を掲げ、内部組織やプログラムの改革に着手した。例えば、FEMA 内の組織は緊急事態管理のフェーズに合わせて被害軽減総局（Mitigation Directorate）、準備・トレーニング・演習総局（Preparedness, Training and Exercises Directorate）、対応復旧総局（Response and Recovery Directorate）に再編成された＊40。そして、ウィットたちが着手したもうひとつの改革が、当時 AH アプローチ実現の障害と考えられていた民間防衛など安全保障プログラムの大幅削減であった。80年代に FEMA の中心的組織として安全保障プログラムを担当していた国家準備総局（National Preparedness Directorate）は解体され、それに併せて安全保障向けプログラムに割り当てられていた予算やスタッフは優先度の高い自然災害対策プログラムに再配置されることになった＊41。

さらに、民間防衛と緊急事態管理の分立という法制度上の課題も解消された。1994年に連邦議会が制定した1995年度国防権限法（National Defense Authorization Act for Fiscal Year 1995）により、民間防衛法は廃止されることになった。同法の廃止に伴い、民間防衛に関する権限はスタフォード法のタイトルVIに移管され、連邦議会の軍事委員会が行ってきた FEMA に対する監督権限も終了となった＊42。これにより、民間防衛を単体のプログラムとして存続させる必要はなくなり、事実上その歴史的役割を終えた。

以上の一連の改革により、緊急事態管理における安全保障プログラムの比重は大幅に低下した。この時期の FEMA は、後述するテロ対策に関しても、実際の被害対応を除いて意図的に距離を置き続けた。このことから、ウィット長官期の AH アプローチは、事実上、自然災害対策に特化していたと評価されることも多い＊43。しかし、これによって安全保障の要素が完全に消えたわけではなかった。FEMA は従来の安全保障プログラムをフェーズ毎の能力形成や支援プログラムに再編することによって、AH アプローチの実現を図ったのである＊44。いずれにせよ、このウィット時代の取り組みは、1994年のノースリッジ（Northridge）地震や1995年のオクラホマシティ連邦ビル爆破事件（Oklahoma City Bombing）などにおける対応・復旧支援の成果もあって、政府内外から高い評価を受けた＊45。その結果、廃止まで検討された FEMA は、その長官が閣僚クラスの地位に昇格するなど、一転して連邦政府内で最も成功している組織として賞賛されるようになったのである＊46。

3　安全保障プログラムの変容：民間防衛からテロ対策へ

核戦争を想定した民間防衛が衰退していく中、90年代には安全保障上の脅威としてテロリズムに注目が集まり、その対策に関する議論が活発になり始めた。特に、オクラホマシティ連邦ビル爆破事件での被害対応は、緊急事態管理システムを新たなステップへと導いた。

クリントン政権は1995年6月に大統領決定指令第39号（PDD-39）を発行し、テロおよび大量破壊兵器（WMD）対策強化の方針を打ち出している。当時、テロ対策は「危機管理（Crisis Management）」と「結果管理（Consequence Management）」に分けて考えられていた。ここでいう「危機管理」とは司法省（DOJ）の連邦捜査局（FBI）が主導するテロ防止や法執行（law enforcement）のことであるのに対し、「結果管理」は FEMA が主導するテロ後の被害対応とその支援のことを指していた。同指令では、この分立性を前提に、二つの取り組みを円滑に相互調整できる仕組みを作り出すことで、テロ対策全体の強化を図ろうとしたのである＊47。

しかし、安全保障の専門家の間では、テロ対策を効果的に行うためには上記二つの管理を別々に運営するよりも、一つの組織に統合する方が合理的であるという意見が出てきた。その代表例が、1998年～2001年にかけて国家安全保障政策の見直しを行っていた米国国家安全保障／21世紀委員会（U.S. Commission on National Security / 21st Century、通称ハート・ラドマン委員会［Hart-Rudman Commission］）である。ハート・ラドマン委員会は、当時のテロ対策における危機管理と結果管理の区分は指揮命令系統の重複による混乱と遅延を招くだけだとして否定的であった＊48。その上で、緊急事態管理を強化する一環として、FBI 以外の連邦政府内にあるテロ対策関連組織・プログラムを集約し、それを所管する組織として「国家国土安全保障庁（National Homeland Security

Agency, NHSA)」の新設を提言した。これは、FEMAを土台として、国境管理を担当している沿岸警備隊（U.S. Coast Guard）、税関（U.S. Customs Service）、国境警備隊（U.S. Border Patrol）を合流させるというものであった。そして、閣僚クラスでNSCメンバーとなるNHSA長官は、従来のFEMAの任務に加え、テロを含むあらゆる緊急事態の計画立案および調整を行うことが想定されていた＊49。

このように、90年代後半になると再び安全保障プログラムに注目が集まるようになったが、これはある意味でウィット改革のような自然災害対策重視の傾向に対する反動だったともいえる。そして、緊急事態管理における安全保障プログラムと自然災害対策のバランスは2001年の米国同時多発テロを契機に再び大きく変化することになった。

Ⅳ　国土安全保障とAll-Hazardsアプローチ

1　国土安全保障の制度化

2001年米国同時多発テロは、テロ対策における法執行・予防機能と結果管理の統合を求める動きを急加速させ、わずか一年弱で米国史上最大クラスの連邦組織改革へと導いた。2002年11月、連邦政府内で分散しているテロ対策、国境・移民管理、インフラ防護、緊急事態管理の一元化を目的とした国土安全保障法（Homeland Security Act of 2002）が制定され、翌03年には関連行政を統轄する国土安全保障省（DHS）が新設された＊50。これに伴い、FEMAを含む22の関連する連邦機関やプログラム、約180,000人の職員がDHSに移管されることになった＊51。このような連邦省庁の大規模再編は、現在のNSC、CIA、国防長官職などの設置を定めた1947年国家安全保障法（National Security Act of 1947）制定以来の大改革であったといわれている＊52。DHS創設は、前述のハート・ラドマン委員会が示した提言の影響を少なからず受けていた。とはいえ、再編対象になる組織やプログラムの範囲は提言の内容をはるかにしのぐものであり、その組織構成はテロ対策、国境警備、インフラ防護といった法執行機能の色合いが濃いものになっていた。

国土安全保障法制定によって一番大きな影響を受けたのはFEMAとそれが支える緊急事態管理システムであった。DHSに移管されたFEMAの役割は、引き続きスタフォード法で規定された責務と権限を担当するとともに、「包括的かつリスク・ベースの緊急事態管理プログラムにおいて国家を指導・支援することによって、生命・財産の喪失を減らし、あらゆるハザードから国家を守るためのミッションを実施する」ことになっていた＊53。しかし、FEMA は、DHS に共に編入された沿岸警備隊やシークレット・サービスとは異なり、DHS 内で独立組織としての地位を得ることはできなかった。FEMA は、DHS 内で「テロ攻撃、大規模災害およびその他緊急事態に対する緊急対応提供者の実効性確保を支援する」ために設置された緊急事態準備対応総局（Directorate of Emergency Preparedness and Response, EPR）の下に置かれ、以前の長官職は EPR 担当の次官が兼務することになった＊54。EPR には、FEMA 以外にも、FBI の国家国内準備室（National Domestic Preparedness Office)、司法省の国内緊急事態支援チーム（Domestic Emergency Support Teams)、保健福祉省（HHS）の緊急事態準備局（Office of Emergency Preparedness)、国家災害医療システム（National Disaster Medical System）などが移管された＊55。テロ行為の被害に焦点をあてた危機管理（結果管理）は、核戦争を想定した民間防衛と比べて、通常型の災害対策との相互補完性が高いとみられていたため、FEMA の準備プログラムの大半が EPR 内のテロ対策と結びつけられることになった＊56（図表３参照)。

図表3 緊急事態管理の国土安全保障への編入（筆者作成）

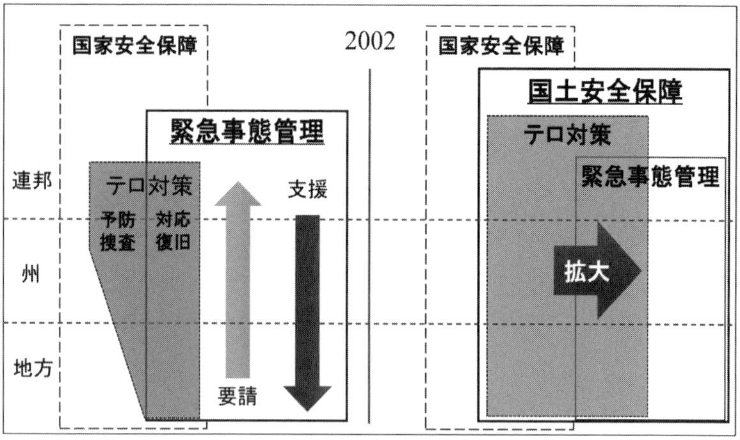

2　テロ対策と緊急事態管理をめぐる葛藤

FEMA の DHS 編入を巡っては、テロ対策に重点を置く国土安全保障の推進派と従来の緊急事態管理を重視する実務・専門家の間で大きく評価が分かれた。

DHS をはじめとする推進派は、組織移管が自然災害対策向けの資源や専門性に大きな影響を及ぼすことはなく、従来通りAHアプローチを実現できると主張していた＊57。事実、DHSはAHアプローチ推進に関連する施策を積極的に実施した。例えば、2003年に発行された国土安全保障大統領指令第5号（HSPD-5）により、国内のインシデント管理に関しては「単一の包括的なアプローチ」を設けることが国家方針となり、それに基づいて翌04年に全米の緊急事態管理を標準化することを目的としたNIMSと、All-hazardsに基づき連邦政府の予防・準備・対応・復旧計画を統合する国家対応計画（National Response Plan, NRP）が作成された＊58。また、03年に発行されたHSPD-8「国家準備（National Preparedness）」に基づき、連邦による州および地方政府への援助メカニズムの確立や連邦・州・地方の準備能力の向上を推進するため、All-hazardsを想定した「国家準備目標（National Preparedness Goal）」を作成することになった＊59。ここで導入された仕組みやプログラムは、一部が変更・修正されたものの、現在も継承されている。そのため当時、政府監査院（Government Accountability Office, GAO）も、DHSの能力やそれに基づく取り組みはすべてAll-hazardsに基づいていると評価していた＊60。但し、当時のこれらの取り組みは常にテロ対策強化が最優先に設定されていたという点に留意する必要がある。

他方、緊急事態管理の専門家の間では、国土安全保障への編入に関して懐疑的な意見が根強かった。例えば、前政権のFEMA長官だったウィットは、テロ対策に重点を置くDHSという巨大官僚組織の中でその他のハザードに対する備えや取り組みが軽視され、以前のような迅速性や効率性が発揮できないだけでなく、連邦政府と州・地方政府との関係性にも支障を来すことを懸念していた。連邦議会の公聴会では「FEMAのall hazard（原文ママ）ミッションが向かっている方向について深い懸念を抱いている」と指摘するとともに、DHSの運営により「我々の災害に備え、対応する能力が著しく侵食されている」と証言している＊61。事実、DHSにおいてテロ予防やそれに関連するプログラムを重視した組織編成や資源配分が行われた結果、FEMAが担当してきたその他ハザード向けの準備プログラムの優先度は下がり、FEMAの発言力や予算の低下、ベテラン職員の流出につながった＊62。

さらに、2005年前半にDHS内で行われた“Second Stage Review（2SR）”とそれに基づく組織再編が大きな波紋を引き起こした。この措置によりEPR/FEMAが担当していた準備機能（補助金含む）は新設された準備総局（Preparedness Directorate, PD）に移管され、FEMAは対応・復旧機能に専念することになった。この再編については全米緊急事態管理協会（National

Emergency Management Association, NEMA）などが異議を唱え、再編の見直しをDHSに直接求める事態にまで至った＊63。

上記のような2000年代前半の制度再編をめぐる議論は、AHアプローチに関する解釈の相違に由来するものであった。ウィット時代のFEMAとその政策・プログラムを評価する人々にとって、テロ対策主体のDHSが推進する組織再編やAHアプローチの取り組みはそれまでの実績を毀損するものに映った。一方で、国土安全保障の推進派は、FEMAという組織を越えたより高次の枠組みでAHアプローチを実現しようとしていたため、組織再編や機能移管に疑念を抱くことはなかったのである。この再編反対派と推進派の路線対立がその後の制度の方向性を左右することになった。

3　原点回帰：ハリケーン・カトリーナ後の制度見直し

DHSの取り組みに懐疑的であった人々は緊急時の対応・復旧能力の低下を危惧していたが、それは省内改革の最中に顕在化することになった。2005年8月末にルイジアナやミシシッピなど米国南部を襲ったハリケーン・カトリーナは米国史上最大規模の被害をもたらした。その被害の甚大さから、メディアはFEMAをはじめとする連邦政府の対応の遅さや連邦－州－地方政府間の連携ミスなど対応・復旧支援体制の不備を指摘し＊64、連邦議会や大統領府なども専門的調査を実施した。それらの中で、対応失敗の主要因として取り上げられたのがDHSのテロ対策偏重とそれに伴う緊急事態管理への悪影響であった＊65。その結果、FEMAのDHS移管自体を問題視する声が高まり、最終的には国土安全保障法の改正による制度の再々編が検討されることになった＊66。

この流れを受けて2006年に制定されたのがポスト・カトリーナ緊急事態管理改革法（Post-Katrina Emergency Management Reform Act of 2006, 通称はPKEMRA）である＊67。同法により、緊急事態管理に関する責務や権限は国土安全保障法制定以前に近い形に戻すことになった。FEMAの地位に関しては、すでに多くのプログラムや予算がDHSに紐付けられていたため現状維持となったが、省内で独立した組織になることが定められた。そして、FEMA長官は“Administrator”として副長官クラスに格上げされ、連邦政府の緊急事態管理全般に関する大統領、国土安全保障会議、国土安全保障長官の首席顧問（principal advisor）に位置づけられるとともに、災害時には大統領が閣僚級に指定することも可能になった。また、DHS長官が上記に影響を及ぼすような機能・ミッション・資産などの移管を、議会の法改正を経ずに行うことは制限された＊68。

上記に加え、PKEMRA は DHS 創設とその後の施策により分散した緊急事態管理の再統合を図った。2005年の 2SR によって設置された DHS の準備総局（PD）は改組され、同組織に移管されていた大半の準備機能や補助金プログラムが FEMA に戻された＊69。その結果、FEMA は再び準備・対応・復旧・軽減を一元的に管理し、連邦・州・地方、さらに民間レベルの緊急事態管理に関する取り組みを調整できるようになった＊70。その上で、同法は AH アプローチを法定化し（本章第Ⅰ節参照）、FEMA に対し改めてその実現を求めている＊71。特徴的なのは、あらゆるハザード対策で必要となる共通能力の構築だけでなく、特定ハザードに必要な能力を構築する必要性も併記している点である。このことは、米国で想定される自然・技術・人為の各種ハザードに対する準備体制の向上を目的としていることに疑いの余地はない。それと同時に、あえて特定ハザード向けの準備の必要性も明記することで、安全保障プログラムと自然災害対策の優先度をめぐる対立に終止符を打つという政治的意図も多分に含まれていたと考えられる。

PKEMRA の制定は、同時多発テロ以降の国土安全保障の台頭により目まぐるしく変化した制度が、未曾有の災害を経て、「AH アプローチに基づく緊急事態管理の実現」という原点へ回帰したことを示す出来事であった。以降、この流れはブッシュ政権（George W. Bush）からオバマ政権（Barack Obama）に引き継がれ、2011年の PPD-8「国家準備」に基づく包括的な緊急事態管理体制の整備へとつながっていくことになる。

おわりに

ここまで、本章は米国の緊急事態管理に関する制度・政策の変遷を辿ってきた。そこからも明らかなように、AH アプローチというコンセプトは、1979年の FEMA 創設以降から DHS 編入後の今日に至るまで、米国の制度設計や政策形成の中核に据えられてきた。しかも、その定義は法定化までされており、いまや米国の専門家や政策形成者の間では普遍的な存在になっている。

しかし、本章の史的概観を通じて明らかなように、米国の AH アプローチは単なる国内危機管理のコンセプトにとどまるものではなく、多分に政治的要素を含んでいる。そもそも、同コンセプトの登場は単なる行財政上の合理化という理由だけではなかった。その背景には、それまで連邦政府主導の下で整備した民間防衛や政府継続など安全保障プログラムの存続と、地方政府や州政府が求める自然災害対策の拡充という二つの目的を満たすという政治的意図があった。その意味で、AH アプローチは政治的妥協の産物だったと指摘することができる。

そして、この政治的要素が米国で長きにわたり続いた安全保障プログラムと災害対策をめぐる葛藤を引き起こす一因となった。連邦政府はこれまで AH アプローチの推進を掲げつつも、歴代政権の政策選好の相違から1980年代は安全保障プログラム（主として民間防衛）、90年代の大半は自然災害対策、そして2000年代前半には安全保障プログラム（テロ対策）が優先される形になった。特に、安全保障プログラムに関しては、政策形成者や専門家間における見解の相違が政治的対立を生み、本来 AH アプローチで想定されていた能力形成や実際の災害対応（ハリケーン・アンドリューやカトリーナなど）にも悪影響を及ぼした。そのような経緯から安全保障プログラムに対しては今なお否定的な見解が根強く、現在使用されている NIMS や NRF（NRP の後継）導入のきっかけが安全保障プログラムにあったことは軽視されてきた。このように、米国における緊急事態管理の歴史は政治的要素によって紆余曲折を経ており、その余波はいまだに尾を引いている。

AH アプローチの原点は、本来、自然・技術・人為といった各種ハザードに関係なく適用できる汎用性の高い仕組みを作ることで、制度上の分立性や分権性を乗り越えることにあった。ただ、コンセプトでしかない以上、その趣旨に沿って制度を整備・運用しない限り効果を発揮することはない。実際、米国は PKEMRA 制定を通じてコンセプトの原点に立ち返り、それ以降はカトリーナ対応により傷ついた制度の信頼回復に努めてきた。他方で、2017年のハリケーン被害（Harvey, Irma, Maria）や近年のカリフォルニア州での大規模山林火災、さらに2020年の新型コロナウイルス感染症の拡大などに象徴されるように災害の発生頻度や規模が増加し、そのマイナスの影響が多方面に拡大する傾向にある。また、安全保障関連の人為的ハザードに関しても、ボストン・マラソン爆破事件（2013）のようなテロに加え、サイバー攻撃、アクティブ・シューター、そして再び浮上してきた核ミサイルの脅威など多様化している。国土安全保障と緊急事態管理の関係性がいまだ明確に定まらない中で、今後米国が AH アプローチの下でこれらのハザードにどのような準備・対策を講じていくのか引き続き注視していく必要がある。

註

1 米国における国内危機管理の歴史的推移と AH アプローチについては、これまでに一定の議論が積み重ねられてきた。近年の代表的研究には以下のものがある：Richard

Sylves, *Disaster Policy and Politics: Emergency Management and Homeland Security*, 3rd ed. (Washington, D.C.: CQ Press, 2019), pp. 83-128; Claire B. Rubin, *Emergency Management: The American Experience*, 3rd ed. (New York: Routledge, 2019); Patrick S. Roberts, *Disasters and the American State: How Politicians, Bureaucrats, and the Public Prepare for the Unexpected* (New York: Cambridge University Press, 2013).

2 Department of Homeland Security (DHS), *Comprehensive Preparedness Guide (CPG) 201: Threat and Hazard Identification and Risk Assessment (THIRA) and Stakeholder Preparedness Review (SPR) Guide*, 3rd ed. (Washington, D.C.: May 2018), p. 12; DHS, *Comprehensive Preparedness Guide (CPG) 201 : Threat and Hazard Identification and Risk Assessment Guide*, 2nd ed. (Washington, D.C.: August 2013), p. 6.

3 OECD, *Government at a Glance 2017* (Paris, 2017), pp. 208-209. 同書によれば、重大リスク管理に関する国家戦略を構築している国の中で All-hazards アプローチを採用していないのは日本、チリ、エストニア、イスラエル、トルコの5ヶ国である。

4 合衆国憲法修正第10条「この憲法が合衆国に委任していない権限または州に対して禁止していない権限は、各々の州または国民に留保される」。

5 6 U.S. Code [U.S.C.] § 701 (7).

6 The White House, *Presidential Policy Directive (PPD) 8: National Preparedness*, March 30, 2011, pp. 1-2.

7 NIMS の最新版（2019年12月時点）は第３版となっている（FEMA, *National Incident Management System*, 3rd ed. (Washington, D.C.: 2017))。

8 6 U.S.C. § 314 (b).この定義は Post-Katrina Emergency Management Reform Act (PKEMRA) of 2006 (Public Law [P.L.] 109-295, October 4, 2006), Sec. 611, 120 STAT. 1399-1400 によって規定されたものである。

9 2014 年にニューヨーク市で実施されたエボラ出血熱対策では化学テロ対策用の装備が活用された（Joseph Pfeifer & Ophelia Roman, "Tiered Response Pyramid: A System-Wide Approach to Build Response Capability and Surge Capacity," *Homeland Security Affairs*, Vol. 12, Article 5 (December 2016), p. 15)。

10 6 U.S.C. § 314 (b).

11 1950年災害救助法の制定により、連邦議会の立法措置を待つことなく州・地方に対する支援を実施することが可能になるとともに、州知事からの要請を受けて大統領が支援判断を行うという裁量の仕組みが確立した。これを先例として、災害対策に関する国家的制度が段階的に整備されていくことになる。詳細は、Keith Bea, "The Formative Years:1950-1978," in Rubin, *Emergency Management*, pp. 81-111 を参照のこと。

12 Lucien G. Canton, *Emergency Management, Concepts and Strategies for*

Effective Programs (Hoboken, N.J.: Wiley, 2007), p. 20.

13 Sylves, *Disaster Policy and Politics*, pp. 10, 86.

14 1950年以降の国内危機管理組織の歴史的変遷については、Henry B. Hogue & Keith Bea, *Federal Emergency Management and Homeland Security Organization: Historical Developments and Legislative Options*, CRS Report RL33369 (Washington, D.C.: Congressional Research Service [CRS], June 1, 2006)を参照のこと。

15 民間防衛の歴史的推移に関しては、Homeland Security National Preparedness Task Force, DHS, *Civil Defense and Homeland Security: A Short History of National Preparedness Efforts* (Washington, D.C.: 2006)を参照のこと。また、樋口敏広「FEMA 前史－民間防衛の側面から」［解説］（伊藤潤、武田康裕、中村登志哉、樋口敏広編『米国国立公文書館（NARA）所蔵アメリカ合衆国連邦緊急事態管理庁（FEMA）記録オンライン・アーカイヴ』極東書店、2016 年）も詳しい。

16 Homeland Security National Preparedness Task Force, *Civil Defense and Homeland Security*, pp. 8-14.

17 Roberts, *Disasters and the American State*, pp. 52-59.

18 Bea, "The Formative Years:1950-1978," p. 88; National Emergency Management Association (NEMA), *State Emergency Management Director Handbook* (Washington D.C.: 2011), p. 17.

19 Bea, "The Formative Years:1950-1978," pp. 92-102.

20 The National Security Council (NSC), *National Security Decision Memorandum (NSDM) 184 "United States Civil Defense Policy,"* August 14, 1972.

21 Sylves, *Disaster Policy and Politics,* p. 89; Homeland Security National Preparedness Task Force, *Civil Defense and Homeland Security*, pp. 14-15.

22 Canton, *Emergency Management*, p. 23. 1978 年に NGA が発表した報告書は、緊急事態管理に関する制度・計画形成に関して、現在一般化しているフェーズ別（準備、対応、復旧、軽減）設計を体系的に示した代表的文書として知られている［National Governors'Association (NGA), *1978 Emergency Preparedness Project, Final Report* (Washington, D.C.: NGA, 1978)］。

23 Presidential Reorganization Project (PRP), *Reorganization of Federal Emergency Preparedness and Response Programs*, April 4, 1978, p. 3 (in *Reorganization Reorg Plan #3 to President May 25, 1978*, Box 3, UD-UP 13, RG311 Records of the Federal Emergency Management Agency, U.S. National Archives and Records Administration [NARA]); Q&A (14) in *Answers to Rep. Horton's Questions*, Box. 1, A1 282, RG51 *Records of the Office of Management and Budget*, NARA.

24 Hogue & Bea, *Federal Emergency Management and Homeland Security Organization*, pp. 12-14; George D. Haddow, Jane A. Bullock & Damon P. Coppola,

Introduction to Emergency Management, 5th ed. (Waltham: Butterworth-Heinemann, 2014), p. 6.

25 U.S. Congress, House, Committee on Government Operations, *Reorganization Plan No. 3 of 1978: Message from the President of the United States Transmitting a Reorganization Plan to Improve Federal Emergency Management and Assistance, Pursuant to 5 U.S.C. 903 (91 Stat. 30)*, H.Doc. 95-356, 95th Cong., 2nd Sess. (Washington, D.C.: GPO, 1978), pp.1-3.

26 The White House, *Executive Order [E.O.] 12127: Federal Emergency Management Agency*, March 31, 1979; *E.O. 12148: Federal Emergency Management*, July 20, 1979. FEMA 創設の詳細に関しては、伊藤潤「FEMA（連邦緊急事態管理庁）の創設：米国の All-Hazards　コンセプトに基づく危機管理組織再編」『国際安全保障』第45巻1号、2017年6月、79～96 頁を参照。

27 John W. Macy, Jr., "The Challenge of Change," in FEMA, *Emergency Management*, Vol. 1, No. 1 (Washington, D.C.: Fall 1980), pp. 6-7.

28 John W. Macy, Jr., *A New Impetus!: Emergency Management for Attack Preparedness*, FEMA, June 1980, p. 2 (in SUMMARY OF PROJECT, Box 1, A1 282, RG51, NARA).

29 Roberts, *Disasters and the American State*, pp. 82-84, 87.

30 Sylves, *Disaster Policy and Politics*, pp. 104-105.

31 Sylves, *Disaster Policy and Politics*, pp. 110-111; Roberts, *Disaster and American State*, p. 78-79.

32 FEMA, *Annual Report 1983: A Report to the President on Emergency Management in the United States* (Washington, D.C.: 1984), p. 2: *National Emergency Management System* (Washington, D.C.: GPO, 1984), p. 1. FEMAによる初期の緊急事態管理一元化の試みとその後の展開に関しては、川島佑介「米国における危機管理の一元化への歩み」『防衛学研究』第56号、2017年3月、57～74頁が詳しい。

33 Roberts, *Disasters and the American State*, pp. 150-155.

34 Sylves, *Disaster Policy and Politics*, p. 106.

35 Robert T. Stafford Disaster Relief and Emergency Assistance Act (P.L. 100-707, November 23, 1988), Sec.103 (c), 102 STAT. 4689.

36 FEMA, *Federal Response Plan (for Public Law 93-288, As Amended)*, April 1992.

37 FEMA, *The Federal Emergency Management Agency, p. 6: Roberts, Disasters and the American State*, p.87.

38 National Academy of Public Administration (NAPA), *Coping with Catastrophe: Building an Emergency Management System to Meet People's Needs in Natural and Manmade Disasters* (Washington, D.C.: 1993), p. 107.

39 Haddow, Bullock & Coppola, *Introduction to Emergency Management*, p. 10. ウィ

ットと彼が主導した All-hazards アプローチの取り組みの詳細については、Roberts, *Disasters and the American State*, pp. 96-109 も参照のこと。

40 Hogue & Bea, *Federal Emergency Management and Homeland Security Organization*, p. 18.

41 Sylves, *Disaster Policy and Politics*, p. 114.

42 Sylves, *Disaster Policy and Politics*, pp. 113-115.

43 Roberts, *Disasters and the American State*, p. 100.

44 当時 FEMA が AH アプローチを前面に押し出していたのは、自然災害対策への資源集中に対する民間防衛推進派からの批判を回避するという側面もあったといわれている（Sylves, *Disaster Policy and Politics*, p. 114)。

45 ウィット長官時代は FEMA の「黄金時代」と呼ばれている（Sylves, *Disaster Policy and Politics*, p. 113)。また、この時期の FEMA はその歴史において「例外的」だったという指摘もある（Roberts, *Disasters and the American State*, pp. 181, 187)。

46 William J. Clinton, "Teleconference Remarks to the National Emergency Management Association," in *Public Papers of the Presidents of the United States: William J. Clinton, 1996*, Book 1 (Washington, D.C.: GPO, 1997), p. 338.

47 The White House, *Presidential Decision Directive (PDD) 39: U.S. Policy on Counterterrorism*, June 21,1995, pp. 5-9; FEMA, *Federal Response Plan* (Washington, D.C.: April 1999), TI-1-13.

48 U.S. Commission on National Security/21st Century, *Road Map for National Security: Imperative for Change*, The Phase III Report of the U.S. Commission on National Security/21st Century (February 15, 2001), p. 20.

49 U.S. Commission on National Security/21st Century, *Road Map for National Security: Imperative for Change*, pp. viii, 15-22.

50 国土安全保障法の制定とその後の DHS の組織改革に関しては、DHS History Office, *Brief Documentary History of the Department of Homeland Security 2001-2008*, 2008 を参照のこと。また、国土安全保障法に関しては土屋恵司「米国における2002年国土安全保障法の制定」『外国の立法』第222号、2004年11月、1～60頁もある。

51 FEMA 以外の DHS に移管された組織の詳細については、DHS, *Who Joined DHS*, September 15, 2015［https://www.dhs.gov/who-joined-dhs］（2019 年 12 月 20 日アクセス）を参照のこと。

52 Sylves, *Disaster Policy and Politics*, p. 120.

53 Homeland Security Act of 2002 (P.L. 107-296, November 25, 2002), Sec. 503 & 507, 116 STAT. 2213, 2214-2215.

54 Hogue & Bea, *Federal Emergency Management and Homeland Security Organization*, p. 20 ; P.L. 107-296, Sec. 501 & 503, 116 STAT. 2212-2213.

55 詳細は Keith Bea, William Krouse, Daniel Morgan, Wayne Morrissey& C.

Stephen Redhead *Emergency Preparedness and Response Directorate of the Department of Homeland Security*, CRS Report RS21367 (Washington, D.C.: CRS, June 25, 2003)を参照のこと。

56 FEMA, *The Federal Emergency Management Agency*, p. 10; (Richard Sylves and William R. Cumming, "FEMA's Path to Homeland Security: 1979-2003," *Journal of Homeland Security and Emergency Management*, Vol. 1: Issue. 2 (January 2004), p. 14.

57 Ben Canada, *Department of Homeland Security*, Report RL31490 (Washington, D.C.: CRS, May 5, 2003), p. 9; Sylves & Cumming, "FEMA's Path to Homeland Security," p. 16.

58 The White House, *Homeland Security Presidential Directive (HSPD) 5: Management of Domestic Incidents*, February 28, 2003.

59 The White House, *Homeland Security Presidential Directive (HSPD) 8: National Preparedness*, December 17, 2003. ただし、HSPD-8 は All-hazards の取り組みを求めつつ、実際にはテロ関連の準備に主眼を置いていたと指摘されている（Kathleen J. Tierney, "Recent Developments in U.S. Homeland Security Policies," in Havidan Rodriguez, Enrico l. Quarantelli & Russell R. Dynes, eds., *Handbook of Disaster Research* (New York: Springer, 2007), p. 408)。

60 U. S. Government Accountability Office (GAO), *Homeland Security: DHS' Efforts to Enhance First Responders' All-Hazards Capabilities Continue to Evolve*, GAO-05-652 (Washington, D.C.: July 2005); James Jay Carafano & Richard Weitz, "The Truth About FEMA: Analysis and Proposals," *Background*, No. 1901, Heritage Foundation, December 7, 2005.

61 U.S. Congress, House, Subcommittee on Energy Policy, Natural Resources and Regulatory Affairs and the Subcommittee on National Security, Emerging Threats and International Relations of the Committee on Government Reform, *The Homeland Security Department's Plan to Consolidate and Co-Locate Regional and Field Offices: Improving Communication and Coordination*, Joint Hearing (Washington, D.C.: GPO, 2004), pp. 89-90. ウィットは議会以外でも、9/11 以降のテロ対策強化の取り組みが FEMA の活動に影響を及ぼしており、FEMA を国土安全保障や国家安全保障機関に組み込むことは自然災害に対する効果的な対応を妨げるとして懸念を表明していた（Canada, *Department of Homeland Security*, pp. 8-9)。

62 Roberts, *Disasters and the American State*, pp. 121-122; Tierney, "Recent Developments in U.S. Homeland Security Policies," pp. 406-407.

63 Hogue & Bea, *Federal Emergency Management and Homeland Security Organization*, pp. 20-21; DHS, *Brief Documentary History of the Department of Homeland Security*, pp. 16-24.

64 詳細は Christopher Cooper & Robert Block, *Disaster: Hurricane Katrina and the Failure of Homeland Security* (New York: Times Books, 2006) を参照。

65 U.S. Congress, House, Select Bipartisan Committee to Investigate the Preparation for and Response to Hurricane Katrina, *A Failure of Initiative, Final Report of the Select Bipartisan Committee to Investigate the Preparation for and Response to Hurricane Katrina* (Washington, D.C.: GPO, 2006), p.157. ハリケーン・カトリーナの対応を調査した代表的なものとしては、The White House, *The Federal Response to Hurricane Katrina: Lessons Learned* (Washington, D.C.: February 2006) などもある。

66 Hogue & Bea, *Federal Emergency Management and Homeland Security Organization*, pp. 22-34.

67 ポスト・カトリーナ緊急事態管理改革法は2007年国土安全保障省歳出法（Department of Homeland Security Appropriations Act, 2007 [P.L. 109-295, October 4, 2006]）に組み込まれている。

68 P.L. 109-295, Sec. 611, 120 STAT. 1400.

69 P.L. 109-295, Sec. 611, 120 STAT. 1400; DHS, *Brief Documentary History of the Department of Homeland Security*, p. 25.

70 FEMA, *The Federal Emergency Management Agency*, p. 12.

71 P.L. 109-295, Sec. 611, 120 STAT. 1399-1400.

第3章　ドイツの非常事態法制とその政策的含意
—連邦軍の国内出動を中心に

中村登志哉

はじめに

ドイツは第二次世界大戦以降、冷戦の最前線として、東西両ドイツという分断国家として建国された経緯から、その非常事態への対応と法制は自国の安全保障と強く結びついてきた。それを象徴するように、ドイツ連邦共和国（旧西ドイツ）として建国され、1949年に制定された基本法（憲法に相当）には、緊急事態の規定が詳細に盛り込まれている。その後、冷戦の終結に伴い、ドイツ統一が1990年、ドイツ民主共和国（東ドイツ、当時）を５州に再編してドイツ連邦に編入する基本法第23条（当時）＊1に基づく形で実現し、現在のドイツ連邦共和国となった。従って、基本法は依然としてドイツの最高法規であり、非常事態を検討する上でその法的基盤である。

ドイツは連邦制をとり、対外安全保障は連邦、国内の危機管理は各州が担当するという役割分担が長い間支配的であった。ところが、21世紀に入り、9.11米国同時多発テロやエルベ川の氾濫などの大災害、さらにはベルリンをはじめとする欧州内におけるテロの頻発といった安全保障環境の変容は、対外安全保障と国内危機管理の境界線を不明確にし、連邦と州による役割分担は再検討を迫られることとなった。このような状況を踏まえ、ドイツ国防省と内務省は2016年、連邦軍の国内出動に道を開くとともに、内務省は「民間防衛概念」文書をまとめ、国内の危機管理体制の抜本的強化の方針を打ち出した。ナチス・ドイツの歴史を持つドイツにとって、たとえ治安維持のためとはいえ、連邦軍の兵士が軍服姿でベルリンの市街地などを闊歩することは、戦後ドイツのタブーといってよかった。ところが、安全保障環境の変容を前に、そのような政策に転換したのである。

本稿では、戦後ドイツの非常事態法制や関連組織を概観した上で、連邦と州の文民保護・災害援助の統合について検討する＊2。とりわけ近年の安全保障環境の変容に合わせ、対外安全保障を担う連邦軍と、国内危機管理に責任を持つ州政府の警察・消防などが相互の連携を強化し、テロリズムなどの新たな脅威に対応していく方針に焦点を当て、歴史的曲折を踏まえて軍と警察などを峻別してきたドイツの政治規範や現行法制との関係を含む、その運用上の葛藤や課題を検討する。なお、ドイツでは、連邦が戦時災害からの「文民保護」を含む戦時の非常事態、州は自然災害や重大事故からの「住民保護」を含む平時の非常事態を所管し、いわゆる「民間防衛」や日本の「国民保護」に相当するのは前者である。また、ドイツの「住民保護」は欧州連合（EU）における「市民保護」（civil protection）と同義で、テロ対策は後者の範疇に含まれる。

I　戦後ドイツの危機管理

ドイツの危機管理制度と組織を考える上で特徴的なのは、平時の災害時における住民保護と戦時のそれが区別されつつも、緊急事態法体系の中で不可分に結びついていることである＊3。冒頭で触れたように、戦後ドイツが分断国家として出発したことが大きく関係している。冷戦の東西対立の中で、西側諸国の最前線にあった旧西ドイツは、侵略に対処するため緊急事態規定をドイツ基本法に完備する必要に迫られ、緊急事態憲法（Notstandsverfassung）が1968年6月に導入された。その後、冷戦終結により、旧東ドイツが５州に再編された上でドイツ連邦に加盟する形でドイツが統一され、ドイツ連邦共和国基本法が統一ドイツにおいても引き継がれた。冷戦期に形成された国家の基本構造を現在も多くとどめているのはこうした経緯によるものである。

ドイツにおける危機管理の対象とされる、基本法上の緊急事態は、対外的緊急事態と国内的緊急事態に大別される。対外的緊急事態とは、ドイツの領空・領海・領土に対して外部からの武力攻撃が発生したか、その恐れがある場合に対処する防衛緊急事態であり、防衛事態（Verteidigungsfall）、緊迫事態（Spannungsfall）、同盟事態（Bündnisfall）の３つに分類されている。防衛事態と認定されるのは「連邦の領域が武力攻撃を受け、または、武力攻撃が直前に差し迫っている場合」であり、連邦政府の発議に基づき、連邦参議院の同意を得て、連邦議会において、投票数の３分の２の多数で、かつ、少なくとも連邦議会議員数の過半数の賛成を必要とし、連邦大統領により交付される（基本法第115a条）＊4。次に、事態が緊迫し、防衛事態の発生が予測される場合には、ドイツ基本法では緊迫事態として、防衛準備態勢を整えるための非常措置を認めている（基本法第80a条第1項）＊5。この認定は、連邦議会の投票数の３分の２以上の賛成により認定される。そして、これと同様の認定は、北大西洋条約機構（NATO）理事会などのドイツの同盟機構において、同盟条約の枠内で、ドイツ連邦政府の同意を得て決定が下された場合も、ドイツ国内の非常措置の発動が「同盟事態」として認められる（第80a条第3項）＊6。ドイツが攻撃を受けていなくても、同盟国が武力攻撃を受け、同盟条約の共同防衛条項が発動された場合にこの事態が認定される＊7。

次に、国内的緊急事態は国内における緊急事態を指し、治安緊急事態と災害緊急事態に分類される。上述の対外的緊急事態が連邦の専管事項であるのに対し、国内的緊急事態は第一義的には各州の任務であり、連邦の任務は州の対処では不十分な場合にこれを補完するためにとられる例外的措置とされている。従って、治安の維持は、各州の警察力が責任を持ち、災害発生時の対処も州が対処する。州だけでは対処できない内乱などの治安上の重大事態については、基本法の緊急事態規定が適用され、他の州や連邦の警察力・連邦軍が支援を行うことになっている（第35条第2項、第91条第1項、第2項、第87a条第4項）＊8。同様に広域災害などの被害が甚大で州のみでは対処が困難な場合にも、連邦が州を補完できるとする（第35条第2項、第3項）＊9。

Ⅱ　危機管理を担う組織

ドイツにおける危機管理や文民保護を担う組織はどのようになっているのか。まず、比較的最近になって設置された「連邦住民保護・災害救援庁」（BBK）と、ドイツの文民保護を長く担ってきた組織である連邦技術救援隊（THW）を取り上げ、それらを含む連邦・各州との組織間がどのような関係にあるのかを概観する。そして、近年実施されるようになった連邦と諸州の協働による危機管理訓練である「LÜKEX」を紹介する。最後に、日本でも関心が高い原子力をめぐる危機管理を担う諸組織を検討する。

１　連邦住民保護・災害救援庁

先述のように、連邦と州の間の協働を目指す動きは顕著となり、ドイツの危機管理に組織面で重要な変化をもたらした。その最も注目すべき変化は連邦住民保護・災害救援庁（Bundesamt für Bevölkerungsschutz und Katastrophenhilfe, BBK）の設置である。契機となったのは、2001年の米国同時多発テロ、並びに2002年8月に発生したエルベ川の洪水氾濫である。特にエルベ川の氾濫では、ドイツ国内で支川のバイサリッツ川、ムルデ川も氾濫し、ザクセン州各地で多大な被害を受けた。ドイツ国内だけで被災者約34万人、被害総額92億ユーロ（約1兆1000億円）に達した。この事態を受けて、2002年の連邦・州内相定期会議において「ドイツにおける住民保護の新戦略（Neue Strategie zum Schutz der Bevölkerung in Deutschland）」が採択され、大規模災害発生時に、連邦と州がよりよい協働を実現するための新たな調整メカニズムを考案し、それぞれの能力をより効率的に相互運用することが確認されたのである。これを受けて2004年5月に連邦内務省に設置されたのが同庁である。

同庁によれば、同庁は防災対応の実働組織は持たず、災害時の情報収集や提供のほか、連邦と州・自治体の協働の調整、民間企業及び一般住民の間での危機認識の共有、公衆衛生の確保、非常時における重要インフラの防衛や飲料水供給、大量破壊兵器からの住民保護措置の調整などの業務に当たる＊10。連邦内務省によれば、住民保護は、警察、連邦軍、国家情報機関と並ぶ国家安全保障の第４の柱に位置付けられるという＊11。

2　連邦技術救援隊

BBK とは対照的に、歴史も古い連邦内務省所管の機関に、連邦技術救援隊（Bundesanstalt Technisches Hilfswerk, THW）＊12がある。1950年に設立されたTHW は専門技術能力を生かし、電気の供給、給水・排水、架橋などのインフラ関連、探索・救援・救助・避難・川の氾濫・洪水などの防御関連、物資輸送その他などを行う＊13。技術救援隊法（Gesetz über das Technische Hilfswerk）が、その組織・任務・所属救援隊員の地位などを定めているが＊14、この組織の最大の特徴は、同機関のホームページによれば、「世界に類をみない」人的構成にある＊15。組織上は連邦内務省に属するにもかかわらず、THW の専任職員は全体の1％のみで、残りの99％はボランティア救援隊員である。ドイツ国内668カ所にある地区部隊で8万人のボランティア救援隊員が各々の余暇に活動している。国際救援活動にも積極的に参加しており、東日本大震災後の救助活動にも40人の隊員を派遣した＊16。THW 以外にもドイツには、労働者サマリア人連盟（Arbeiter-Samariter-Bund　Deutschland）、マルタ騎士修道会救助団（Malteser Hilfsdienst）、ヨハネ騎士修道会事故救助団（Johanniter-UnfallßHilfe）など全国組織を有する民間ボランティア組織が数多くある＊17。

これらの諸組織の指揮系統と協働関係を示したものが図表１である。平時の危機管理はボトムアップ式で、災害事態が宣言されれば、消防隊や救急隊などの日常的な緊急事態に対処している市町村から、郡・独立市の危機管理チームに責任が移譲される＊18。自然災害の被害を受けたり、深刻な事故が起きたりした場合、当該の州は他州や連邦政府、連邦警察や連邦技術救援隊（THW）、連邦軍の支援を要請でき、連邦政府や他州の諸機関は要請に基づいて、相互に

図表１ ドイツにおける危機管理体制

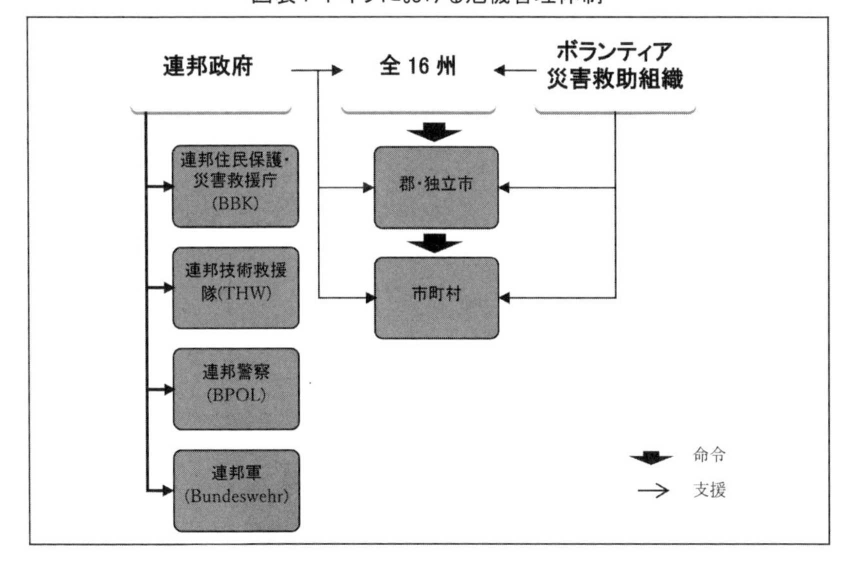

（出典）Hegemann, H. and Bossong, R. (2013). *Analysis of Civil Security Systems in Europe (Anvil): Country Study: Germany*, p.10.などを参考に筆者作成

法的・行政的支援を行う。当該の危機が一つの州を超える領域にまたがる場合、連邦政府は連邦警察や連邦軍を使用し、州に他の州を支援するよう命令できる（基本法第35条第2項）＊19。連邦住民保護・災害救援庁は支援機能の中核を担うが、諸州や他の連邦機関に対して直接的に指示する権限はない。

3　原子力発電所の危機管理

次に、日本にとっても関心が高い、原子力発電所をめぐる危機管理体制を紹介する。ドイツの原子力行政に大きな影響を与えたのは、1986年に旧ソ連のウクライナで起きたチェルノブイリ原発事故である。西ドイツ（当時）国内においても放射能汚染が確認され、農作物などに被害が確認された。この事態を受けて、連邦政府は環境・自然保護・原子炉安全省（Das Ministerium für Umwelt, Naturschutz und Reaktorsicherheit、現環境・自然保護・原子力安全省、Das Ministerium für Umwelt, Naturschutz und nukleare Sicherheit）を新設し、原発の安全性に対する監視強化を図った＊20。その後、1987年にドイツの放射性廃棄物輸送会社がベルギーから大量の放射性廃棄物を違法に運び込んだ事実が発覚し、大規模なスキャンダルに発展した。これに対し、連邦政府は「連邦放射線防護庁（Bundesamt für Strahlenschutz)」を設置し、放射線管理体制を強化した＊21。ところが、2011年の福島第一原子力発電所事故はドイツのそれまでの原子力行政を一変させた。ドイツ連邦議会は同年6月30日、2021年までの脱原発を盛り込んだ第13次改正原子力法を可決した。ドイツにあった17基の原子炉のうち、福島原発事故後に点検のため停止していた８基はそのまま廃炉にし、残る９基も遅くとも2022年までにすべて停止することになったのである。

Ⅲ　変容する非常事態体制

上述のように、非常事態や危機管理が実際に必要とされる際に、関係する連邦と州の組織が有機的に連携、協働できることが必要であるとの認識が生まれた。また、連邦軍の国内出動が可能であり、連邦と州によるより緊密な連携が必要であるとされたことから、非常事態や危機管理に関わる体制は近年、変化している。そこで、連邦と州によって実施されている共同危機管理訓練の内容を概観し、次に連邦軍の国内出動について検討する。さらに、連邦軍の国内出動について国民がどのように認識しているかを知るため、世論調査の結果を検討する。

1　連邦と州の文民保護・災害援助機能の統合

危機管理を文民保護の観点から見た場合、その管轄も連邦と州に二分されてきた。まず、立法権限に関して基本法は「文民たる住民の保護を含む防衛」は連邦の専属的立法権限に属し（第73条1項1号）＊22、それ以外の公共の安全及び秩序の維持に関する立法権限は州にあると規定している（第30条及び第70条）＊23。従って、防衛事態における戦争災害からの非戦闘員である住民の保護である文民保護（Zivilschutz）に関しては、連邦に立法権限がある。そして、この目的で、文民保護に関わる法律を整理・統合し、文民保護再編法が1997年に制定された＊24。一方、平時の災害予防や災害対処措置、すなわち災害防護（Katasrophenschutz）の一環としての被災住民保護については州が立法権限を有し、各州に災害防護法がある。ただし、原子力防護は連邦の専属的立法権限事項である（第73条14号）＊25。

しかし、2001年に米国で起きた9.11同時多発テロと、2002年8月のエルベ川での洪水の発生は、連邦と州に二分されてきたドイツの危機管理体制を見直す契機となった。まず、米国で発生したテロは対外的安全保障と国内治安維持という分類に基づく連邦による戦時の文民保護と州による災害防護という役割分担の在り方に疑問を投げかけた。また、エルベ川の氾濫はドイツの広域災害への対応の在り方に関して再考を促すこととなった。チェコ・ドイツ国内を流れて北海にそそぐ欧州大陸を流れる国際河川であるエルベ川は同年8月中旬、広い範囲で降雨に見舞われ、支川を含む広大な流域で大規模な洪水氾濫現象が発生した。ドイツ国内では、エルベ川だけでなく、その支川であるバイサリッツ川、ムルデ川が氾濫し、ドレスデン市内やザクセン州各地で多大な被害を受けた。先述のように、ドイツでは被災者約34万人に上る大災害となった＊26。

この時、ザクセン州の要請に応じて連邦政府に災害対策本部が設置、被災者支援などに対応したことを契機に、州を超える広域的な災害時の連邦政府の役割について議論が高まった。その結果、先に紹介したように、2002年の連邦・州内務大臣定期会議において「ドイツにおける住民保護の新戦略（Neue Strategie zum Schutz der Bevölkerung in Deutschland）」＊27が採択され、大規模災害発生時に、連邦と州による協働を実現するための調整メカニズムを考案し、より効率的に相互運用する方針が確認されたのである。この新戦略に適合させるため、文民保護再編法は2009年、連邦文民保護・災害救援法（Gesetz über den Zivilschutz und die Katastrophenhilfe des Bundes）＊28に改正され、連邦による文民保護と、州による災害救援の相互運用性を高めることとなった。具体的には、文民保護に際して州の防災組織に依存できるようにする一方、文民保護のために連邦が備蓄している資源を災害救援ために利用できることになったのである。

2　連邦と諸州の共同危機管理訓練

こうした動きを受けて、2004年以降、「LÜKEX（Länderübergreifende Krisenmanagamentübung）」＊29と呼ばれる、連邦と諸州による共同の危機管理訓練が実施されるようになった。「州間越境危機管理訓練」を意味する訓練の略称で、その目的は、連邦と各州がさまざまな危機や脅威に対して準備を万全にし、現行の諸計画・対処の考え方を試すことにある。

これまでの訓練の事例を挙げれば、2006年のサッカー・ワールドカップ・ドイツ大会を念頭においたテロ攻撃への対処（LÜKEX05）、通常爆発物及び化学物質・放射性物質を使用したテロ攻撃への対処（LÜKEX09/10）、大規模サイバー攻撃による IT 安全保障上の脅威への対処（LÜKEX11）、異常な生物学的脅威（LÜKEX13）、北海における暴風雨への対処（LÜKEX15）などと、毎回異なった危機や脅威のシナリオを想定し、連邦や州、そのほかの行政レベルを横断した連携の訓練を実施している＊30。そうすることにより、連邦と州政府、地方自治体による連携を進める上で、解決すべき課題を浮き彫りにし、対応策を講じて、準備態勢を改善していくことを目指している。

3　連邦軍の国内出動

このように連邦と州の間の文民保護・災害援助機能の統合が進む一方、2016年に発表されたドイツ国防白書は、連邦軍の国内出動を任務の一つとして明記した。国防省側においても、対テロリズム対策などを念頭に、連邦軍と州の警察や消防との連携強化を視野に入れて、それまでの政策を転換したのである。

ところが、連邦軍の国内出動は、ドイツにおいては過去の歴史との関係において、政治的には大きなテーマである。基本法第87a条第2項は、軍の出動は基本法が明示的に認めている場合にのみ許されると規定する。従って、基本法が明示的に許す出動任務がなければ、新たな任務を法律で規定できないため、まず出動の根拠となる規定を基本法に盛り込む改正が必要となる＊31。

しかしながら、連邦軍の出動を基本法で厳しく制限し、対外安全保障を連邦軍、国内危機管理を警察などと峻別してきた背景には、ドイツが経験してきた歴史的事情がある。ナチスは言うまでもなく、ドイツの近現代史を振り返れば分かるように、軍の国内出動の可能性が大きくなれば、国内治安維持における軍の役割が徐々に広がって軍事化する危険性があり、やがては政府による軍の政治利用、軍部による政治介入につながる懸念があったからである。連邦軍の国内出動がそれまでタブー視されてきたのには、そうした歴史的経緯があり、9.11米国同時多発テロ後に連邦軍の国内出動を求める動きがあっても、連立与党（当時）の社会民主党（SPD）や野党の多くが慎重だったのには、このような事情があったのである。

ところが、10年ぶりに2016年に刊行された「国防白書」（Weißbuch zur sicherheitspolitik und zur Zukunft der Bundeswehr）は「連邦軍の国内出動」の項目を新たに設け、基本法で許される出動に関して改めて言及した＊32。国防白書によれば、基本法第35条第1項によって、連邦軍は国内で行政的支援を行うことができ、その一環として現在、難民支援や救援活動を実施している。他方、基本法第35条第2項、第3項は、州政府や連邦政府の要請に基づいて、連邦軍は自然災害や重大な事故（緊急事態）に出動することができることを定める。その中には大規模なテロ攻撃を緊急事態と考えることができるとする。連邦憲法裁判所も警察が緊急事態を効果的に管理することを支援するため、連邦軍は主権にかかわる任務を実行し、介入や強制措置を執行することができることを国防白書は指摘する＊33。

これを踏まえ、今日のようなテロの脅威下においては、未曾有の緊急事態という狭い制限下において、かつ基本法が許す範囲において、災害時における連邦軍の効果的な展開は重要な役割を果たし、災害時に協働する連邦政府と州政府の間で良好な協力関係を構築し、訓練を実施することは重要であると強調する。さらには、第87a条第4項と第91条第2項で定められた国内的緊急事態発生時、すなわち国内の民主主義的基本秩序が差し迫った脅威にさらされた時には、連邦軍は国内出動できることを指摘し、現下の国際情勢を受けて、連邦軍の国内出動を積極化させる意向を強くにじませる内容となった＊34。

図表2 連邦軍の国内出動に関する基本法と航空安全法上の根拠

法的根拠	目　的	連邦軍の担当範囲
第87a条第1項	国防	連邦または同盟地域に対する武力攻撃からの防衛
第87a条第3項	緊迫事態または防衛事態における国防	民間対象物の保護、交通規制の実行、警察業務の支援
第87a条第4項	自由・民主的基本秩序の確保	民間対象物の保護ならびに組織的武力勢力および軍事的武装勢力との闘いにおける、警察および連邦国境警備の支援
第35条第2項	（1つの州で）自然災害または特に重大な事故が発生した場合の支援	公共の安全、秩序の維持と回復、警察支援
第35条第3項	（複数の州で）自然災害または特に重大な事故の場合の支援	公共の安全、秩序の維持と回復、警察の支援
航空安全法第14条第1項	飛行機の航行の安全に対する攻撃、セキュリティ、ハイジャック、サボタージュ、テロ攻撃からの保護	戦闘機を使用し、ハイジャックされた飛行機に対して警告射撃により強制着陸、または排除する

（出典）Markus Steinbrecher. “Vorstellungenvon den Aufgabenbereichen der Bundeswehr“, in Markus Steinbrecher, Heiko Biehl et al. (2017). S*icherheitsund verteidigungspolitisches Meinungsklima in der Bundesrepublik Deutschland. Ergebnisse und Analysen der Bevölkerungsbefragung 2017*, Zentrum für Militärgeschichte und Sozialwissenschaften der Bundeswehr. p.157 の表、基本法及び航空安全法の条文などを基に筆者作成

これに至る背景として、2005年に施行された航空安全法（Luftsicherheitsgesetz）＊35と、同法の違憲性をめぐる連邦憲法裁判所の判決が挙げられる。この契機となったのは、2001年9月11日に発生した米国同時多発テロと、ドイツのフランクフルト・アム・マイン市で2003年1月5日に発生した軽飛行機乗っ取り事件である。米国同時多発テロでは、テロリストが民間機を乗っ取り、これを武器として地上の目標に自爆攻撃を実行した。この実行犯の一部が実行直前までドイツ国内を拠点に活動していたことに加え、2003年のフランクフルトにおける軽飛行機乗っ取り事件では、軽飛行機を強奪した男が高層ビル群を旋回し、欧州中央銀行（ECB）ビルに突入すると脅迫したため、米国同時多発テロを想起させ、この種のテロへの対策を求める声が強まったのである。この事件では、警察が高層ビル内や周辺の市民を避難させる一方、警察ヘリや空軍機が出動して対応した。他方、犯人の男は、世界初の再使用型宇宙機、スペースシャトル「チャレンジャー」の爆発事故（1986年）で亡くなった女性宇宙飛行士ジュディス・レズニック氏の弟に電話をつなぐよう要求し、要求が受け入れられたとして約２時間後に自力で空港に帰還し、逮捕された＊36。

これらの事態を重く見た SPD と「90年連合・緑の党」の連立政権による当時のドイツ連邦政府は、いずれの事案においても治安当局が適切に対応することができなかったことに危機感を抱き、ハイジャック機が武器として使用される場合の対処方法の検討を進めた。その結果、警察力だけでは対応が不可能との認識から、連邦軍の支援を可能とする同法を制定したのである。同法第14条「出動措置、命令権限」では、「特に重大な事故を防ぐため、軍は領空において、航空機の針路を変更させ、着陸を強要し、武力を用いて威嚇し、または、警告射撃を行うことを許される」と定め、連邦軍の国内出動を認めた。しかしながら、基本法の改正をせずに制定された同法については、ホルスト・ケーラー大統領（Horst Köhler）が合憲性に疑念があるとして連邦憲法裁判所に判断を仰ぐよう求める異例の展開となり、同裁判所に提訴されることとなった＊37。その結果、同裁判所は2006年、航空安全法に定める武力行使規定を違憲とする判断を下し、無効とされたのである。

4　連邦軍の国内出動に関する世論の動向

このように、政治的に機微な問題である連邦軍の国内出動が任務の一つに加わったことに対し、市民はどのように受け止めたのだろうか。連邦軍軍事史・社会科学センターが毎年実施している世論調査のなかでも、同国防白書が発行された翌2017年12月に発表された世論調査＊38の結果から検討する。

図表3 ドイツ連邦軍の任務

連邦政府はどのような任務を引き受けるべきですか。連邦軍が次の任務を引き受けることに同意しますか。

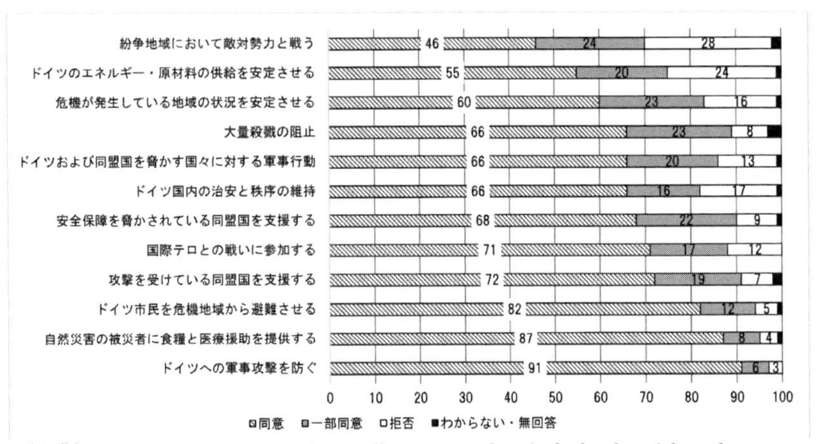

（出典）Markus Steinbrecher. "Vorstellungenvon den Aufgabenbereichen der Bundeswehr", in Markus Steinbrecher, Heiko Biehl et al. (2017). S*icherheitsund verteidigungspolitisches Meinungsklima in der Bundesrepublik Deutschland. Ergebnisse und Analysen der Bevölkerungsbefragung 2017*, Zentrum für Militärgeschichte und Sozialwissenschaften der Bundeswehr. p.150 などを基に筆者作成

それによれば、「連邦政府はどのような任務を引き受けるべきですか。連邦軍が次の任務を引き受けることに同意しますか」という設問に対し、2508人が回答した。回答は「同意する」「一部同意する」「拒否する」「わからない、無回答」の４つの選択肢から選ぶ形で、図表３に示すように、連邦軍の国内出動に関しては、66％が同意、16％が一部同意と回答し、４分の３以上が問題視せず、拒否は17％にとどまっている。

他方、国内出動任務に限定した設問では、図表４に示すように、国民防護と関連の深い災害救助活動に連邦軍が参加することについては、88％が同意、８％が一部同意と、双方を合わせると96％と極めて高い支持を得ている。次いで、「ドイツの空域および海岸をテロ攻撃防止のために監視する」についても84％が同意、11％が一部同意し、同様に100％近い支持がある。さらに、「ドイツ国内の公的建造物をテロ攻撃から守る」「ドイツ国内における行方不明者の捜索または救助」についても、同意と一部同意を合わせて、それぞれ90％、87％の支持率は高く、連邦軍の国内出動については総じて受け入れられていると言

図表4 適切と考える国内出動の任務

連邦軍はドイツ国内でどのような任務を引き受けるべきですか。連邦軍が次の任務を引き受けることに同意しますか。

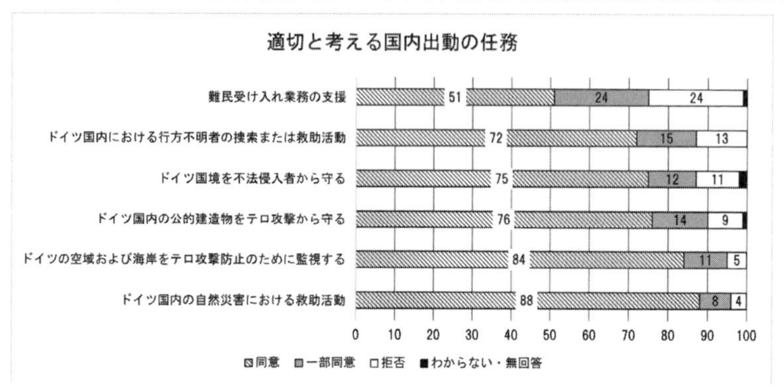

（出典）Markus Steinbrecher. “Vorstellungenvon den Aufgabenbereichen der Bundeswehr”, in Markus Steinbrecher, Heiko Biehl et al. (2017). S*icherheitsund verteidigungspolitisches Meinungsklima in der Bundesrepublik Deutschland. Ergebnisse und Analysen der Bevölkerungsbefragung 2017*, Zentrum für Militärgeschichte und Sozialwissenschaften der Bundeswehr. p.159 などを基に筆者作成

えそうである。また、「ドイツ国境を不法侵入者から守る」ための国内出動についても、同意と一部同意を合わせて87%、「難民受け入れ業務の支援」については75%が支持を回答しており、対テロ対策や自然災害の出動に比べれば支持は低いものの、総じて受け入れられているといえる。

ただし、有識者や法学者からは、上述のような歴史的経緯などもあり、連邦軍の国内出動については懸念や慎重な検討の必要性が表明されている。例えば、ドイツの現代史を踏まえれば「ドイツでは、近い将来、フランスや他の欧州諸国のように、迷彩服を着た兵士が大都市の通りで自動小銃を抱えてパトロールすることは考えられない」＊39との批判があるほか、法学者からも同様の懸念が表明され、国内出動の実施に当たっては、事前の慎重な検討と市民の理解を求める丁寧な働きかけが不可欠と考えられる＊40。

5　テロ対策共同防衛演習（GETEX）

連邦と州による連携強化の一環として、連邦軍と州警察による共同演習が2017年3月7～9日、初めて実施された＊41。「テロ対策共同防衛演習」（GETEX、Gemeinsame Terrorismusabwehr-Exercise）と呼ばれるこの演習では、複数の州の複数の都市で同時多発テロ攻撃が発生し、警察力が限界に達したというシナリオで、警察と連邦軍による共同のテロ対策をとるという想定で実施された。演習は状況センターとコンピューター上でのみ実施され、小規模な現場対応を別とすれば、警察官も兵士も実際には出動しなかった。この演習により、実際に必要とされる連邦側からの支援は、主として各種の行政的支援であることが浮き彫りになってきたとされる。

同演習後、連邦政府のウルズラ・フォンデアライエン国防相およびデメジエール内相のほか、参加した連邦州首相らが出席し、記者会見が開かれた＊42。その中で、フォンデアライエン国防相は過去に連邦軍の支援が求められた事例に言及した＊43。それによると、連邦軍への出動要請はこれまでに46回に上り、このうち30の事例で、負傷者の搬送や爆発物の処理など、法的に議論の余地のない支援であり、出動を許可したが、残る16の事例については、慎重な検討を要し、一部の出動要請を拒否したという。具体例として、バーデン・ビュルテンベルク州の事案では、州警察特殊部隊が対応可能と思われる人質事件への対応として、人質解放のため連邦軍特殊部隊（KSK）の出動要請があったほか、バイエルン州では、ある領事館からの警護要請に関連して連邦軍兵士の出動要請があったが、いずれの要請も州警察で対応すべき事案で、合理的理由を欠くとして拒否したことを明らかにした。同国防相としては、連邦と州が連携を強化するにあたっては、特に連邦軍の出動に関し、このような実際の対応を積み重ねる中で、連邦、州がそれぞれ対応すべき事案に関わる合意形成を慎重に進めていきたい意向をにじませたのである。

６　連邦軍の難民問題への対応

さらには、危機管理上の問題として近年注目されているのが、移民・難民への対応である＊44。中東のシリアやイラクから大量の難民が2015年、欧州に押し寄せ、ドイツはこのうち、同年だけで約110万人の難民申請希望者が入国した。ドイツは戦後、基本法第16a条などにおいて政治的迫害を受けた者に対する庇護を規定し、人道的な難民庇護政策をとってきた＊45。アンゲラ・メルケル首相（Angela Merkel）は難民危機に当たり、積極的な受け入れをたびたび表明してきた。ところが、同年11月にフランス・パリで起きた連続テロ事件に偽装難民が含まれていたほか、同年の大晦日にドイツ中部のケルンで婦女暴行事件が発生し、犯人の中に難民申請者がいたことから、難民問題に関する国内世論は大きく揺らぎ、難民受け入れに慎重な姿勢が支持されるようになった。また、ドイツ南部バイエルン州にある連立与党、キリスト教社会同盟（CSU）は従前から、難民の受け入れ者数の上限を設定すべきだとの立場を表明し、それを受けて年間の受入上限を20万人とすることで合意した経緯がある。その後、メルケル首相は、シリアにおける戦争状態が解消された後には、難民は自国へ帰るべきであるとの姿勢を示し、難民を積極的に受け入れてきた政策を事実上転換した。このような難民受け入れ業務の支援に連邦軍のより積極的な活用を求める意見が州政府側にあるが、国防省側は依然として慎重である。

おわりに

連邦軍軍事史・社会科学センターが原則として毎年実施している安全保障に関する世論調査によれば、2015年の調査結果においても、15%が「非常に安全」、40%が「どちらかというと安全」と思うと回答し、過半数が自国を安全であると考えている。また、28%が「部分的には安全」と回答し、自国の安全や治安の状況を肯定的に考えている市民は多い＊46。上述の既存の危機管理体制が概ね一定の評価を受けてきたと言える。

他方、上述のように、9.11米国同時多発テロや国際河川であるエルベ川の氾濫などの事例は、それまでの危機管理体制に見直しを迫るものだった。その結果、これまで見てきたように、国際テロリズムや自然災害などの国際安全保障環境の変容に適合させる形で、それまでの連邦と州による分轄体制を見直し、相互連携を強化すべく、連邦住民保護・災害救援庁を設置したのをはじめ、連邦と州が協力して実施する危機管理訓練（LÜKEX）やテロ対策共同防衛演習（GETEX）を新たに導入するなど、連携による危機管理体制の強化が近年、急速に進展した。他方で、こうした連携強化が、連邦軍と警察などを峻別してきた戦後ドイツの規範や現行法制との間に軋轢を生み、連携強化の具体策とともに、それを克服する努力が続いている。とりわけ次の３つの葛藤の克服は今後の危機管理を考える上で重要と思われる。

第一に、連邦軍の国内出動を検討する上で、歴史的経緯を踏まえて、対外安全保障を担う連邦軍と、国内治安維持にあたる州警察との機能を厳しく峻別している基本法と、どのように整合性を担保する形で連携を実現していくかである。既に見てきたように、ドイツ国内の専門家や法学者らは、ドイツの近現代史がそうであったように、軍の国内出動の可能性が大きくなれば、国内治安維持における軍の役割が徐々に広がり、やがては政府による軍の政治利用、軍部による政治介入につながっていく懸念を指摘している。他方で、国際テロリズムの発生や大規模自然災害といった過去に経験のない危機管理上の挑戦に直面しており、国内の危機管理分野において連邦軍に期待し遂行できる、より具体的な役割や業務内容について、国防省、内務省などの関係省庁と連邦州による政策調整が必要になると考えられる。

第二に、ドイツの危機管理体制において重要な役割を果たしているボランティア要員の確保が課題となる可能性がある。連邦軍の徴兵制は2011年、徴兵制を一時停止し、事実上、廃止したからである。先に触れた連邦技術救援隊（THW）の人員構成に顕著なように、ドイツの危機管理体制におけるボランティアの役割は非常に大きいが、それを支えてきた柱の一つは、兵役に就く代わりに、ボランティア業務に従事することができるとする規定があったからである。その徴兵制が事実上廃止された以上、これに代わる要員確保が必要となる。要員確保のため、最大3万5000人の社会福祉・環境保護・災害防護等の分野におけるボランティア志願者の確保を目指し、連邦志願役務法（Gesetz zur Einführungsfreiwilligendienstes）が2011年に施行されたが、少子高齢化が進むドイツにおいて、その確保は容易ではない。連邦政府は連邦軍による支援の用意がある姿勢を示す一方、ボランティア要員の確保に向けて各州政府は一層の努力を尽くすべきだとの考えを示している。しかし、解決のめどは立っておらず、重要課題として直面する可能性がある。

第三に、EU レベルとの政策調整である。EU においても「市民保護メカニズム」＊47などの政策がとられているが、EU、なかでも執行機関である欧州委員会などの中央志向性とドイツの非中央集権的な地方分権の志向性は異質であり、政策調整は容易ではない。危機管理の現場を長く担ってきたドイツ各州にとって、その自負は大きい。とりわけユーロ危機以降、加盟各国で欧州懐疑主義勢力が伸長していることから明らかなように、EU に対する不信は大きく、ドイツも例外ではない。2013年に設立されたばかりの右派ポピュリスト政党「ドイツのための選択肢」（Alternative für Deutschland, AfD）＊48が2017年の連邦議会選挙で第３党の座を手にし、野党第一党となったのをはじめ、全16州の州議会に進出したことは、それを象徴している。ドイツの場合、連邦と州による連携に加えて、EU －連邦－州という三者の対話と連携が重要な課題になり得る。

ドイツが直面するこれら３点のうち、特に最初の２点は、日本にも示唆するところが大きい。世界各地でテロが頻発する現下の情勢で、対外安全保障と国内治安維持を完全に切り分けて考えることは現実には難しい。ドイツが進める危機管理体制の改革は、日本が今後、テロ対策などにおいて自衛隊と警察、海上保安庁などの関係機関の連携の在り方を考える上で大変参考になり、注視していくべきであると思われる。

註

1 現在の第23条の条文はドイツ統一を受けて別内容に修正されている。

2 ドイツの非常事態体制の制度に関しては、次の拙稿に多くを負っている。中村登志哉「解題　ドイツの危機管理制度と組織の概要」伊藤潤・武田康裕・中村登志哉・樋口敏広編・解説『米国国立公文書館(NARA)所蔵　アメリカ合衆国連邦緊急事態管理庁(FEMA)記録－オンライン・アーカイブ』極東書店、2016年。

3 Hendrik Hegemann and Raphael Bossong. *Analysis of Civil Security Systems in Europe (Anvil): Country Study: Germany*, The ANVIL consortium, 2013. <http://anvil-project.net/>. 松浦一夫 「ドイツの災害対処・住民保護法制－平時法と戦時法の交錯」浜谷英博・松浦一夫編『災害と住民保護―東日本大震災が残した課題』三和書籍、2012年、231～273頁。

4 Bundeszentrale für politische Bildung. *Grundgesetz für die Bundesrepblik Deutschland*, Sonderausgabe für die Bundeszentrale für politische Bildung, (Bonn, 2016), p.108.

5 Grundgesetz, pp.67-8.

6 Grundgesetz, pp.67-8.

7 これに基づくドイツ連邦軍の海外派兵の詳細については、中村登志哉『ドイツの安全保障政策―平和主義と武力行使』一藝社、2006年参照。

8 Grundgesetz, pp.36-7, pp.78-9, p.75.

9 Grundgesetz, pp.36-8.

10 Bundesamt für Bevölkerungsschutz und Katastrophehilfe. *Homepage*. <http://www.bbk.bund.de/DE/DasBBK/dasbbk_node.html>. 2020年1月1日閲覧。

11 渡辺富久子「ドイツの非常事態法制―連邦と州による防災のための協力体制」、国立国会図書館編『外国の立法』、251号、2012年、160～186頁。

12 Bundesanstalt Technisches Hilfswerk. *Homepage*. <https://www.thw.de/DE/Startseite/startseite_node.html>. 2020年1月1日閲覧。

13 Bundesanstalt Technisches Hilfswerk, „Einsatzoptionen", <https://www.thw.de/DE/THW/Bundesanstalt/Aufgaben/Einsatzoptionen/einsatzoptionen_node.html#doc2059014bodyText1>. 2020年1月1日閲覧。詳細な業務の一覧は次を参照。Bundesanstalt Technisches Hilfswerk (2014). *Katalog der Einsatzoptionen des THW*. <https://www.thw.de/SharedDocs/Downloads/DE/Mediathek/Dokumente/THW/Einsatzoptionen-Katalog.html?nn=923612〉.

14 同法は1990年1月22日告示、2013年6月11日修正。Bundesanstalt Techinsches Hilfswerk, „Gesetzlicher Auftrag" , <https://www.thw.de/DE/THW/Bundesanstalt/Auftrag/auftrag_node.html>. 2020年1

月1日閲覧。

15 Bundesanstalt Technisches Hilfswerk, *Bundesanstalt THW.* <https://www.thw.de/DE/THW/Bundesanstalt/bundesanstalt_node.html;jsessionid=0A7C4EC6182D5ED95A2D309AB30CFD0C.1_cid285>. 2020年1月1日閲覧。

16 Bundesanstalt Technisches Hilfswerk. (2013). “THW entsendet SEEBA-TEAM ins japanische Erdbebengebiet”, 11.03.2011, <https://www.thw.de/SharedDocs/Meldungen/DE/Pressemitteilungen/international/2011/03/meldung_002_pm_bmi_seeba_japan.html >. 2020年1月1日閲覧。

17 松浦前掲書、246～247頁。

18 Hegemann and Bossong. op.cit., pp.9-10.

19 Grundgesetz, p.35.

20 Das Ministerium für Umwelt, Naturschutz und nukleare Sicherheit, < https://www.bmu.de/ 〉. 2019年12月31日閲覧。

21 青木聡子『ドイツにおける原子力施設反対運動の展開』ミネルヴァ書房、2013年、58～60頁。

22 Grundgesetz, p.59.

23 Grundgesetz, p.35, p.58.

24 松浦前掲書、256～257頁。

25 Grundgesetz, p.60.

26 国土交通省「2002年　世界の洪水」〈http://www.mlit.go.jp/river/basic_info/yosan/gaiyou/yosan/h15budget3/p63.html〉. 2020年1月1日閲覧。

27 Bundesamt für Bevölkerungsschutz und Katastrophehilfe. “Chronik des Bevölker- ungsschutz in der Bundesrepblik Deutschland im Überblick ”. <http://www.bbk.bund.de/DE/DasBBK/Geschichte/geschichte_node.html#doc1923178bodyText3>. 2020年1月1日閲覧。

28 同法は1997年3月告示、2009年7月修正。Bundesministerium des Inneren. (2009). *Gesetz über den Zivilschutz und die Katastrophenhilfe des Bundes (Zivilschtz- und Katastrophen- hilfegesetz* - ZSKG), <http://www.bevoelkerungsschutzportal.de/SharedDocs/Downloads/BVS/DE/Zustaendigkeiten/Gesetzliche_Grundlagen/ZSKG.html>. 2020年1月1日閲覧。

29 Bundesamt für Bevölkerungsschutz und Katastrophehilfe. “LÜKEX – Krisenspiel für Bevölkerungsschutz in Deutschland”. <http://www.bbk.bund.de/DE/AufgabenundAusstattung/Krisenmanagement/Luekex/Luekex_node.html>. 2020年1月1日閲覧。

30 Bundesamt für Bevölkerungsschutz und Katastrophehilfe (2014) *LÜKEX – Eine Strategische Krisenmanagementübung.*

<https://www.bbk.bund.de/DE/AufgabenundAusstattung/Krisenmanagement/Luekex/Luekex_node.html>. 2020年1月1日閲覧。

31 詳しくは次を参照。松浦一夫『立憲主義と安全保障体制―同盟戦略に対応するドイツ連邦憲法裁判所の判例法の形成』三和書籍、2016年、343～344頁。

32 Bundesministerium der Verteidigung. (2016). *Weißbuch zur sicherheitspolitik und zur Zukunft der Bundeswehr*. Paderborn: Bonifatius, S.110.

33 Ibid.

34 Ibid.

35 Bundesministerium der Justiz und für Verbraucherschutz, Luftsicherheitsgesetz, 11.01.2005.
<https://www.gesetze-im-internet.de/luftsig/BJNR007810005.html#BJNR007810005BJNG000100000 >. 2019年11月27日閲覧。渡邉斉志「ドイツにおけるテロ対策への軍の関与――航空安全法の制定」、国立国会図書館編『外国の立法』、223号、2005年、38～50頁。

36 CNN, 'Frankfurt crash threat ends safely', January 6, 2003.
<https://edition.cnn.com/2003/WORLD/europe/01/05/germany.plane.ecb/>. 2020年1月4日閲覧。

37 同法の法学的観点からの検討については、次を参照。松浦一夫「航空テロ攻撃への武力対処をめぐる憲法訴訟」「2012年7月3日総会決定と2013年3月20日第二法廷決定による判例変更」、松浦『立憲主義と安全保障体制―同盟戦略に対応するドイツ連邦憲法裁判所の判例法の形成』、331～ 368頁、409～444頁。

38 Markus Steinbrecher, Heiko Biehl et al. *Sicherheits- und verteidigungspolitisches Meinungsklima in der Bundesrepublik Deutschland. Ergebnisse und Analysen der Bevölkerungsbefragung 2017*, Zentrum für Militärgeschichte und Sozialwissenschaften der Bundeswehr.
<https://opus4.kobv.de/opus4-zmsbw/frontdoor/index/index/docId/12>. 2019年11月27日閲覧。

39 Thomas Wiegold, "AUSNAHMEFALL DEUTSCHLAND: Die Debatte um einen Einsatz der Bundeswehr im Innern", *Aus Politik und Zeitgeschichte*, 32-33/2017, p.27.

40 Stefan Talmon, "Bewaffnete Bundeswehrsoldaten am Brandenburger Tor? Zum Objektschutz durch Streitkräfte bei terroristischen Anschlägen", Bonner Rechtsjournal, Ausgabe 01/2016, S.7.
<https://www.bonner-rechtsjournal.de/fileadmin/pdf/Artikel/2016_01/BRJ_005_2016_Talmon.pdf> 2019年11月27日閲覧。

41 Thomas Wiegold, "Lob der Innen-Ressortchefs für GETEX: Gut, dass wir geübt haben", *Augen geradeaus!*, 09.03.2017.

<https://augengeradeaus.net/2017/03/parteiuebergreifendes-lob-der-innen-ressortchefs-fuer-getex-gut-dass-wir-geuebt-haben/> 2019年11月27日閲覧。

42 Bundesamt für Bevölkerungsschtz und Katastrophenhilfe, Erfolgreiche Premiere: Gemeinsame Terrorismusabwehr-Exercise (GETEX) durchgeführt, Pressemitteilung, 13.03.2017.
<https://www.bbk.bund.de/SharedDocs/Pressemitteilungen/BBK/DE/2017/GETEX.html> 2019年11月27日閲覧。

43 Thomas Wiegold, *Aus Politik und Zeitgeschichte*, 32-33/2017, p.26.

44 詳細については、次を参照。中村登志哉「国際社会の対独観と海外派兵に揺れる国民意識」中村登志哉編『戦後70年を越えて―ドイツの選択・日本の関与』一藝社、2016年、20～50頁。ハンス・クンドナニ著、中村登志哉訳『ドイツ・パワーの逆説＜地経学＞時代の欧州統合』一藝社、2019年、170～180頁。

45 Grundgesetz, S.23-24.

46 2015年9月8日から10月30日に2653人を対象に実施された。Chariklia Höfig. "Subjektive Sicherhheit", in Heiko Biehl, Chariklia Höfig, et al (2015) *Sicherheits- und verteidigungspolitisches Meinungsklima in der Bundesrepublik Deutschland*. Zentrum für Militärgeschchte und Sozialwissenschaften der Bundeswehr, p.19.
<http://www.mgfa-potsdam.de/html/publikationen/sozialwissenschaften/forschungsbberichte>. 2020年1月1日閲覧。

47 EU の「市民保護メカニズム」の詳細については、EU のサイトにある次のページを参照。The European Union, *EU Civil Protection Mechanism*,
<https://ec.europa.eu/echo/what/civil-protection/mechanism_en>. 2020年1月4日閲覧。

48 詳細は次を参照。中村登志哉「2017年ドイツ連邦議会選挙における『ドイツのための選択肢』議会進出の分析―難民危機と欧州統合との関連を中心に」、グローバル・ガバナンス学会編『グローバル・ガバナンス』第4号、志學社、2018年、42～54頁。中村登志哉「国際社会の対独観と海外派兵に揺れる国民意識」、前掲書、39～43頁。中村登志哉「リベラル派の退潮と反ユーロ新党の急伸―2013年ドイツ連邦議会選挙結果の分析―」、名古屋大学国際言語文化研究科編『メディアと社会』第6号、名古屋大学、2014年、1～13頁。

第2部

実施体制と運用

第４章　地方公共団体の危機管理体制
―連携をめぐる葛藤

加藤　健

はじめに

日本は古来より西暦と元号を併用してきた国である。645年の「大化」を嚆矢とし、2019年に改元された「令和」まで1,400年近く元号は続いている。過去には、地震や噴火といった自然災害のほかに、疫病や兵乱などが起こるたびに改元されてきた。改元には、災いを断ち切り、新しい世の中をつくりたいという願いも込められている。平成最後の年である2018年に公益財団法人日本漢字検定能力協会が発表した今年の漢字は「災」であった。

平成から令和へと改元した2019年は、年明け早々の1月3日に観測された熊本県での震度６弱を皮切りに、翌2月には北海道胆振中東部で同じく震度６弱が観測。5月には日向灘と千葉県北東部で震度５弱。6月には山形県沖で震度６強。8月には福島県沖で震度５弱、そして浅間山での噴火も観測された。9月・10月には台風15号と19号の影響で日本列島は甚大な被害を受けた。特に台風19号では、7県に及ぶ71の河川140か所で堤防が決壊し、100名近い方が亡くなった。さらに11月には薩摩硫黄島、そして桜島で噴火が観測され、12月には青森県で震度５弱の地震が観測された。年始から年の瀬まで毎月のように日本列島の全国各地で災害が起こっている。このように、新元号である「令和」を迎えた2019年も一向に自然災害が減少する気配はなかった。

災害対策基本法の第四条と第五条において、都道府県や市町村といった基礎自治体は、住民の生命、身体及び財産を災害から保護するために、防災に関する計画を作成し、これを実施する責務を有すると記されている。すなわち、自然災害に際し、その対処に当たるのは各自治体であることが明記されている。しかしながら、自然災害への対処は、一つの自治体内で完結できることは稀である。通常は広域にまたがり、広域にまたがる災害の場合、自治体同士、あるいは、警察や消防、自衛隊といった災害対処機関との連携が必要となってくる。どの組織も災害時において「連携」や「協力」が不可欠であるとの認識で一致しているのは論を待たないであろう。しかしながら、実際には、組織同士の連携や協力はなかなか首尾よく運ばないことが多い。どの組織も連携が必要だと認識していながら、なかなか連携が進まないのはなぜか、この葛藤を俎上に載せて考察することが本章での目的である。

I　都道府県における危機管理体制の現状

ここでは自然災害への対処に当たる基礎自治体としての都道府県の組織に焦点を当てる。まず、2019年現在における都道府県の危機管理体制を組織構造の観点から類型化を試みる。次いで人的資源の観点から、災害対処に当たる防災職員数の近年の動向を明らかにする。そして最後に、自治体間の連携についての課題を考察する。

1　行政組織の基本的な構造

各都道府県は、意思決定者である知事をトップとして、下位に多種多様な知事部局（部・局・課・室）を配置し、分業体制を敷いている。このとき、特定の案件を担当する部署のことを一般的に「原局」や「原部」と呼び、「原局」や「原部」をさらに「課」や「室」単位で細分化した部署は「原課」・「原室」と呼ばれる。また、こうした「原局」や「原部」の総合調整など内部管理をおこなう部署は、国の行政組織であれば「官房」と呼ばれ、都道府県の行政組織であれば、「公室」や「総務」と呼ばれる。民間企業でいえば、「原局」や「原部」は、「直接部門」や「ライン部門」に相当し、「官房」や「公室」、「総務」は、「間接部門」や「スタッフ部門」に相当する。知事以下、「原局」と「官房」によって構成される図表1のような組織構造は、各担当職能（原局や官房）によって構成される組織という意味で、「機能別組織」または「職能制組織」と呼ばれる。

地方公共団体の行政組織は、このように数々の職能から構成され、意思決定者である知事に権限が集約される形態である。したがって、各都道府県の組織構造、すなわち行政組織の部局構成については、トップである知事の意向が反映されやすい。逆をいえば、各都道府県の組織構造を観察することによって、その都道府県知事は、何に力点を置いているかが分

図表1　行政組織の基本的な組織構造

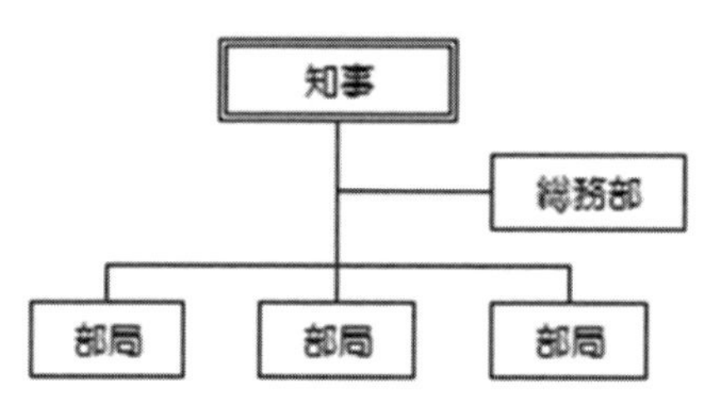

かる。「危機管理体制」についていうならば、各都道府県の危機管理担当部署の位置づけを観察することによって、「危機管理」や「防災」に対する当該都道府県の考えをある程度推察することが可能である。すなわち、「危機管理」や「防災」の部署の位置づけから、各都道府県知事がどのくらい「危機管理」や「防災」に重きを置いているか、あるいは、危機管理や防災のどういった側面に重点を置いているか、その様子を窺い知ることができる。以降、本節では、各都道府県の組織上の「危機管理」の位置づけを調査することによって、都道府県での危機管理体制の実態を明らかにしていきたい。

２　調査方法

本稿では、各都道府県の危機管理体制の調査に際し、以下の資料やデータを用いる。

①『平成30年版　職員録』(下巻)

②総務省が調査・公表している「地方自治体定員管理調査関係データ」

③各都道府県のホームページ

分析の視角としては、以下のとおりである。

①危機管理担当部署の組織図上の位置づけ

②危機管理担当部署の人的資源

ここではまず、職員録を用いて、各都道府県における「危機管理」や「防災」を担当する部署が、組織図上のどの位置に設置されているかを調査し類型化する。次に、「地方自治体定員管理データ」を用いて、各都道府県の行政組織の中で「危機管理」や「防災」を担当する職員数の傾向を調査する。そして最後に、類型化した危機管理体制と職員数の間の関連性を分析する。

分析をはじめるに当たって、まず用語の統一をしておきたい。これまで各都道府県の「危機管理」や「防災」を担当する部署と呼称してきたが、実際の都道府県の行政組織において、その名称は、「危機対策」や「総合防災」などさまざまである。ここではこうした名称を便宜上、もっとも頻度の高い「危機管理担当部署」に統一しておく。

３　調査結果

（１）組織構造

まずは組織構造についてみていきたい。平成30年時点の47都道府県の危機管理体制を調査した結果、危機管理担当部署は、以下の４つのタイプに類型化することができる。

①タイプ１：知事公室（知事直轄組織）内に設置
②タイプ２：独立した部局として設置
③タイプ３：総務部内に「課」や「室」として設置
④タイプ４：総務部以外の他の部局（直接部門）内に「課」や「室」として設置

これら①から④のタイプを都道府県での度数別にみると以下のとおりである。

図表2 危機管理担当部署のタイプと度数

タイプ	1 知事公室	2 独立部局	3 総務部内	4 他部局内
度数	4	23	10	10

ここで、これらの①から④のタイプを視覚的に図示すると以下のようになる。

図表3 危機管理担当部署の位置づけ(タイプ1～4)

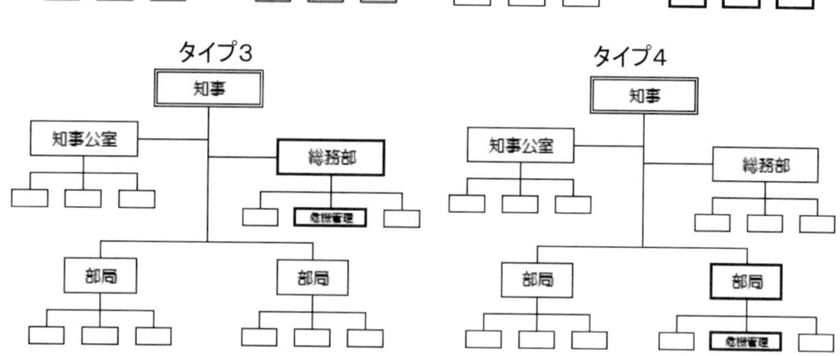

（２）人的資源

続いて、人的資源についての分析結果を見てみる。図表４は平成17年から平成30年にかけての全国の都道府県の一般行政職員の人数に占める危機管理担当部署の人数の割合の推移である。この図から、直近14年間のうちに、一般行政職員数は全体として減少傾向にあるものの、これとは対照的に危機管理を担当する防災職員の数は、約0.8%から約1.1%へと増加傾向にあることが読み取れる。図表５は、危機管理を担当する防災職員数の絶対数の変化である。この図から、平成24年と、平成27年に職員数が大きく増加していることがわかる。これには前年に発災した災害が関連しているものと思われる。すなわち、平成24年の前年である平成23年には東日本大震災と紀伊半島豪雨が発災しており、そして平成27年の前年である平成26年には8月豪雨による広島市の土砂災害と御嶽山の噴火が起こったことが影響しているものと推察される。

図表4 一般行政職員数の推移と、危機管理担当部署の割合の推移

一般行政職員数（人）
防災職員の割合（%）
280,000
270,000
260,000
250,000
240,000
230,000
220,000
210,000
200,000
1.2
1.1
1.0
0.9
0.8
0.7
0.6
0.5
H17 H18 H19 H20 H21 H22 H23 H24 H25 H26 H27 H28 H29 H30

図表5 危機管理担当部署の職員数の絶対数の推移

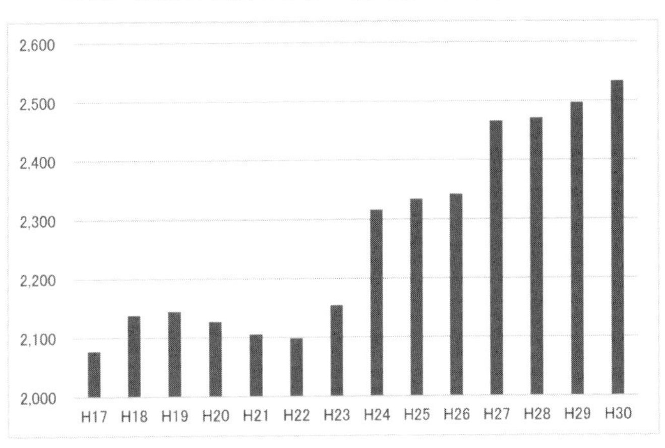

こうした各都道府県における危機管理担当職員の割合を、今度は、危機管理体制のタイプとの関連で分析をおこなっていく。ここではまず、都道府県ごとに一般行政職員数に占める危機管理担当職員の割合を算出。次いで、危機管理体制のタイプごとに合計し平均値を算出。最後に、タイプごとの比較分析をおこなう。図表6は、図表1で用いた危機管理体制のタイプと、危機管理担当職員の割合（平均値）とを組み合わせて集計した結果である。

図表6 危機管理体制のタイプと危機管理担当職員の割合の平均値

タイプ	1 知事公室	2 独立部局	3 総務部内	4 他部局内
平均値	0.9	1.3	0.9	1.1

この表から、以下の三つの点を指摘することができる。

①独立した部局では、人的資源の割合がもっとも高い。

②間接部門（総務部・公室）では、人的資源の割合がもっとも低い。

③直接部門（原局）の方が間接部門（総務部・公室）よりも人的資源の割合が高い。

まず①については、危機管理を担当する部署として独立しているため、危機管理を担当する職員（人的資源）は多くなる傾向にあり、その差は統計的にも有意であった＊1。すなわち、災害対処において、動員できる職員数がもっとも多く、実動面に重点を置いた組織体制であるといえる。ただし、複数の部署にまたがる案件の場合、例えば、「河川の氾濫による畑の浸水被害」において、河川の担当である土木部と、田畑の担当である農林部が相互に業務を押しつけ合うようなセクショナリズムが発生する場合、これらをどのように効率的に処理し、迅速に実動部隊である職員を動員できるかが課題となるであろう。

次に②については、スタッフである間接部門としての立場からの災害対処、すなわち各部局との調整の面に重点を置いた組織体制であるといえる。特に、危機管理担当部署が知事公室に設置されている場合、知事の意思決定の下、迅速に災害対処をおこなうことができる初動対処型の組織体制であるといえる。こうした組織体制は、スタッフの立場から各部局の調整をおこない、初動に強いというメリットがある反面、人的資源の面からみると、実動可能な職員数が相対的に少ないという実態があり、災害発災時には人的資源が不足するデメリットも起こりうる。こうした組織体制の下では、例えば、災害に備えてあらかじめ他の都道府県とカウンターパートの協定を締結しておくなど相互支援の仕組みづくりの整備が必要になってくるであろう。

最後に③については、①・②と関連するが、間接部門においては、人的資源が直接部門と比較し相対的に抑えられている。これは民間企業においても同様である。一般的に、民間企業では売上やシェアに直接的に貢献しない間接部門の人員の割合は低く抑えられる傾向にある。一般の行政組織においても民間企業と同様の傾向が見て取れるといえるであろう。

以上の調査結果を踏まえると、地方公共団体のトップである知事が、災害対処という意思決定の場面において、「初動」・「調整」・「実動」のいずれに重点を置くかによって、危機管理担当部署の位置づけは、①知事公室内に設置、②独立した部局として設置、③総務部内に設置、④総務部以外の他の部局内に設置、という4つのタイプのいずれかに決まってくると考えられそうである。そして、一旦タイプが決まると、そこでの部局あるいは課・室の規模に応じて、割り当てられる人的資源も一義的に決まってくる傾向にあるといえそうである。傾向としては、「危機管理担当部署」が間接部門に置かれる場合、人的資源はもっとも少なく、次いで、直接部門内に設置されているが「課」や「室」レベルで置かれる場合の人的資源は中程度であり、最後に、直接部門として「部局」レベルで置かれる場合に人的資源はもっとも多くなるといえる。

4　災害時における地方自治体間での連携の現状と課題

ここでは最後に、災害時における地方自治体間での連携の現状と課題について考察していこう。2018年6月末から7月にかけて日本列島を襲った西日本豪雨では、15府県にまたがり200人以上の死者をもたらすという平成最悪の豪雨となった。災害対策基本法において、自然災害への対処は地方自治体が当たることが定められているものの、近年のこうした自然災害の広域化をみてもわかるように、各都道府県や市町村単独で対処できることは稀である。近年のこうした自然災害の大規模化・広域化に対し、自治体間ではどのような連携がなされているのであろうか。

総務省は2018年3月に「被災市区町村応援職員確保システム」（通称：対口支援方式）と呼ばれる制度を導入している。「対口」とは、中国語で「ペアを組ませる」という意味で中国での災害対処事例のモデルに起因する。2008年に四川省を中心に約7万人近い死者を出した大地震の際、中国政府が各省に対して被災した市や県とペアを組ませて支援に当たらせた事例である。日本では、2016年に2回の震度7を観測した熊本地震の際に、被災した熊本県内の市町村が県に支援を要請。県が九州地方知事会に職員の派遣要請をおこない、知事会が被災市町村ごとに支援する自治体をカウンターパートとして決めるという方式を用いたことに端を発する。総務省がこれを制度化したものが対口支援方式（カウンターパート方式）である。

対口支援方式は二段階の支援から成り立っている。まず、第一段階の支援は「ブロック内」での支援である。これは、日本全国を６つのブロックに分割し、いずれかの都道府県が被災した際には、基本的に当該被災都道府県を含むブロック内で応援職員の派遣などの対処に当たる。例えば、神奈川県横須賀市が被災した場合、同じ「関東ブロック」（Bブロック）に属する他の都道府県である茨城県・栃木県・群馬県・埼玉県・千葉県・東京都・山梨県のいずれかの都県、もしくは、さいたま市・千葉市・横浜市・川崎市・相模原市のいずれかの政令指定都市が、原則として、この場合、横須賀市と１対１のカウンターパートとして割り当てられて支援をおこなうことになる。第二段階の支援は「全国レベル」での支援である。ブロック内での応援では対処が困難な場合、今度は全国知事会や指定都市市長会が中心となって、総務省をはじめ、全国の都道府県や政令指定都市からカウンターパートを割り振ることとなる。このとき、あらかじめ応援職員を派遣するための応援優先順位が決められている。上記の関東ブロックへの応援に際しては、「北海道東北ブロック」（Aブロック）が優先順位１位となる。すなわち、Aブロックである北海道・青森県・岩手県・宮城県・秋田県・山形県・福島県・新潟県のいずれかの道県、もしくは、札幌市・仙台市・新潟市のいずれかの政令指定都市が優先的にカウンターパートとして割り当てられることになっている。

2018年3月にこの対口支援方式が導入されて以来、同年7月の西日本豪雨、9月の北海道胆振東部地方での震度７の地震、翌2019年の台風15号と19号での被害に対して、この制度が用いられている。例えば、直近の台風19号では、阿武隈川や千曲川をはじめとして、7県71河川で140か所以上において堤防が決壊し、100人近い死者を出した。この災害に際して、支援要請をおこなった宮城県の石巻市、角田市、丸森町には、それぞれ同Aブロック内での割り当てがおこなわれ、石巻市には札幌市が、角田市には青森県と山形県が、そして丸森町には北海道の応援職員が派遣されることとなった。このように、災害時における地方自治体間での連携は、過去の災害を教訓として着実に進歩しているといえるであろう。しかしながら、派遣職員を迅速に送り込めればそれで十分であろうか。

一旦、大規模な災害が発災すると、地方自治体では24時間体制で日常とは異なる業務に圧倒されることになる。例えば、被災者や被災地区の情報収集、避難所の開設・運営、救援物資の要請、建物の被害調査に加え、ごみ処理問題などである。派遣された職員は、基本的に５日～２週間程度、被災市町村で支援に当たる。その際、派遣された職員は、被災市区町村の首長の指揮下に入り、避難所の運営や罹災証明書の交付、そしてその他の雑多な業務の支援に当たることになる。このとき、派遣元である自治体と、派遣先である自治体において、具体的な手続きなどのフォーマットが統一されていない場合、派遣された職員が被災市区町村の手続きに慣れるために余分な時間を必要としてしまう。さらには、これまでみてきたように、派遣された職員が、派遣元である自らの自治体の危機管理体制のタイプとは異なる場合、普段とは異なる指揮命令系統で動かざるを得ないため、やはり余計な混乱を招くことにつながるだろう。地方自治体間での連携体制が進む中、次の課題としては、こうした手続き上の標準化や、指揮命令系統の標準化が求められるだろう。

Ⅱ　なぜ組織間での連携は難しいのか

続いて、組織間の連携として、警察・消防・自衛隊といった災害対処に当たる機関同士の連携について考察していこう。例えば、東日本大震災では、自衛隊が捜索活動の際に集めた瓦礫を一か所にまとめておいたところ、翌日にはその瓦礫の山を警察が掘り起こしていたという事例にもみられたように、各機関の調整をおこなう災害対策本部レベルや現場レベルにおいて、必ずしも災害対処機関同士の連携はうまくいっていない。

１　組織とドメイン

組織間の連携についての考察を行なうに当たって、まずはそれらの組織がどのような守備範囲で任務を遂行しているのかについての活動領域、すなわちドメイン（domain）について知っておく必要があるだろう。

ここでドメインとは、「組織体の活動の範囲ないしは領域のことであり、組織の存在領域」＊2を指している。言い換えれば、ドメインとは、その組織が何をして何をしないかについての役割期待の集合体である。このドメインには、組織成員が他の方向には行かないように、特定の方向に向けて行為を秩序づけるための指針としての機能も存在する＊3。ここでは特に、災害対処組織である警察、消防、自衛隊のドメインについて考察していく。

これら警察、消防、自衛隊といった３つの組織の特徴は、戦後、国家機関として、広い意味で国内の治安維持機構として、犯罪捜査・取締り、救急・消防、防衛、警備・救難等といった遂行任務の面で機能的に分化している点である。基本的に各組織のドメインは相互不干渉的である。つまり、通常任務において、警察組織が火災の消火任務に就くことや、自衛隊組織が犯罪捜査を行なうことはない。一方で、各組織のドメインは相互補完的である。例えば、一つの「火災」という事態において、消防組織による火災の鎮火活動と警察組織による原因捜査といった相互協力を要する場面が存在する。さらに、この３つの組織のドメインは、同時に「国民の生命・身体・財産の保護」を共通の組織使命としている点も併せもっている。換言するならば、これら３つの組織は、「国民の生命・身体・財産の保護」を中核理念として共有しながら、通常任務においては機能的に分化した相互不干渉的かつ相互補完的な下位ドメインを有している存在であるといえる。

平時においては、機能的に分化しているこれら各組織は互いに棲み分けがなされたドメインの中で自己完結的に任務を遂行している。しかしながら、ひとたび大規模災害等の有事となれば、実動部隊としてのこれら３つの組織は、「国民の生命・身体・財産の保護」という中核理念それ自体が第一義的重要性をもつこととなる。特に発災直後においては、人命の救助と被災状況などの災害情報の収集が最重要課題となる。このとき共通の中核的使命をもつ実動部隊としての組織同士、協力体制を構築し、互いに情報共有を行なう必然性が生じてくる。

これら国家機関としての３つの組織は、国民の生命・身体・財産を保護するために機能別に相互補完的に設置されているという点において、政府を頂点とする擬似的に自己充足的な機能別組織（functional organization）と考えることができる。しかしながら、本来の機能別組織との決定的な相違点として、中央集権的な本部機能が存在しないことが挙げられる。通常の機能別組織においては、中央集権的な本社が存在し、組織全体で情報共有の必要があれば、フォーマルな指揮命令系統を通じて各部門同士で迅速に情報共有を図ることが可能である。また同様に、仮に下位部門同士でコンフリクトが生じた場合は、より上位部門の権限によって調停や統合的解決が行なわれ、組織全体としての調和が保たれることとなる。

これに対し、擬似的な機能別組織において、警察、消防、自衛隊の上位機関は、最終的には政府が責任単位となるものの、実際にはそれぞれの機関の管轄は、内閣府、総務省、防衛省と縦割りに管理されており一元化されていない。仮に、これらの各機能別組織が、共通の上位機関によって一元的に管理されている場合、災害時において情報共有や意思決定は上述のように容易である。しかしながら、現実には本部機能は存在しないため、実際の大規模災害の場面においては、各組織間での情報共有や意思決定は困難なものとなっている。例えば、情報共有においては、公式の指揮系統等のルートがあらかじめ存在するわけではない。また意思決定においても、各機関の意見の集約を行なう本部機能の不在を始めとして、水平的な３つの機関の中でも中心的役割を果たす組織があらかじめ決められているわけではない。

相互不干渉的かつ相互補完的なドメインの下で、相互に独立して通常任務を遂行する上では、本部機能が縦割りであることに大きな問題は生じない。しかしながら、ひとたび大規模災害時において、実動部隊としてのこれら３つの組織が迅速に情報収集・共有を図り、意思決定を行なうことが求められる場面においては、本部機能の不在は組織間の連携において幾多の問題を生み出すこととなる。警察庁や消防庁の防災業務計画をみると、警察庁では、災害発生時の各関係機関との「緊密な連絡」や「相互協力」の重要性を謳っている。同様に、消防庁の防災業務計画においても、関係機関との緊密な連携を図ることが明記されている。こうした他機関との連携は、災害の全体像を俯瞰し、現場の隊員に個別指示を出す司令塔（災害対策本部）においては、より一層重要なものとなる。しかしながら、これらの防災業務計画においては、災害対策本部においてはもちろん、現場レベルにおいても具体的にどのように他機関と緊密な連携を取り合うのか、そのあり方については一切触れられていない。単純に互いに組織同士が顔を突き合わせ連絡を取り合えば、それで効果的な連携が可能となるのであろうか。

「緊密な連携」や「相互協力」が声高に叫ばれるのは、それだけ組織間での連携や協力が困難であるということの裏返しでもある。実際、単純に互いの組織同士が顔を突き合わせただけでは連携はうまく機能しないことが多い。組織間連携を妨げる要因には、連携における「構造的障壁」と「心理的障壁」の２つが主な要因として考えられる。

２　構造的障壁

ここではまず、組織間での連携の際にみられる構造的障壁についてみていこう。災害時において「連携」という言葉を口にするとき、我々は暗黙のうちに「被災した者同士、力を合わせれば困難を克服できる」といったイメージや信念を抱いている。同様に、災害による情報途絶と聞くと、我々はすぐさま「ネットワークの構築」といった連携づくりを思い浮かべる。こうしたネットワーク網という言葉にも、あらゆる問題を解決してくれそうな魅力が包含されている。

しかしながら、「災害によって、たとえどのような困難が立ちはだかっても人々が連携をすればきっと克服できる」と考える連携万能主義は神話に過ぎない。困難の克服にとって連携というのは、必要条件ではあっても十分条件ではない。人々や機関同士がどのような状態のときに、どのような形態で結びつくのかによって、連携というものは、場合によっては、困難を克服できるところか、逆に状況を一層困難なものとさせてしまう場面すら存在するのである。

（1）連携による非効率

話をわかりやすくするために工場を例に挙げてみよう。ある工場では、三つの部品ａ、ｂ、ｃを組み付けて一つの製品を生産しているとする。それぞれの部品ａ、ｂ、ｃは、それぞれの会社Ｘ、Ｙ、Ｚによって分担製造されている。連携の基本は、このような役割分担、すなわち分業である。ここで、通常の各会社の一時間当たりの部品の製造能力は、会社Ｘ、Ｙ、Ｚともに100個であるとしよう。すると一時間で100個の完成品を生産することができる。しかし、震災による被害で会社の製造能力は、Ｘ社が80個、Ｙ社が60個、Ｚ社が30個にまで低下したとしよう。このとき、同じように三つの組織が互いに連携すると一時間で完成品は30個までしか生産できなくなってしまう。

このように、異なる能力水準の会社が分業という形で互いに連携し合うことによって、全体としての成果は、一番製造能力の低い会社の水準まで低下しまうのである。より一般化して言うならば、大規模災害によって業務遂行能力が異なる組織が連携すると、その成果は、一番業務遂行能力が低い組織の水準にまで低下してしまうこととなる。連携という協力関係は、人や組織が連携する状態によっては、必ずしもシナジー効果と呼ばれるようなプラスの相互効果が発揮されるとは限らない。むしろ協力し合ったことによるマイナスの相互効果（アナジー効果）という非効率が生じてしまう場合が存在するのである。

（2）連携によるコスト増

続いて、災害時においては、しばしば「ネットワークの構築」が唱えられるが、この「ネットワーク」も連携の一形態である。次に、このネットワークの性質についてみていこう。

まず、ネットワークの性質に関して注目すべき点は、結びつき合う要素（人や機関）が算術級数的に増加していくと、各要素にとって他要素（相手や他機関）と結びつく経路は単純増加していくだけであるが、結びつきの全体の経路数は幾何級数的に増加していくという性質である。例えば、３人同士が互いに結びつけば、ネットワークの経路は全体で３本存在する。次に、その輪に１人が加わり４人になったとしよう。既にいた３人からすれば自分が結びつく相手は、１人増えるだけに過ぎない。しかし全体で見ると、４人が互いに結びつくことによって、ネットワークの経路は６本と、３人の時に比べて倍増することとなる。Ｎ人の輪に増加すれば、そこでのネットワークの経路数は、Ｎ（Ｎ－１）／２で増加していくこととなる。このようなネットワークの性質は、とくに災害時の連携の場面においてどのような影響を及ぼすであろうか。

災害時には、生存者救出、遺体収容、消火活動、道路啓開、交通規制、被災者救済等、様々な問題が同時に発生する。例えば、災害対処の中心となる災害対策本部では、同時に発生するこれらの問題に優先順位を付け、対処していかなければならない。単に災害情報を収集するだけにとどまらず、各機関同士によるこうした問題対処の意思決定、すなわち合意形成が求められる。このとき、最終的な決断は、自治体の首長の判断に委ねられるが、難しいのは最終的な合意の形成に至るまでのプロセスである。意思決定においては、収集した情報を各機関同士で共有する段階よりも、普段、異なる任務を遂行している機関同士で合意を形成する段階の方が大きな困難を伴う。

例えば、災害対処の優先順位を決める際の案に、仮に各機関（Ｎ）の判断が、「異議なし」・「異議あり」の二択であったとすると、その意見の組み合わせは、２Ｎ通りとなる。すなわち、全機関が合意に達する確率は、単純に言えば、１／２Ｎとなる。２つの機関同士での合意形成においては、その一致する確率は１／４であるが、３つの機関同士での合意形成においては、一致する確率は１／８にまで低下する。このように、関係機関の数が算術級数的に増加していくにしたがって、合意形成において意見が一致する確率は、急速に低下していくこととなる。同時に、これらの機関同士が、互いに意見の擦り合わせを行なうために、少なくとも一回は、話し合いを設けるとすると、その経路数は先ほど見たように、Ｎ（Ｎ－１）／２で増加していくこととなる。この関係を示したのが、図表７である。

Ｘ軸は、顔を突き合わせる機関の数を表し、左側Ｙ軸は、意見が一致する確率を、そして右側Ｙ軸は、コミュニケーションの経路数を表している。この図から、災害対策本部に集結する機関が増加するにしたがって、意見一致の可能性は急速に低下していく一方で、それを調整するためのコミュニケーション経路は急激に増加していく傾向を読み取ることができる。このことからも合意形成は一層困難なものとなることが理解できる。

こうした合意形成の性質とコミュニケーションの原理に基づくならば、具体性のない「緊密な連携」や「相互協力」を強調することは、誤った信念である

図表7 コミュニケーションの経路数と意見の一致する確率

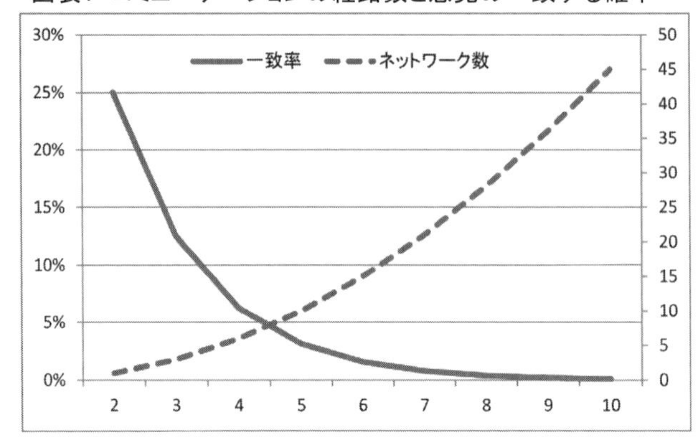

ことが理解できるであろう。単純に顔を突き合わせて話し合えば、よりよい解決ができるという単純な考えが成り立つのは、時間が無限にある場合に限定される。迅速な対応が求められる災害時の意思決定の場面においては、むしろこうした緊密な連携は、大幅なコスト増を招く結果をもたらすこととなる。

（３）流動性という二側面

図表７にみた意見の一致率と全体の経路数との関係は、災害時でなくとも通常の意思決定の場面においても同様に当てはまる。災害時の場面においては、上述の理由以外にも関係機関同士による合意形成を困難にさせる要因が存在する。それは「流動性」という災害時特有の要因である。

ここで「流動性」とは、２つの側面について言うことができる。１つは、災害対策本部を構成する構成メンバーの流動性である。例えば、警察や消防においては、災害時においても平時の警察署や消防本部が基本的な活動拠点となる。このため、災害対策本部に派遣される人員は、拠点と災害対策本部とを結ぶリエゾン（連絡員）としての役割を担うこととなる。大規模災害が発災した混乱時には昼夜を問わず24時間体制で災害救助活動が続けられるため、その間、リエゾンとなる人員の交替といったメンバー自体の流動性が生じやすい。もちろん、こうした人員の交替による流動性は、警察や消防のみならず自治体職員についても同様である。

もう１つの側面は、構成機関の流動性である。被災地の被害状況に応じて、警察や消防、自衛隊の他に、海上保安庁や海上自衛隊、さらには近傍の警察署や消防署からの応援部隊も参集するため、災害対策本部の構成機関は事前には固定することができないという意味で流動的となる。

前者の側面であるメンバー入れ替わりという流動性は、１つには、前任者が保有しているすべての情報が確実に後任に引き継がれている保証がないという不安定さをもたらす。例えば、後任者が情報欠如のため、再度、認識共有を図ろうと他機関とコミュニケーションを行なった場合、それだけ余計なコストがかかることとなる。さらにもう一つとして、合意形成において、前任者と後任者とが異なる見解・判断をもつ可能性が存在するという不安定さもある。その場合、再度、新たなメンバー間によって意見の擦り合わせを行なうことは、やはり同様にコストの増加を招くこととなる。

後者の側面としての構成機関の流動性については、先に見たように、災害規模が大きくなるほど参集する機関が多くなり、相互作用は複雑化していく。警察組織で言うならば、都道府県警察体制の下、各市町村は、複数の警察署によって管轄されている。一例を挙げると、神奈川県横須賀市では、市の中央部を横須賀警察署が、北部を田浦警察署が、南東部を浦賀警察署がそれぞれ管轄している。このため、実際の災害時の場面において、被災現場に一番近い市町村レベルの災害対策本部には、警察機関だけで複数の警察署と人員が集結することとなる。こうした構成機関の増加によって、相互作用の経路は幾何級数的に増加・複雑化し、意思決定における擦り合わせコストも一層増加していくこととなる。

こうした「流動性」の２つの側面は、ともに他機関との「相互依存性」を増加させることにつながる。ここで「相互依存性」とは、他機関との結びつきの「頻度」と、他機関との結びつきの「経路数」の二次元で捉えることが可能である。

他機関と調整を行なう「頻度」が増加することは、相手との依存関係が強くなることを意味する。そしてまた、構成機関の増加によって他機関と結びつく「経路数」が増加することは、同様に他機関との依存関係が強まることを意味する。こうした「頻度」と「経路数」の増加による相互依存性の増大は、結果として調整コストの増加を招くこととなる。災害時、すべての機関が互いに緊密に顔を突き合わせようとすることによって、その連携は、極めて相互依存性の高い状態に置かれることになるのである。

したがって、災害対策本部において災害対処機関同士が連携して迅速な意思決定を行なうには、「相互依存性」を強化するのではなく、むしろ低減しなければならない。そのためには次のような課題を解決しなければならない。１つは、コミュニケーション頻度に対する対処である。人員の流動性に対し、再度、他機関のメンバーとの調整を行なう必要を抑える仕組み、すなわち、メンバー交替がもたらす他機関への影響を極力抑える仕組みづくりである。もう１つは、コミュニケーション経路に対する対処である。災害規模に比例して参集機関も多くなり、そのままでは幾何級数的にコミュニケーション経路が増加してしまう。その経路数を抑える仕組みづくりである。この２つの課題を同時に解決する連携の仕組みづくりを考えることが必要である。

3　心理的障壁

続いて連携における心理的障壁の側面をみていこう。組織間の連携を阻害する要因は構造的側面だけではない。普段の任務で接する機会のない互いに異なる組織同士の職員や隊員との連携においては心理的な側面も連携を阻害する要因となりうる。ここでは、連携を阻害するもう一つの要因である心理的障壁について考察する。

（1）職業用語とコミュニケーションの問題

各組織が機能的に分化したドメインの下、指揮命令系統が異なり、独立して任務を遂行している状況においては、相互の組織が互いに接触をもつ機会は少なくなる。このような任務遂行上での組織的自己完結性は、他組織への依存回避、すなわち自組織による任務遂行の予測可能性を高めるという点において一定のメリットが存在するものの、組織相互間の協力が必要な場面においてコミュニケーション不足をもたらすこととなる。

さらにまた、大規模災害時における実動部隊としての警察・消防・自衛隊の３つの組織は、高い専門性を必要とする組織である。高い専門性を必要とする組織集団においては、その内部において職業用語が発達することが知られている＊4。このような集団内での専門用語・職業用語の発達は、集団内での意思疎通を容易にする一方で、他集団間との意思疎通の阻害要因ともなる。例えば、企業組織の中では、高い専門性を必要とする研究開発組織（R&D 組織）において同様の現象が確認されている。Allen（1977）によれば、R&D 組織のような専門性の高い集団間同士のコミュニケーションは、通常、「ゲートキーパー」を介して行なわれるとされる。つまり、ゲートキーパーが収集した外部情報を自らの集団内部に理解し易い言葉に変換してメンバーに伝達しているのである。

したがって、通常任務において接触の頻度が低く、同時に専門性の高い集団間同士のコミュニケーションにおいては、組織間連携の場面においても意思疎通が困難となる。さらには職業用語や専門用語だけではない。地名などのローカルな用語も同様に意思疎通の障壁となりうる。例えば、地域に密着した組織である警察と消防の場合、「被災現場は○○町の交差点」といった言葉で十分通じるが、より広域を管轄する自衛隊の組織の場合、具体的な地名を挙げても隊員達は即座に場所を想起することができない。このような組織間の言葉による意思疎通の障壁をまず除去することが最初の重要な課題となる。

（２）内集団と外集団

職場や学校で制服が導入されているケースは多数ある。こうした制服の着用は、着用している本人にとってどのような効果があるのだろうか。一つには、所属集団の識別である。着用している制服によって、相手が自分と同じ集団に属しているのか、そうではないのかを瞬時に識別することができる。このとき、自分と同じ集団に属している他者は「内集団」として識別される。そして、そうではない他者は「外集団」として識別される。制服の着用には、こうした「内集団」と「外集団」の識別の効果がある。そしてもう一つの効果は、帰属意識の高揚である。集団や組織において、制服を着用することは自らが所属する組織への愛着や忠誠心といった帰属意識を高める効果があると言われる。すなわち、制服を着用することによって、内集団同士での一体感や連帯感を高める効果があるのである。制服の着用には、このようないくつかの利点が存在する。しかしながら、その一方で、こうした集団への帰属意識が、災害時における連携の場面では、連携を阻害する要因にもつながってくるのである。

（３）内集団ひいき

人間は、何の変哲もない２つの集団に分けられたときでさえ、自らが所属する集団、いわゆる内集団のメンバーを優遇し、逆に、相手の集団、すなわち外集団のメンバーは冷遇しようとする傾向があることが知られている。これを最初に実験によって明らかにしたのは、タジフェルらである*5。タジフェルらは、「最小条件集団パラダイム」と呼ばれる実験によって、人間の「内集団ひいき」の行動を明らかにしたのである。実験の概要は以下のとおりである。

まず、実験に参加した被験者らは、些細な基準によって２つの集団に分けられる。ここでは、一人ずつ順番に呼び出され、スクリーンに映し出されたドット（点）を見せられる。そして、その概数をぱっと見で数え上げる課題を与えられる。あるいは、クレーとカンディンスキーという二人の画家が描いた抽象画を見せられ、どちらの絵画を好むかを判断する課題が与えられる。その後、課題の結果から、被験者達は２つの集団に分けられると告げられる。２つの集団とは、前者の課題でいえば、ドットの数を実際の数よりも多く見積もった集団（過大推定群）と、少なく見積もった集団（過少推定群）である。後者の課題で言えば、クレーの絵を好むクレー集団（クレー派）と、カンディンスキーの絵を好むカンディンスキー集団（カンディンスキー派）である。このとき、各人には、自分がどちらの集団に所属しているのか、その所属集団と自分のコード番号が伝えられる。各人は、自分が所属する集団には、自分の他は誰がいるのか、その人たちの顔も名前も性別もまったく知らされない。さらに、同じ集団の人と会話などの相互作用をすることも一切できない。すなわち、「最小条件集団」とは、同じ集団に属していながら、互いに共通点をもたず（あってもそれは些細な点）、お互いに面識もなく、さらに集団内での相互作用もないという果たして「集団」と呼べるか呼べないかギリギリの集団という意味である。このような「最小条件集団」においてでさえ、被験者らは、自分と同じ集団の人には優遇し、自分と異なる集団の人には冷遇しようという行動が観察されたのである。

被験者らはそれぞれ「報酬マトリックス」と呼ばれる上下２段からなる報酬表を見せられ、実験に参加した報酬として、自分以外の人たちへの報酬の配分を決めてもらう。このとき、「内集団」と「内集団」という自分と同じ集団に属する２人への報酬の配分の仕方としては、両者がともに同じ額になるような配分の組み合わせが選ばれた。そして、「外集団」と「外集団」という自分とは異なる集団に属する２人への報酬の配分の仕方も、両者がともに同じ額になるような配分の組み合わせが選ばれた。しかしながら、「内集団」と「外集団」という、一方は自分と同じ集団に属する内集団の人で、他方は自分とは異なる外集団に属する人への報酬の配分の場合においては、内集団の人には多く配分し、外集団の人には少なく配分するという「内集団ひいき」の行動が観察されたのである。さらには、報酬の配分を決める報酬マトリックスにおいて、内集団への配分を多くしようとすると、必然的に外集団への配分も多くなるという場合、内集団への配分額を犠牲にしてでも、外集団への配分額を少なくし、相対的に内集団の利益が高くなるような配分をおこなおうとする行動が観察されたのである。

この実験からいえることは、「最小条件集団」のように、取るに足らないような基準で分けられたその場限りの実験集団においてさえ、人間は本能的に内集団を優遇し、外集団を冷遇しようとする傾向があるということである。ましてや、それが自らが長年勤務し、愛着のある集団や組織の場合はどうであろうか。この傾向がより顕著なものになることは想像に難くない。自らの組織に愛着や誇りをもつことは自然なことであるが、「自分は自衛隊員である」「自分は警察官である」「自分は消防吏員である」といった意識それ自体が、災害時、組織間の連携が必要となる場面においては、内集団と外集団を区別する心理的な境界線となり組織間での情報共有といった連携を阻む要因ともなってしまうのである。この内集団と外集団に対する行動差は、組織間だけの問題ではない。例えば、同一の組織内部においても起こりうる問題である。

（４）セクショナリズム

組織を一つの単位としてとらえた場合、その内部にはさまざまな部門が包含されている。このとき、部門間同士においても内集団と外集団の意識差や行動差が生じてくる。部門間の軋轢であり、いわゆる「セクショナリズム」と呼ばれる現象である。自分が所属する部門は内集団であり、他の部門は外集団である。組織内部の各部門では、自分の所属する部門の仕事（ドメイン）に、他の部門から首を突っ込まれることを嫌うため、お互いに口出ししない「相互不干渉」という傾向がみられる。さらに、お互いに自分の所属する部門の仕事以外のことには関心をもたなくなる「相互無関心」という傾向もみられる。このとき、人間は組織全体の利益を最優先に考えるのではなく、自分の所属する部門の利益を最優先に考えて行動してしまうようになる。すなわち、全体最適よりも部分最適が優先されてしまうのである。この結果、部門間にまたがる仕事が生じた場合、互いに押し付け合ったりする傾向がみられる。例えば、東日本大震災において、津波が河川を遡上し、河川から溢れ出した津波によって田畑が冠水してしまった際、その水抜き作業をめぐって土木部と農政部が互いに対立したという事例や、津波による瓦礫や流木などによって港湾が使用できなくなり自衛隊が港の掃海を申し出た際も、漁港と工業港とで担当部門が違うため、調整に難航したという事例など、セクショナリズムに関する事例は数多く存在する。

これまでみてきたように、組織間での連携を考える場合、単純に組織同士が一堂に会して顔を突き合せさえすれば事足りる訳ではない。構造的障壁の問題や、心理的障壁の問題など、組織間の連携を阻む要因が数多く潜んでいる。組織間連携においては、これらの問題をよく踏まえた上で、解決する方法を考えていかなくてはならない。

おわりに

最後に、組織同士の連携における構造的障壁と心理的障壁を解決する方法を考えていきたい。まず、構造的障壁における「経路数」の問題であるが、既述のように、顔を突き合わせるメンバーの数が算術級数的に増加するにつれて、コミュニケーション経路は幾何級数的に増加し、相互依存性は増大していくこととなる。相互依存性の増大に比例して、集団での意思決定における擦り合わせコストも劇的に増加することとなり、結果として意思決定の停滞・遅延を招くことにつながってしまう。災害協力体制の場における、この「経路数」という量的な相互依存性を減らすための組織づくりの一例として「協力体制の群化」を挙げることができる。ここで「群化」(cluster) とは、例えば、災害時に立ち上がる災害対策本部であれば、災害対策本部に参集・常駐する機関同士を、複数の下位集団に分割することである。例えば、警察機関として先に挙げた横須賀警察署、田浦警察署、浦賀警察署と、自衛隊機関である陸上自衛隊、海上自衛隊、航空自衛隊がそれぞれ非群化の状態で相互作用を行なった場合、全体としてのコミュニケーション経路は15経路となる。これを「警察機関」と「自衛隊機関」という二つのサブシステムに群化し、サブシステム間の調整は、横須賀警察署と陸上自衛隊のみが代表して行なうならば、図表８のように、全体的なコミュニケーション経路は７経路と半分以下となる。

図表8 群化による経路数の抑制効果

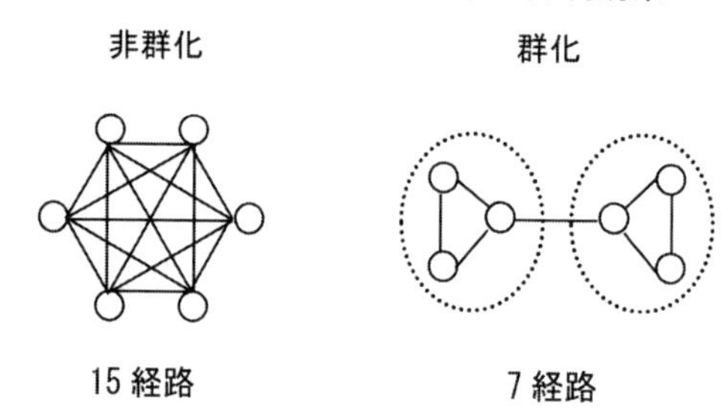

続いて、「内集団ひいき」という心理的障壁を克服する方法である。内集団と外集団との心理的な障壁を取り払うことは容易ではない。一番、効果的な方法は、「わたしの組織」と「あなたの組織」という意識ではなく「われわれの組織」という意識をもたせることである。ここで、参考になる実験としてSherif ＊6がおこなった「泥棒洞窟実験」(The Robbers Cave Experiment) を紹介したい。これは互いに面識のない12歳の少年22人に対しておこなった３週間のキャンプ実験である。少年たちは、両親ともにプロテスタントの白人中流家庭で育った子供で実験のためにランダムに２つのグループにわけられた。そして、互いに相手のグループがいることを知らされないまま、オクラホマ州のRobbers Cave 州立公園の互いに離れた場所で共同生活をおこなった。最初の一週間、少年たちはハイキングや水泳、そしてグループの旗やＴシャツづくりをして一緒に過ごすうちに仲間意識が高まった。そんなとき、この公園には同じような別のグループいることを知らされると互いに外集団である別グループ

への敵対的感情が芽生え始めた。そして2つのグループを引き合わせ、賞品つきの綱引きや野球ゲームをおこなうと、少年たちのグループはお互いに相手のグループを罵倒し合い、相手のグループの旗を夜中のうちに燃やしたりする行為がみられた。そこで2～3日の冷却期間を置き、今度は一緒に映画鑑賞や花火、食事する仲直りの機会を設けてみた。しかしながら、これは失敗に終わり、互いのグループで罵り合いや残飯の投げ合いに発展し、敵対的感情を助長させただけであった。結果的に少年たちを和解させたのは「相互依存関係の構築」であった。食料を運んでくるトラックがぬかるみにはまってしまい脱出できずお互いのグループが協力し合わないと解決できない状況をつくりだしたところ少年たちに「われわれ」意識が芽生えたのである。

こうした事例からも分かるように、警察・消防・自衛隊の組織同士が、たとえ「国民の生命・身体・財産の保護」という中核理念を共有していたとしても、組織成員たちがウチとソトという意識をもっている限りスムーズに連携をおこなうことは困難なことである。普段から「顔の見える関係」に加えて、訓練などを通して、相互依存関係を構築していくことが大切であろう。

註

1 タイプ1～タイプ4において、一元配置の分散分析（ANOVA）を実施した結果、5%水準で有意差が確認された（p=0.020）。また、ノンパラメトリック検定であるKruskal=Wallis の検定でも同様に5%水準で有意であった(p=0.027)。さらにタイプ1～タイプ4において、多重比較をおこなったところ、「独立部局型（タイプ2）と知事公室型（タイプ1）」では5%有意水準（p=0.0023）で、「独立部局型（タイプ2）と総務部内型（タイプ3）」においては1%有意水準（p=0.008）で、有意差が確認された。

2 榊原清則『企業ドメインの戦略論—構想の大きな会社とは』中公新書、1992年、6頁。

3 Thompson, J. D. *Organizations in action*, McGRAW-HILL, 1967.　高宮晋監訳、鎌田伸一・新田義則・二宮豊志訳『オーガニゼーション・イン・アクション』同文館、1987年、36頁。

4 Allen, T, J. *Managing the Flow of Technology*, MIT Press, 1977.

5 Taifel, H., Billig, M. G., Bundy, R. P., & Flament, C. 1971 Social categorization and intergroup behavior. *European Journal of Social Psychology*, 1, pp. 149-178.

6 Sherif, M. *The Robbers Cave Experiment: Intergroup Conflict and Cooperation*, Wesleyan Univ. Press.

第５章　国民保護行政のなかの分権性と融合性

川島 佑介

はじめに

2004年のいわゆる国民保護法の成立から2019年の本章執筆時まで、15年もの時間が流れている。ある制度が定着するには十分な時間と言ってよい。しかし、国民保護については、まだ十分に定着したとは言えないのではないだろうか。国民保護の主体である行政は、未だ戸惑いの中で手探りを続けている。国民保護行政の独特な問題点はどこにあるのだろうか。これが、本章の問題関心である。

本章は、この答えを、制度と実態の葛藤に求める。すなわち、国民保護の制度設計が貫徹されておらず、それとは異なる運用実態が存在していることに着目する。したがって、制度の側から見れば、不可思議な実態がまかり通っていることになるし、実態の側から見れば、制度は机上の空論と映る。こうした葛藤が行政に戸惑いをもたらしていると考えられるのである。そこで本章は、国民保護行政のなかの葛藤を析出することを具体的な目的とする。

その際、本章は二つの視点を定める。一つ目は、国民保護「行政」という主体の視点である。国・都道府県・市区町村という三層構造のなかで、どのような葛藤が存在するのかを検討していく。二つ目は、「国民保護」行政という客体の視点である。とりわけ、危機管理一般における国民保護の位置づけにおいて、どのような葛藤が存在するのかを検討していく。

本章は、以下の構成と方法論に基づいて議論を進める。第１節において、法制度と先行研究を検討する。この作業によって、国民保護行政における制度設計には、強い集権性と高い分立性が確認される。第２節では、実態分析を通じて、この集権性を再考する。特に緊急対処事態に焦点を当て、運用局面においては、市区町村にそれなりに大きい裁量があり、分権性が観察されうることを示す。同様に第３節は、分立性を再検討する。結論を先取りすれば、分権性を基に、地方自治体レベルでは、防災と国民保護の融合的運用が展開されているのである。最後のまとめにおいて、制度と実態の間における、集権性と分権性の葛藤と、分立性と融合性の葛藤が国民保護行政に独特な難しさをもたらしていることを指摘する。

Ⅰ　法制度と先行研究における集権性と分立性

災害対策基本法と比較した際、国民保護法の特徴として指摘されるのが、その集権性である＊1。自然災害や大事故は行政の努力によって防ぐことはできないため、そこに立地している市区町村が対応する責任を負う。それに対して、武力攻撃災害は国レベルの外交の失敗ないし、政治・経済状況に強く起因するため、特定の地域で発生したとしても、その責任を当該市区町村に負わせることは不適切であり、国が対応する責任を負う。かかる論理によって、国民保護法は、国に一義的な責任を負わせている＊2。

また、国民保護において広域自治体に割り当てられている役割は、基礎自治体である市区町村のそれよりも大きい。国民保護の措置については、避難、救援、対処の三つが用意されている。避難については、都道府県は国から指示を受け、各市区町村に避難を指示する。救援については、都道府県が中心的な役割を担う。すなわち、食品や生活必需品等の給与、収容施設の供与、医療の提供などが都道府県に割り当てられている。被害の最小化を目的とする武力攻撃災害への対処としては、武力攻撃災害の防御、応急措置の実施、緊急通報の発令などが挙げられる。特に都道府県は警察を抱えていることから、治安維持に中心的な働きが期待される＊3。市区町村にとって、法制度上の国民保護行政は、国や都道府県による集権性が強く表れている分野であると言えよう。

国民保護に関する先行研究においても、集権性は広く指摘されている。その根拠とされているのは、以下の四点である。第一に、市区町村が担う国民保護行政は、国による法定受託事務という点である。国民保護行政においては、「国が責任をもって措置を講じる責務が強調されている」と論じられている＊4。第二に、自然災害や大事故においては、市区町村の判断で対策本部が設置されるのに対して、国民保護対策本部は、（市区町村から設置を要請できるものの）国によるトップダウンの設置となっていることである＊5。第三に、国民保護計画もトップダウンで作成されていることが挙げられる。市区町村における国民保護計画についても、「市町村国民保護モデル計画」が2006年に策定されており、国による主導性を看取しうる＊6。第四に、国民保護における都道府県の実質的な働きへの注目である。「国民保護法制の一つの特色は、総合調整を担う主体として知事に多くを期待しているという」「都道府県中心主義」が指摘されている*7。

法制度と先行研究の観点からは、国民保護行政における市区町村の役割は大きくなく、国と都道府県に割り当てられている役割が大きいと言いうる。

続いて、国民保護行政と他の危機管理についても検討したい。災害対策基本法も国民保護法も、国民の生命、身体および財産の保護を目的としていることに共通性を有するという点は広く指摘されている*8。そもそも国民保護法は、災害対策基本法をモデルとして法整備が進められてきたことも指摘されている*9。実際、国民保護法は、「武力攻撃災害」という概念を創出して、災害対策基本法の枠組みを援用している*10。とはいえ、法制度に注目する限り、国民保護行政とその他の危機管理は、別建てになっているという点で分立的である。

国民保護法と災害対策基本法を比較すると、本節冒頭で論じた第一義的な責任主体の相違、つまり武力攻撃災害に対しては国が、自然災害や大事故については市区町村がそれぞれ責任を負う相違や、同じく本節で既述した国民保護のトップダウン的な運用と自然災害や大事故のボトムアップ的な運用という相違が指摘される。例えば情報の収集については、国民保護では国が収集し地方へ伝達するのに対し、自然災害や大事故では、地方が収集し、国へ伝達することになっている*11。その他、国民の責務に言及していない国民保護法と、国民の自主的な災害対策に期待をよせる災害対策基本法という相違も存在する*12。

また、自然災害や大事故と武力攻撃災害では、行うべき対策にも違いがあるという指摘も存在する。長時間、広範囲、意図的ではない、脆弱性が予測されうるという形容詞で表される自然災害や大事故と、瞬間的、局地的、意図的、予測には限界があるという形容詞で表される武力攻撃災害とでは、その対処の仕方にも相違があるというのである。具体的には、武力攻撃災害においては、屋内にとどまるべきことや、必ずしも集団での避難は適切ではないことなどが重要な点として指摘されている*13。

危機管理全般に目を通すと、危機管理の分立性はさらに際立ってくる。感染症にはいわゆる感染症法が用意され、サイバーセキュリティにはサイバーセキュリティ基本法が対応している。原子力災害対策特別措置法もある。多くの法制度によって個別に対応されているのが日本の危機管理行政の一つの特徴である。

危機管理行政は、集権性と分立性という二つの特徴にまとめられるという理解が、多くの先行研究が導き出してきた結論である。しかし、これら先行研究の多くは、国民保護法成立の2004年前後に提出されており、法制度解釈や国民保護法成立の過程に注目している。その後提出される研究は急激に減少し、そして約15年もの間、国民保護行政は運用局面を迎えてきたにも関わらず、実態に関する研究は質量共に乏しいと言わざるを得ない*14。

そこで本章は、国民保護行政の実態に焦点をあてて、集権性と分立性を再検討していきたい。実際、先行研究においても、市区町村の役割が小さいと論証されているわけではない。また、分立性も実態において厳密に実証されてきたわけではない。法制度に見られる集権性と分立性は市区町村レベルでどこまで貫徹しているのかが問われるのである。

II 実態における分権性

制度的には集権性と特徴づけられる国民保護行政であるが、その実態を見ていくと分権的な点も浮かび上がってくる。本節では、先行研究の再整理、平時と初動体制の想定、インタビュー調査を用いて、実態における分権性を多面的に明らかにしていく。

1 先行研究の再整理

集権的として捉えられる国民保護行政であるが、分権的な要素が無視されてきたわけでもない。もっとも、それらは断片的な指摘にとどまる。そこでまず本項で、国民保護行政における集権性・分権性に関する先行研究を再検討し、実態における分権性を再構成したい。

定義を改めて確認すると、集権とは、市区町村とその住民に許された自主的な決定の範囲が狭く限定されているということであり、逆に分権とは、その範囲が広いということである*15。この定義を踏まえ、本節では市区町村とその住民に許された自主的な決定の余地についての指摘を取り上げる。

先行研究において、国民保護行政の分権性は、以下の五種類が挙げられている。第一に、住民への啓発事業である。確かに、自然災害や大事故への対応とは異なり、国民保護に対する国民の義務は存在しない。しかし、実効性のある国民保護を目指すのであれば、国民の自発的協力も必要であろう。そこで、市区町村には住民に対する啓発が期待されており、その際には市区町村に一定の裁量が与えられている。具体的には、「地方の国民保護計画は、地域の各界各層の意見を聞きながら作成される過程を通じて、国民保護に対する国民の理解が深まることが期待される」という国民保護計画策定段階での啓発がある*16。さらに首長は、住民に避難訓練への参加を求めることができるという平素の訓練を通じた啓発も挙げられている＊17。

第二に、市区町村における組織編制の自由度の高さである。「国民保護対策本部の詳細については、各市町村の条例で定められる」と明示的に指摘されている＊18。また、現状の問題点として、一部事務組合や近隣自治体の消防を用いているところでは、各市町村長と一部事務組合の長の二つの指示系統があるので、一定の整理が必要であると論じられているが＊19、逆に言えば、この「整理」のあり方については、各市町村が決定権を有していることを意味する。

第三に、市区町村国民保護計画や避難実施要領のパターンの策定が挙げられる。先行研究では、これらは、地域ごとの事情を踏まえて準備される必要があると指摘されている。したがって、市区町村に許された裁量・与えられる期待と責任はかなり大きい。具体的には、市区町村国民保護計画には、①どの程度の安全性が確保されたら、消防職員・消防団員の活動を行うことが適当なのかを決めること＊20、②自衛隊・消防・県（警察を含む）・有識者からなる国民保護協議会で十分議論がなされ、いざという時に対応できるよう、議論が尽くされていること＊21、③同一レベルの自治体間の整合性であるヨコの整合性も図られること＊22への各期待が挙げられる。したがって、消防庁から出されている「市町村国民保護モデル計画」に記載されていないことでも、自らの工夫で盛り込んでいくことは構わないし、むしろ、地域の千差万別な特定の条件に対して、地方分権的発想で、マニュアルを作成することになっていると解説されている＊23。実際、都道府県の国民保護計画には、個々の特性のために多様性が存在しているという指摘もある＊24。

第四に、訓練の実施が奨励されている。市区町村は国民保護訓練の実施に努めることが求められており、首長は、住民に避難訓練への参加を求めることもできる＊25。その際には、地域ごとの工夫をこらした研修が行われることや、首長や自衛隊等の他機関との信頼関係の醸成に努めることなど、市区町村の主体的な活動が要請されている＊26。ただし、その結果、各地域で低練度の訓練事例も出てきているとの批判もある＊27。

第五に、応急措置である。有事の際に、自衛隊は敵に対処するため、住民の保護・警護・避難の任務に就く余裕はない。そのため、それらは地方自治体の仕事となる＊28。住民に近い市区町村は、首長を中心に数多くの業務にあたることが想定されている。一時避難の指示、警戒区域の設定等の応急処置、国や都道府県の機関を総合調整したうえでの避難誘導、国の指示を待たない国民保護措置、警察や自衛隊の部隊への応援要請、安否情報の整理収集と情報提供、緊急通報、私人の財産の制限、都道府県知事の指示を受けた救援の実施など、多岐に亘る業務が市区町村に割り当てられている*29。

以上の再構成から、平時と初動体制を中心に、分権的な実践が想定されていることが発見されるのである*30。

2　平時における分権性と多様性

続いて、こうした想定が、実際に分権的な実践をもたらしていることを確認しておきたい。分権的な実践が存在するのであれば、市区町村ごとの多様性が観察されるはずである。

平時における多様性の高さを示す論拠として本章が注目するのは三つである。第一が、市区町村国民保護計画の多様性である。ここでは、東京都の特別区を取り上げる。23区すべてで、国民保護計画はホームページ上で公開されているが、外形的に見ても多くの相違を確認できる。まず、ホームページでの発信方法は、一括ダウンロード形式が千代田区・中央区など9区、分割ダウンロード形式が台東区・墨田区など10区、併用が文京区など4区となっている。概要版有りが千代田区・中央区など11区、概要版無しが台東区・墨田区など12区、ページ数は最小の目黒区111ページから最大の品川区312ページまで存在し、平均は164、標準偏差は51.3である。市区町村ごとに国民保護計画の扱いや分量に多様性が存在することが読み取れる。

第二が、避難実施要領のパターンの作成状況である。避難実施要領のパターンとは、武力攻撃事態や緊急対処事態の武力攻撃災害が発生した場合における、いわば避難の計画を指す。国レベルでは2011年10月に消防庁国民保護室が「避難実施要領のパターン作成の手引き」を作成・公開している*31。2019年3月1日時点では、1741ある市区町村のうち、2パターン以上作成済みは782団体（45%）、1パターン作成済みは199団体（11%）、作成中は82団体（5%）、未作成は678団体（39%）となっている*32。高い多様性が確認できる。

規模別にみると、814の市区のうち539団体（66%）が作成済み、744の町のうち371団体（50%）が作成済み、183の村のうち71団体（39%）が作成済みとなっている。大規模自治体の方が作成は進んでいる。また、作成済み市区町村が100%となっているのは、栃木県、石川県、福井県、岐阜県、三重県、兵庫県、奈良県、岡山県、香川県、愛媛県、宮崎県である。逆に、作成済み市区町村が30%以下となっているのは、岩手県、宮城県、福島県、群馬県、京都府、和歌山県、高知県、沖縄県である。作成の進捗状況に対する、都道府県の地域性や都市化度の影響については、特定の傾向は確認できない。

第三が、国民保護訓練の実施状況である。内閣官房は、都道府県ごとの共同訓練の実施状況と回数を公開している。これによれば、2018年度末までに、福井県と徳島県は12回、富山県と愛媛県は9回と多くの訓練を実施しており、他方で宮城県、群馬県、石川県、和歌山県、島根県、広島県、高知県は2回にとどまっている＊33。また、訓練の回数に対する、人口の多少や都市化度、地域による影響についての特定の傾向は見られない。これは、訓練を実施するかどうかについての選択の余地が地方自治体に存在することを示している。当然、都道府県ごとに訓練の実施状況が異なれば、本章が対象としている市区町村でのそれも異なってくる。

3　初動体制における分権性と多様性

続いて初動体制とは、多数の人を殺傷する行為等の事案の発生を把握した場合において、事態認定がされる前に設置されるものである。市町村国民保護計画モデル計画においては、第三編第一章１（１）に記載されており、「緊急事態連絡室（仮称）」と名付けられている。あえてモデル計画とは異なる名称を採用することは、地方自治体の独自性や熱意の高さを示すものであるため、分権性や多様性を析出できると考えられる。ここでは、都市化度合いのバランスを考慮して、高知県、茨城県、神奈川県、東京都（ただし、島嶼部は除く）の４都県を取り上げる。

まず、高知県の市町村について。市町村のホームページで国民保護計画を公開しているのは9団体である（全34市町村中）。9団体の市町すべてで、緊急事態連絡室という名称が付与されている。次に、茨城県の市町村について。市町村のホームページで国民保護計画を公開しているのは、23団体である（全44市町村中）。そのうち、緊急事態連絡室という名称が与えられているのは10団体、危機管理本部が5団体、市（町）危機管理対策本部が2団体、その他1団体の市町村で用いられている名称が7ある＊34。続いて、神奈川県の市町村について。市町村のホームページで国民保護計画を公開しているのは、25団体である（全33市町村中）。そのうち緊急事態連絡室という名称が与えられているのは4団体、危機管理対策本部が3団体、〇〇市（町）警戒本部、市警戒体制、市警戒本部体制が2団体ずつ、その他1団体の市町村で用いられている名称が16ある＊35。最後に、東京都について。島嶼部は特殊性が強いために、これを除くと、市区町村のホームページで国民保護計画を公開しているのは51団体である（全53市区町村中）。そのうち、緊急事態連絡室という名称が与えられているのは22団体、危機管理対策本部が8団体、危機管理対策委員会、危機管理対策会議、危機管理本部が2団体ずつ、その他1団体の市町村で用いられている名称が17ある＊36。

以上の調査から、大きな多様性が確認される。第一に、都道府県間の差異が大きい。都市部の都道府県になるほど、初動体制の名称のホームページでの公開度が上がる傾向にある。また、初動体制の名称も多様化していく。第二に、したがって、神奈川県や東京都といった都市部の都県内では、名称の市区町村間の多様性は高い。

初動体制の分権性を示すもう一つの事例は、危機情報管理システムの利活用想定である＊37。危機情報管理システムとは、大規模自然災害や重大事件、大事故といった緊急時に多方面から大量にもたらされる様々な情報を一元的に処理・蓄積・配信する ICT ベースのシステムを指す総称である。危機情報管理システムは、初動体制から応急措置という対応初期において特に効果が期待される。筆者らは2017年から2018年にかけて全市区町村に郵便によるアンケート調査を実施した。728団体から返送があり、うち87団体で危機情報管理システムが導入されているとの回答があった。用いられているベンダーは、全 32 社にものぼる＊38。さらに、製品選択に際しては、所属する都道府県や周辺市区町村に意識を払うよりも、各市区町村での個別判断が大きく働いていることも指摘される。他方で、未導入の市区町村からは、中・小規模の市区町村を中心に、危機情報管理システム導入しない理由として財政的理由が一番多く挙げられている。このように、危機情報管理システムの利活用状況からは、市区町村に選択権が存在すると認められる。

以上から、平時と初動体制における地方自治体の多様性とそれをもたらす分権性が明らかとなる。

4 インタビュー調査

本章で明らかになった分権性と多様性について、市職員の認識を明らかにしたい。筆者は2019年8月に3団体（いずれも中・小規模の一般市）の担当職員にインタビュー調査を実施した＊39。彼らが共通して述べるのは、国民保護について、市としての独自性は存在しないということである。

具体的な業務としては、①国民保護計画や避難実施要領のパターンの作成、②Ｊアラートや Em-net、安否情報システム等システムの動作確認、③都道府県が行う訓練に参加し、あるいは見学すること、④講演を依頼された際に触れること、⑤市民からの問い合わせに答えることが挙げられた。各々に、次のように独自性の無さが指摘された。すなわち、①についてはコンサルなどに委託し、パブリックコメントなどは実施していない、②国から確認依頼があったものを実施するにとどまる、③市の方から訓練を発案することはないし、単独訓練も難しい、④国の指針など一般的な話にとどまる、⑤テンプレート的な回答を案内する、である。確かに市の独自性のある取組みとは言えない。

　ではなぜ、市としての独自性が存在しないのであろうか。理由は二つ指摘された。第一に、独自性を出すべき分野ではないという意見である。これは、国民保護は国の責任なのだから全国で均一のサービスが提供されるべきという意味であろう。第二に、市職員としても国民保護は良く分からないし、変に刺激してしまうことを懸念しているという意見である。これは、国民保護行政の専門性の高さが、市職員に戸惑いをもたらしていると理解できるだろう。

　インタビュー調査結果は、本章の議論に次のように位置づけられうる。市職員らは、国民保護行政の専門性の高さを理由として、実態としてありうる分権性をなるべく小さく解釈しようとする傾向が強い。そしてそれを許容するのが、制度設計の集権的な理念である。

Ⅲ　実態における融合性

　本節では、平時と初動体制を中心に分権性な実態も見られる市区町村の現場で、国民保護行政がどのように取り組まれているのかを論じる。本節では、特に自然災害や大事故との関係に焦点をあてていく。国民保護は、広く「危機管理」に位置付けられるが、法制度的には他の危機危機とは別建てとなっている分立性として把握されうるのは、Ⅰ節で論じた通りである。しかし、組織と人員や、初動体制、市区町村に想定される動きを見ると、融合的な実態も明らかになってくるのである。

１　組織と職員の重複

　昨今の厳しい財政状況のなかで、各市区町村は厳しい人手不足に直面している。同時に、技術発展により、一人が複数の業務を兼任することも可能になってきている。そのため、平時と有事の両方において、組織と職員の重複が生じている。

　平時においては、詳細な分析は第４章（加藤論文）に譲るが、危機管理課や危機対策室などの名称が与えられ、課や室単位での設置が多い。インタビュー調査を行った一般市における課・室の職員は、13名、8名、2名であった。いずれも、係のレベルで国民保護の担当を置いているところはない。防災の担当者が国民保護を兼任するというかたちである。

　また、職員のキャリアパスについても他部局と一体的に構成されている場合がほとんどである。これらの一般市のなかでは、1団体のみ、消防出身の職員を1名割当てている。職員の異動希望は多少反映されているようであるが、必ずしも希望通りというわけでもない。大学の学部など、入庁前の経歴も特に考慮されていないようである。

有事においても、職員数の少なさという制約は大きい。自然災害や大事故であっても武力攻撃災害であっても、すなわち、意思決定機関が災害対策本部であっても国民保護対策本部であっても、事務方では、課・室の職員が一丸となって先導することが想定されている。

自然災害や大事故でも武力攻撃災害でも、同じ組織・職員が対応にあたるのであれば、分立性の垣根は低くなっていくと考えられる。

2　初動体制

初動体制には、国民保護と防災の融合性を特に強く見て取れる。「多くの場合、初動態勢は、事件、事故あるいは災害の態勢で対応しつつ、状況の判明に従い、国民保護措置の対応態勢に移行する場合が多いことが想定される」と解説されている通り、初動においては、自然災害や大事故と武力攻撃災害の間の区分は存在しない＊40。

特徴的な事例として、那珂市と立川市を取り上げたい。那珂市では、多数の死傷者や建造物の破壊等の事案が発生する兆候などの情報を入手した場合、災害対策本部または危機管理対策本部を立ち上げることになっている。その後、事態認定がなされると国民保護対策本部へと移行することになっている＊41。事態の最初期においては、災害対策本部が武力攻撃災害に対応することも想定されているのである。

立川市は、より明示的である。すなわち、「原因不明の事案が発生した場合、市〔国民保護〕対策本部の設置指定前に、その被害の態様が災害対策基本法に規定する災害に該当すると判別できた場合には、市災害対策本部を設置し、国民保護に準じた措置を行う。……市は、「本部指揮所〔引用者注：立川市における初動体制の名称〕」で、各種の連絡調整に当り、現場の警察、消防等の活動状況を踏まえ、必要に応じて、「市災害対策本部」を設置し、災害対策基本法等に基づく避難の指示、警戒区域の設定、救急救助等の応急措置を行う」とある＊42。立川市は、原因不明の場合には災害対策基本法の枠組みで動くという計画を立てている。災害対策基本法でも、国民保護に準じた措置が可能だからである。

多数の死傷者が発生した場合や、建造物が破壊される等の具体的な被害が発生した場合、その原因が自然災害や大事故なのか武力攻撃災害なのかが判明しないことも大いに想定される。したがって、起こっている状況に応じた一元的な初動体制を用意する必要がある。その際には、自然災害や大事故での動きが基準となる。

初動体制で特に期待が見込まれる通信システムからも、融合性が浮かび上がってくる。前節の３項で論じたように、危機の際には危機情報管理システムや、Jアラート、防災無線等が用いられる。

まず、市区町村が任意で導入している危機情報管理システムについて論じる。先述のアンケート調査に際して、危機情報管理システムを導入済みしていると回答した87団体の市区町村には、重ねての質問を行った。第一に、使用用途である（複数回答）。「職員間の連絡」（63件）、「現場情報収集」（59件）、「気象情報などの収集」（42件）、「防災訓練での使用」（42件）、「住民避難の支援」（27件）と続く。第二に、テロやミサイル着弾などの人為的危機への危機情報管理システムの利活用可能性である。回答は、「活用する」（36件）、「検討中」（12件）、「活用しない」（13件）、「分からない」（22件）、「その他」（5件）であった＊43。「活用しない」と回答した市区町村の使用製品は、気象に特化したサービスが多く、こうしたサービスが国民保護行政で用いられないのは当然と言えよう。第三に、使用製品への評価である。「有効」（31件）、「やや有効」（39件）、「どちらとも言えない」（11件）、「やや不満」（3件）、「不満」（1件）と、総じて高い評価を得ている＊44。選択された利活用用途が一般的であり、また人為的危機での利活用用途が想定されていることから、危機情報管理システムは、自然災害や大事故だけではなく、武力攻撃災害にも用いられる予定である。評価も概ね高く、この趨勢は大きく変わらないとみてよい。

Ｊアラートや防災無線といった標準装備されているシステムや、フェイスブックやツイッター、安否情報システム、ラジオといった一般的なシステムも、武力攻撃災害で広く用いられることが想定されている＊45。

自然災害や大事故の際に用いられている通信システムは、武力攻撃災害にも用いられることが想定されている。武力攻撃災害では、利用可能なものは利用していくという姿勢を看取でき、結果的に分立性は消失しているとみなしうる。

3　市区町村に想定される動き

さらに、いざという時に市区町村に想定される動きを検討すると、結局のところ、自然災害や大事故と武力攻撃災害では、市区町村が実際に行うべきことはほとんど変わらないのではないかと考えられる。確かに、前節の１項で論じたように、国民保護の際には、市区町村に多くの仕事が国から割り当てられる。中心的な業務は現地での総合調整と避難誘導である。国民保護では、避難と救援と対処が実行されるが、救援は県が主体で行うと同時に、市区町村も支援に入るのは自然災害でも同じである。対処は警察も自衛隊も持たない市区町村にはできない。したがって、武力攻撃災害でも市区町村は、自然災害や大事故と同様に、総合調整と避難誘導を担うことになる＊46。

今回のインタビュー調査でも、すべての市職員が、武力攻撃災害に際しても自然災害や大事故を参考にしつつ業務にあたると述べた。もちろん、市職員たちは、国や都道府県からの指導と助言に従うと述べている。しかし、国民保護は専門性が高く事例も存在しないため、自然災害や大事故をイメージして動くことになるだろうと述べている。

法制度において見られた分立性は、市区町村の現場レベルにおいてはあまり貫徹していないというのが、本節の結論である。むしろ、武力攻撃災害と自然災害や大事故の融合性が見られる。これは、職員数などの行政リソースが限られており、かつ国民保護行政の専門性が高いにもかかわらず経験が無いという制約の中で、実効性のある行政運用を目指す工夫の一環として生じている。分権性を基にした、現場レベルの融合化の試みと言いうるだろう。

おわりに

国民保護の法制度に現れる集権性と分立性は、市区町村の現場まで貫徹しておらず、実態としては分権性と融合性が見られるというのが本章の発見である。そして、この制度と実態の葛藤が、国民保護行政に独特の難しさをもたらしているというのが本章の主張である。

確かに国民保護でも、各市区町村の工夫や努力が必要かもしれない。ただしそれは、国民保護の取組みの市区町村間格差の拡大をもたらす。単に選好ややる気の問題ではなく、行政リソースが限られている現状において、独自の工夫を凝らせる余裕がある市区町村は多くない。そして、余裕がない市区町村には「国民保護は国の責任である」という法制度上の原理は、制約というよりも、行動規範となっているのではないか。結果として、現場で国民保護行政を担うはずだった市区町村が「開店休業」に陥ってしまう。

また国民保護は、他の危機と法制上は区別されながらも、市区町村では、実質的には自然災害や大事故と武力攻撃災害で類似の動きが想定されている。これは、市区町村の工夫の一つである。つまり、行政リソースの制約がある中で、

「多数の死傷者と建造物の破壊」という共通性に立脚して、自然災害や大事故への対応を転用している。しかし、転用によってそれなりに対応できてしまうことで、国民保護行政の固有性が失われ、取組みが中途半端に終わることも起こりえてしまう。

本章が示す、次なる課題について整理して本章を終えたい。第一に、融合化の検討である。分立性は現状では徹底していないが、かと言って行政リソースの制約が強い現状では、分立性の徹底は難しい。例えば米国では、危機の種類よりも状況が重視されており、対応を共通化しうる部分については共通化が進んでいる。これをAll-hazardsアプローチと呼ぶ（第２章の伊藤論文参照）。日本においても、武力攻撃・テロなど大規模な攻撃・大規模な自然災害を同一に扱う緊急事態基本法が検討されたことがある＊47。法制度における分立性の利点という既存のメリットを精査しつつも、法制度も含め、融合化を包括的に検討する価値はあるように思われる＊48。

第二に、市区町村の格差をどう考えるかという点である。独自の取組みが多い市区町村において、武力攻撃災害時にその取組みが逆効果をもたらしてしまった場合、法的・政治的責任はどのように問われるのであろうか。免責されない場合には、市区町村に萎縮効果をもたらす恐れもある。逆に、独自の取組みが少ないばかりか、国から求められている業務にも手が回りきらないほどの行政リソースの制約に直面している市区町村に対して、どのような支援を行っていくべきだろうか。そもそも、住んでいる市区町村によって、享受できる国民保護行政に格差が生じるのは認められるのだろうか。

原理の再検討から、実態の一層の解明、政策の提言に至るまで、国民保護行政研究に残された課題は山積みである。

註

1　高橋丈雄「実効性のある国民保護への取組みと課題」『中央学院大学社会システム研究所紀要』第10巻第1号（2009年12月）、37頁。

2　野口英一「防災と国民保護」『救急医学』第42巻第1号（2018年1月）、11～12頁。

3　内閣官房「国民保護ポータルサイト」より。その他、小針司「国民保護法制の現状と課題」『法学教室』第296号（2005年5月）、34～36頁や、野口「防災と国民保護」、14～15頁においても詳しく解説されている。

4　国民保護法制運用研究会『有事から住民を守る：自治体と国民保護法制』東京法令出版、70～71頁。

5　大橋洋一「国民保護法制における自治体の法的地位：災害対策法制と国民保護法制の比較を中心として」『法政研究』第70巻第4号（2004年3月）、66頁、野口「防災と国民保護」、11頁。
6 地方自治体における国民保護研究会『地方自治体における国民保護』東京法令出版、Ⅳ部。
7 大橋「国民保護法制における自治体の法的地位」、67、62頁。
8 例えば、野口「防災と国民保護」、10頁。
9 大橋「国民保護法制における自治体の法的地位」、58頁。
10 高橋「実効性のある国民保護への取組みと課題」、36～37頁。
11 国民保護法制運用研究会『有事から住民を守る』、70頁。
12 高橋「実効性のある国民保護への取組みと課題」、37頁。
13 宮坂直史・鵜飼進『「実践危機管理」国民保護訓練マニュアル』ぎょうせい、27～28頁、上岡直見『Ｊアラートとは何か』緑風出版、20～22頁、宮坂直史「なんでも避難という愚策：思考停止の国民保護訓練を変えよう」『治安フォーラム』(2019年6月)。
14 量的に乏しいというのは、執筆された論文や報告書の本数が単純に少ないということであり、質的に乏しいというのは、それらの論文や報告書が実務家による記録や意見にとどまるということである。例えば、渡邉博文「原子力発電所と広い県土、中越大地震復興の中での国民保護計画」『セキュリティ研究』(2007年2月)、近代消防編集局「平成29年度神奈川県国民保護共同実働訓練を実施」、『近代消防』第685号（2018年1月）など。もちろん、これらの記録や意見の価値は否定できないが、個別的にとどまるという限界はある。
15 天川晃「広域行政と地方分権」『ジュリスト総合特集』第29号（1983年)、121頁を参考にした。
16 地方自治体における国民保護研究会『地方自治体における国民保護』、20頁。
17 森本敏・浜谷英博『早わかり国民保護法』PHP 新書、45頁。
18 地方自治体における国民保護研究会『地方自治体における国民保護』、123頁。
19 地方自治体における国民保護研究会『地方自治体における国民保護』、144頁。
20 同上、29頁。
21 同上、56頁。
22 国民保護法制運用研究会『有事から住民を守る』、80頁。
23 地方自治体における国民保護研究会『地方自治体における国民保護』、73頁、森本・浜谷『早わかり国民保護法』、55頁。
24 米澤健「国民保護計画について～都道府県・市町村を中心に」、『減災』第4号（2010年3月)、29頁。ただし他方で、都道府県・市町村の国民保護計画は、モデル計画をもとに固有名詞を入れ替えた程度にすぎないという指摘もある（上岡『Ｊアラートとは何か』、58頁)。
25 森本・浜谷『早わかり国民保護法』、45頁。
26 地方自治体における国民保護研究会『地方自治体における国民保護』、103、132頁。
27 上岡『Ｊアラートとは何か』、26～28頁、宮坂・鵜飼『「実践危機管理」国民保護訓練マニュアル』、15頁、宮坂直史「なんでも避難という愚策」『治安フォーラム』第25巻第6号（2019年6月）。

28 森本・浜谷『早わかり国民保護法』、112頁、国民保護法制運用研究会『有事から住民を守る』、205頁。

29 以下の先行研究において、市長のこうした役割が指摘されている。大橋「国民保護法制における自治体の法的地位」、68、70頁、地方自治体における国民保護研究会『地方自治体における国民保護』、16、17、129、138頁、国民保護法制運用研究会『有事から住民を守る』、94、97頁、森本・浜谷『早わかり国民保護法』、36頁。

30 戦争などの武力攻撃事態とテロなどの緊急対処事態を比較すると、前者では地方自治体が最初に情報を入手し、後者では国が最初に情報を得る可能性が高い。そのため、武力攻撃事態よりも緊急対処事態において、より分権的な初動体制が想定されていると言えよう。

31 消防庁国民保護室「避難実施要領のパターン作成の手引き」より。
https://www.fdma.go.jp/mission/protection/item/protection001_25_hinan_tebiki_2310.pdf

32 以下、本段落の記述については、消防庁国民保護室が集計し、作成した資料に基づく。

33 内閣官房　国民保護ポータルサイト「国民保護共同訓練」より。
http://www.kokuminhogo.go.jp/kunren/

34 名称を二種類用意している市が１団体あった。なお、（仮称）とつけている市町村も存在するが、（仮称）の有無は考慮に入れていない。

35 名称を二種類用意している市町が４団体あった。

36 名称を二種類用意している区が２団体あった。

37 危機情報管理システムの分析については、川島佑介・伊藤潤「日本における危機情報管理システム（CIMS）の普及と活用に関する研究」、『電気通信普及財団研究調査助成報告書』（2019年7月）に依拠している。なお、調査にあたっては、電気通信普及財団から研究助成を受領した。

38 ただし、この中には危機情報管理システムではなく、メッセージアプリなど一般的な情報通信サービスを挙げている回答も含まれていた。

39 大都市の市区町村に聞き取り調査をしていないという点で、このインタビュー調査には限界もある。しかし、本調査は一般的な市区町村の実情を明らかにしているだろう。

40 高橋「実効性のある国民保護への取組みと課題」、38頁。

41 「那珂市国民保護計画（案）」第3編第1章。

42 「立川市国民保護計画」第3編第1章。

43 １団体から、二つの回答があったため、回答数は計88件となっている。

44 ２団体は本設問に対して無回答であったため、回答数は計86件となっている。

45 浅野泰弘「全国瞬時警報システム（J-ALERT）について」、『電気設備学会誌』第34巻第3号（2014年3月）。

46 地方自治体における国民保護研究会『地方自治体における国民保護』、69頁、上岡『Ｊアラートとは何か』、54〜56頁。
47 森本・浜谷『早わかり国民保護法』、122頁。
48 大石利雄 「大災害時の国民保護」、『近代消防』第697号（2018年12月）においては、大災害時においても国民保護の枠組みを活用すべきであると主張されている。

第6章　避難のトラップ
—なぜ国民保護では行政誘導避難なのか

宮坂 直史

はじめに　避難ありきの国民保護

もし日本に対して武力攻撃がなされたり、国内で大規模テロが発生したりしたら、その被災地や現場周辺にいる人々はどうなるのか。日本政府は、国民保護行政のもと避難させることで国民の生命を守っていくつもりでいる。避難自体が重要であることは疑いようがない。だが、一概に避難といっても様々な方法があるし、それが必要か不要か、必要ならば実行のタイミングも問われるところであろう。

武力攻撃やテロは、国家や組織または個人が、一定の目的をもって引き起こす行為であり、それに対処する各機関の能力と意志があいまって、事態がどのように展開するかはパターン化しがたい。初期の攻撃時に限っても、それが一か所での一回限りの攻撃なのか、二回目以降はどこであるのか、攻撃にはどの程度の威力の武器が使われるのか、被害の範囲がどこまで及ぶのかなどは、過去の内外の事案に照らしても、容易に予測できるものではない。

したがって避難の要・不要や、その方法は、ケースバイケースにならざるをえない。特に避難のために外を移動している最中にも避難先でも被害に巻き込まれる可能性を考える必要がある。

自然災害でさえ、その種類に応じて、各自の所在地や事情、避難所までの経路、時間帯などを総合的に考えつつ、自らが判断して行動する局面と、行政が決断して通報する局面があり、警報の出し方から避難までを一律マニュアル化はできない。

しかし、自然災害以上に事態の展開を予測するのが困難なはずの国民保護行政では、日常的に実施されている訓練や計画の策定において、まず避難ありきで、しかも行政機関の職員が、無傷で、自宅が損壊しているわけでもない、たまたまテロなどの現場に居合わせた不特定多数の施設利用客や周辺住民を避難所に誘導することが、ルーティーン化している。

避難させればよい、避難所に連れていけばよいという固定観念は、まさに避難のトラップ、落とし穴であり、多数の生命をかえって危険に曝すかもしれず、運を天に任せる博打のようなものである。その危険性は、常識的に考えてもわかることなのだが、なぜ国民保護ではワンパターンの避難がまかりとおっているのだろうか。

残念なことに、国民保護における避難の在り方については、関係機関や有識者の間で大きな論争が巻き起っていない。国の考えと、地方自治体の考えの間に緊張関係が顕在化しているともいえない。本章では避難をめぐる実存的な対立や摩擦を浮き彫りにすることはできないが、現状の避難方法が危険で、非現実的であることを明らかにして、ワンパターンの避難になってしまった原因を探りたい。それはおそらく国民保護法の規定に縛られているというよりも、それを所管する省庁や関係機関が、戦争やテロを自然災害と同一視したり、戦争やテロの現実に向き合ったりしていないからだと思われる。

Ｉ　多様な避難

まず、避難とは、生命にかかわる災難、あるいは日常の生活や業務を阻害する災難から逃れて身の安全を確保する動作と定義しておく。一般的に想像される避難は、現在地Ａを離れて、別の地Ｂへ移動することであろう（防災の分野ではそれを「水平移動」という）。この動作を起こす前提は、移動中も移動先も、現在地にとどまるよりは安全、もしくはリスクが低いという判断になる。したがって、移動するリスクのほうが高いと思い、現在地Ａに意識してとどまる方が身の安全を確保できると判断するのであれば、それもまた避難の１つになる。もちろん、このような判断以前に、損壊や焼失などで物理的に自宅等に居られないから避難するしかない、ということもにある。

避難は図表１に示したように、屋内・屋外間の移動から４通りに分けられる。第一に、屋内に居る者が同じ屋内で避難する。例えば、浸水・洪水を見越して同じ建物の上階に移動したり、衝撃波や爆風を避けるために地階に移動したりするような「垂直避難」といわれる動作がある。また、複合施設やオフィスビルの中に銃で武装した者が侵入してきたことを感知すれば、むやみに部屋から出ずに、ドアに机などを積み立てて消灯し、音をたてず立て籠もりしばらく様子をみる。いわゆる「ロックダウン」だが、これも屋内避難の一例になる。他にも、夜間の猛烈な風雨、工場からの有害物質の大気中への流出、凶悪犯の脱走、猛獣の徘徊など、いま外に出たら危険だから屋内にとどまるという屋内避難がある。

図表１ 避難の動き

	屋内へ移動	屋外へ移動
屋内から	垂直（上下）避難、屋内退避 侵入者対策のロックダウン	避難場所・避難所へ 事件事故に遭遇し施設外へ
屋外から	爆風・衝撃波・有害物質回避 異常気象回避	暴走車両、銃乱射などに遭遇し逃げ出す

筆者作成

第二に、屋内から屋外への避難がある。地震で一時的に外に飛び出すということもあるが、地震を含む自然現象や事故や火災に巻き込まれて、自宅が損壊したり、そのおそれがあったり、ライフラインが途絶したりという理由で、避難場所（例えば公園）や避難所（公共の建物）へ移動する。交通・輸送機関の中で異常が発生し外に脱出することもある。

第三は、屋外から屋内に入る避難である。ゲリラ豪雨や竜巻の発生、有害物質の大気中への流出などが該当する。周囲でミサイルの被弾や空爆などを確認できたときも、屋内のほうが少しでも爆風や衝撃波を緩和できると思い、瞬時の余裕があればそこに飛び込む。

第四に、屋外から屋外への避難、つまり外にいる者がその場から逃げる場合である。例えば、昨今の欧米のテロで目立つが、暴走車両が向かってきたり、銃の乱射に気づいたりしたときには、一目散に現場から逃げ出さねばならない。

次に、誰が避難を促すのかという観点からもみておきたい。

１つ目は自らの判断で動く、自主・自力避難がある。テロや事故に遭遇して瞬時、反射的にその場から自力で離れる。危険回避の本能的な動作である。あるいは、自然災害が迫り避難勧告が出される前から自主的に避難する。

２つ目は、事業者（施設の職員、管理者、そこに雇用された警備員）による誘導のもと人々が避難することがある。不特定多数が集まるような施設（ショッピング・モール、駅・ターミナル、競技場、展示場、劇場、複合ビルなど）やイベント会場などでテロ、事件、事故が発生したとき、その現場に居合わせている事業者が誘導をする場合である。出口までの経路が不明であったり塞がれていたり、どこで何が起きているのかわからなければ、利用客は事業者の誘導に従うであろう。

３つ目は、行政機関による誘導である。具体的には警察官、消防吏員、自治体職員、あるいは自衛隊員などが、計画的に大勢の市民の誘導に関わる。これは本来、特定の地域・場所に危険が及ぶことが予想でき、避難させる時間的猶予がある場合に限ってのことであろう。その例としては、人口密集地で不審物、あるいは不発弾が発見され（日本では第二次世界大戦中のそれが現在でも各地で見つかることがある）、その処理の時程を決めてから、周辺住民に一時的に避難してもらうことがある。

以上みてきたように、避難は屋内外間の移動をとっても、避難を促す主体からみても、さまざまな方法がある。いうまでもなく、ある１つの災害に対して１つの避難方法しかないというわけではない。各自が置かれた状況次第で、ある場合は本能的に、別の場合は総合的な考慮のもとに、避難方法は選択されるべきものである。

しかし、国民保護が想定している避難は、行政機関が誘導する避難に他ならない。国民保護を所管する総務省消防庁の見解を代弁する一般財団法人日本防火・危機管理促進協会は、全国の自治体に『武力攻撃への備えと対策　国民保護への対応』という冊子を配布しているが、そこには武力攻撃や大規模テロがあれば、「市町村の職員、消防官、警察官等が誘導します」＊1と冒頭にはっきり書かれてある。行政誘導ということは、ある場所から別の場所への屋外移動を想定していることになる。だが突発的にテロや事故が生じた際に、偶然その場に居あわせ、動ける者は自力で避難するか、事業者の誘導に従って、ただちに現場から出ようとするだろう。現場には、身体の一部や荷物、ガラスが散乱し、崩落しそうな壁に囲まれ恐怖しつつ、動ける身でありながら行政機関の職員や隊員が到着するのをじっと待って「避難所に連れていってください」などと懇願する者は皆無だと思う。行政は、動ける者の世話ではなく、動けない者の救援救護に全力を傾注すべきではないだろうか。次節では、国民保護訓練や避難実施要領を通じて、国民保護行政における避難の危険性、非現実性を明らかにする。

Ⅱ　国民保護訓練と避難実施要領

国民保護とは、何よりも避難であり、その方法は行政誘導避難である。このことは関係者の間に、まずは国民保護訓練を通じて体験的、視覚的にすりこまれてきた。

では国民保護訓練とは何か。それは、国民保護法制定（2004年）の翌年度から現在にいたるまで全国各地で実施されており、日本に対する武力攻撃や日本における大規模テロの発生を想定して、関係する多機関が合同で対処に取り組むものである。

国民保護訓練はその主催者の違いから大きく2つに種別できる。1つは、国（所管の内閣官房と総務省消防庁）と各都道府県が共同で実施するもので、2005年度から2018年度末までに全国で211回行われている。それら訓練の概要（日時、場所、訓練想定など）は、内閣官房の「国民保護ポータルサイト」などで公表されているので誰でも確認できる＊2。訓練に参加する機関は政令等で指定されているわけではないが、例えばA県でやるならば、A県庁の危機管理担当部局、そのときの訓練でテロが起きる想定になっているA県内のB市役所の危機管理担当部局、B市の消防局、A県警（本部もしくはB市内の警察署の警備課）、A県内に駐屯する自衛隊や海上保安庁、A県内の指定公共機関や医療機関、日本赤十字社、訓練シナリオに関係する事業者（例えば鉄道テロならば、その会社）などが相場である。国の職員は、プレーヤーとしての参加ではなく、評価員として視察する場合が多い。参加者数は、以上の関係機関だけでもおおむね100人以上になり、これに避難役や被害者役の市民が参加すると相当数にのぼる。

もう1つの種類は、国との共同開催ではなく、自治体（都・県または市・区など）が単独で企画し、関係機関に呼びかけて実施するものである。どの自治体でも取り組んでいるわけではなく、毎年のように実施している自治体から、全く未経験の自治体まで偏りがある＊3。訓練には自治体職員のほかに、消防、警察、自衛隊、海保、医療機関などから参加するのが通例である。

全般的な傾向を言えば、国と各都道府県の共同訓練のほうが、訓練シナリオの想定が大規模になる。例えば、県内の多数集客施設や、イベントの最中に爆弾テロが起き、CBR（化学剤、生物剤、放射性物質）も使用され、別の場所で人質もとられるなど、短時間の間に3～5件くらいの大量殺傷もしくは重大テロが次々に起き、結果として3桁、4桁の死傷者数が出る。アルカイダが視察に来たら溜飲を下げるか、羨望の眼差しでみるだろう。一体誰が何を目的にテロをやっているのかも曖昧なまま訓練は進む。百歩譲ってそういうことが本当に起きたとしても、あらかじめ決められた手順で効果的に対応できるとはとても思えないのだが、訓練では適切に対応できたことにしている＊4。

これに対して自治体が単独で企画するならば、国の固定観念に縛られず、ワンパターン化を避けられる。多数事案を盛り込まずに1つだけの事案にじっくり対応したり、訓練目的をより絞り込んだりして取り組むこともできる。避難は入れなくてもよい。訓練方式も含めて創意工夫の余地がある。

なお、国民保護訓練は法律や政令で実施回数が定められているわけではない。したがって国と都道府県の共同訓練に限っていえば、2005年度から2018年度の間に12回実施（最多）している県がある一方で、同じ期間に２回しか実施していない県もいくつかある＊5。国民保護法において、訓練の実施は努力義務である（42条）。前述した悪例のように訓練はただやればよいというものではないが、やらないのはより以上に問題である。

国民保護訓練の想定は武力攻撃よりも緊急対処事態（テロ）が圧倒的に多い。そのテロ想定での避難がはなはだ現実的でないばかりか危険でさえある。よくある想定は、スタジアムとかショッピング・モールや鉄道駅で爆弾テロが起きる。その際に、そこに居合わせた無傷の者多数を行政の職員や隊員が誘導して避難所へ連れていくというものである。繰り返すが、集客施設でテロに遭遇しても、運良く無傷で動けるのならば、自力で一刻も早くそこから逃げるだけである。なぜ行政の職員が現場に到着するまで待っていて、避難所へ連れていかれなければならないのか。テロ発生地点を中心に「警戒区域」を設定して、区域内の店舗や自宅に居る者をすべてを、家が被災したわけでもないのに、区域外の避難所まで連れていくという訓練も各所で行われている。

すべての訓練では、テロリストが何人いて、いまどこにいるのかわからず、そのうえで連続テロが起きる想定になっている。そのような中を、統制のとれない市民大勢に道路を歩かせる、あるいは多数のバスに乗車させ、避難所に連れていく。それは救急搬送や救護活動、捜査や検問の邪魔になるし、そういう避難は短時間、迅速にできない。そして何よりも危険である。わかりやすい例を出そう。日本でも昨年、交番で拳銃を強奪した者がそのまま逃亡したことがある。かつては寺で飼育していた猛獣が檻から脱走したこともある。そのような状況下において、付近の住民多数を自宅から避難所へ連れていっただろうか。屋内待避を呼びかけるのが常識である。諸外国の事件をみても、テロリストが武器をもって徘徊、逃亡していれば、「不要不急の外出は控えて」ではなく、外出禁止令が出るのが普通でさえある。だが国民保護訓練では、真逆の愚行を繰り返しているのである。

訓練だけではない。国は、自治体に対して「避難実施要領パターン」を作成させることを通じても行政誘導避難を固定観念化させている。「避難実施要領」とは、避難経路、避難手段（徒歩か車両か）、職員の配置などについて細かく記載する書類であり、避難の指示が国から下された際には、市町村が作成しなければならないことになっている（国民保護法第61条。この法的手順は次節で改めて述べる）。だが実際に事が起きてからそれをイチから作成するのでは避難に取り掛かるまでの時間がかかりすぎるので、平素から「避難実施要領パターン」として、つまり雛形として作成しておくように国は自治体に要請している。

作成にあたってはまず事案を想定するのだが、イベント会場での爆弾テロなどから始めるように消防庁は奨励している＊6。そしてテロ発生地を中心に半径数百メートルの要避難地域を設定し、住民基本台帳をもとに避難人数を推計する。そこから避難先を決定したり手段や経路を決めたりしていく。

「避難実施要領パターン」の作成は、国が期待するほど進んでいない。『平成30年版消防白書』によれば、2018年4月1日時点で作成済みは全市区町村の52％にすぎない。作成していない表面的な理由はノウハウの欠如と日常業務の多忙などとされているが、もし自治体が、作成しても本番に役立たないと考えているならば、それは正しい。武力攻撃やテロは発生も事態展開も単純なパターン化を許さないほど多様である。どこに避難させるのが安全かは、事案が起きてからその性質と事態の推移を読み解かなければ判断できない。あらかじめ雛型を作っておいても、事が起きたときに依拠するマニュアルにはならない。想定したことと全く同じことはまず起きない。そもそも想定と言っても、どこで何が使われるかまでであって、避難の在り方に関係するもっとも肝心な事態の展開を想像していない。

改めてなぜ、国民保護は行政誘導避難なのだろうか。次節では、国民保護法における避難の規定を確認しておきたい。

Ⅲ　国民保護法における避難

１　避難の指示、退避の指示

本節では2004年に制定された国民保護法をみていくが、そもそも国民の保護とは何をすることなのかといえば、「住民の避難」（同法第2章）、「避難住民への救援」（第3章）、「武力攻撃災害への対処」（第4章）の３本柱があり、これらが急を要する措置として位置づけられている。国民保護イコール避難とまでは言えないが、法律の構成上、避難に関することが最も中心的な措置になっている。

「住民の避難」の手順は、国の対策本部長（内閣総理大臣）による警報の発令（44条）を経てから、同本部長が「住民の避難（屋内への避難を含む。以下同じ。）が必要であると認めるときは、基本指針で定めるところにより、総務大臣を経由し、関係都道府県知事に対し、直ちに、所要の住民の避難に関する措置を講ずべきことを指示する」（52条）。

これを文字通り解釈するならば、警報の発令が避難指示を必ず伴うものではなく、避難指示はあくまでも避難の必要がある場合に限っている。52条以下は避難指示が、国から都道府県、都道府県から市町村へ下される手順や内容、あるいは１つの都道府県を超えて避難の必要性がある場合の関係都道府県間の協議などが示されている。

そして61条以下が、避難住民の誘導についてである。本章では何度も述べてきたが、国民保護において避難とは、自主・自力避難でも事業者誘導避難でもなく、行政による誘導を伴うものになっている。

まず、住民の避難を指示された市町村は、前述したように「関係機関の意見を聞いて、直ちに、避難実施要領を定めなければならない」。避難実施要領には「避難の経路、避難の手段その他避難の方法に関する事項」「避難住民の誘導の実施方法、避難住民の誘導に係る関係職員の配置その他避難住民の誘導に関する事項」を記載する（61条）。

次に、誰が避難を誘導するかであるが、「市町村長は、その避難実施要領で定めるところにより、当該市町村の職員並びに消防長及び消防団員を指揮し、避難住民を誘導しなければならない」（62条）。さらに「市町村長は、避難住民を誘導するために必要があると認めるときは、警察署長、海上保安部長等又は（中略：以下自衛隊の部隊の限定を示す規定）自衛隊の部隊等の長に対して、警察官、海上保安官又は自衛官による避難住民の誘導を行うよう要請することができる」（63条）。これ以下の条文には、誘導する者ができることや、市町村長の上位にあたる都道府県知事の権限、さらには避難にあたって運送事業者による運送の実施がなされるように重ねて示されている。

こうしてみると、国民保護法は、必ず避難させることにはなっていない。同法を円滑に実施するうえで、関係機関にとって指針となる『国民の保護に関する基本指針』という文書がある。ここには個別の課題や問題にも言及されており、避難指示の発出の基準についても示されている＊7。「対策本部長は、国民保護法に規定された要件を満たす場合であって、<u>特に必要があると認めるときは</u>、都道府県知事に対し、避難措置の指示、救援の指示及び武力攻撃災害への対処に関する指示を行うものとする」（下線は筆者）とある。国民保護法では「必要であると認めるとき」なので、『基本指針』でさらに「特に」という強調的な副詞を追加して避難指示の発出には一層の慎重さを求めているように読める。

さらに『基本指針』には、「対策本部長は、武力攻撃の現状や今後の予測、地理的特性、運送手段の確保の状況等を総合的に勘案し」たうえで避難が必要かどうか判断するとも明記している。また、避難させるにしても、とくに大都市の場合は混乱の防止のために「まず近傍の屋内施設に避難するよう指示することとする」としている。

このように国民保護法や『基本指針』では、避難させるか否かの判断を求めている。国民保護法では必ず避難とはなっていないことを確認しておきたい。

国民保護法は基本的には国から都道府県、都道府県から市町村への指示が基本になっているが、それは必ずしも常に迅速、速やかになされるとは限らない。現場の状況を最も把握し得るのは市町村のはずである。ということは、国が避難の指示を出すためには、市町村、都道府県から国への情報伝達がなければならない。その間も刻々と事態は展開するわけだから、市町村から都道府県への必要な措置の「要請」と、都道府県から国の対策本部長に対する「要請」（97条）も規定されている。

避難はあくまでも国から発せられ、国の指示を受けた都道府県がさらに市町村に発する。だがそれでは時間がかかることを憂慮したのか、市町村町（16条3項）と都道府県知事（11条1項）は住民に対して「退避の指示」（退避先の指示も含めて）を出すことができる（その手順は112条）。さらに、知事や市町村長の指示を待つ余裕がない場合には、現場に居る警察官または海上保安官が「退避の指示」を出すことができる。退避とは、人々が現在地を離れて、一時的に危険を回避する動作である。それが避難に含まれる動作であることは間違いない。退避と避難はほぼ同義のはずである＊8。同義なのだが国が発すれば避難、市町村長が発すれば退避と法律上は用語を使い分けている。この「退避の指示」、国に対する必要な措置の「要請」などは、同法の審議中に複数回にわたる都道府県知事や全国市長会、全国町村会との意見交換会を踏まえて同法に反映されたものである。もしこれがなければ、現場を知らない国からの指示を一方的に待つようなスキームになっていたであろう。

国民保護法では、以上概観したように第2章で（第44条から73条）避難に関する措置を扱い、続く第3章（第74条から96条）で避難住民等への救援措置について定めている。避難住民等の「等」は、武力攻撃災害による被災者が入るからである。本来、被災者こそ避難所が必要であることは言うまでもないが、無傷で自力で動ける者や自宅が被災していない者も避難所へ誘導するというのが国民保護なのである。

救援は避難とセットであり、同時になすべきとされている。救援措置は都道府県および市町村が実施するのだが、具体的には「収容施設の供与」「吹き出しその他による食品の供与及び飲料水の供給」「被服、寝具その他生活必需品の供与または貸与」「医療の提供及び助産」「被災者の捜索及び救出」「埋葬及び火葬」「電話その他の通信設備の提供」（75条）などである。国民保護訓練において避難所を設営する場合、飲食を提供するのもこの75条に則った措置になる。家に帰れる人になぜ飲食を提供するのか不思議である。さらに避難所で自治体が安否情報の収集を行うこともある。それは、「市町村長は（中略）避難住民及び武力攻撃災害により死亡し又は負傷した住民（中略）の安否に関する情報を収集し、及び整理するよう努めるとともに、都道府県知事に対し、適時に、当該安否情報を報告しなければならない。」(94条）と規定されているからで、法律施行令（23条）によれば、ここで収集すべき情報（氏名、生年月日、男女別、住所、国籍など）も定められている。

2　災害対策基本法の影響

国民保護が避難と結びつくのは、武力攻撃も起きてしまえばやるべきことは自然災害と同じだとみなしているのではないか。自然災害にかんする最も基本的な法律は、災害対策基本法であり、その所管は総務省消防庁になる。そして国民保護法の起案もまた総務省の担当者が内閣官房に出向中に関わっており、同法の所管は内閣官房と総務省消防庁である。実際、国民保護法案の作成にあたって関係者は、参考になるのが災対法くらいしかなく、かなり参考にしたという証言も残されている（第1章参照)。

この災害対策基本法は、1959年に大災害をもたらした伊勢湾台風を契機に1961年11月に制定された＊9。防災に重点がおかれ、各機関・地方公共団体による防災計画の作成、災害予防（警報の伝達など)、災害応急対応（避難）などを含む全10章、117条から構成されている。災害対策基本法には、自然災害の他にも石油コンビナート事故や原子力発電所事故も射程に含まれる。

もっとも防災と国民保護の業務は自治体にとって根本的に異なる。市町村の携わる防災は「自治事務」であり、災害の応急対応の第一次責任は市町村が負うことになっている＊10。他方で国民保護は、国が本来果たすべき役割に係る事務であり、自治体にとって必ず法律・政令で事務処理が義務付けられる「法定受託事務」である。

災対法と国民保護法が構成的に似通っているとまでは言えないが、いくつかの条文に至っては、行為の主体を書き替えたくらいで引き写しの表現が散見される。

例えば、発見者の通報義務である。国民保護法では「武力攻撃災害の兆候を発見した者は、遅延なく、その旨を市町村長又は消防官吏、警察官もしくは海上保安官に通報しなければならない」(98条1項)。これは、災対法の「災害が発生するおそれがある異常な現象を発見した者は、遅滞なく、その旨を市町村長又は警察官若しくは海上保安官に通報しなければならない」(54条1項) が元になっている。遅延と遅滞、通報相手に消防官吏が含まれるか否かの違いはあるが酷似している。

発見者が一般市民ならば、消防や警察ならともかく、市町村長に通報するようなことはまずない。それ以前に、この武力攻撃災害とは、武力攻撃により直接又は間接に生じる人の死亡又は負傷、火事、爆発、放射性物質の放出その他の人的又は物的災害（第2条4項）と規定されている。発見者は、そのような惨事が他国からの武力攻撃によるものだと判断できるのか、ましてや武力攻撃の「兆候」なるものを見つけられるものなのか。あいまいな対象ゆえ「通報しなければならない」という努力義務規定も空転している。敵国の軍事攻撃であることが明確であれば、市民が通報するまでもない。自衛隊もしくはしかるべき機関が覚知するであろう。武力攻撃か否かに関係なく死傷者が出たり、爆発や火事が起きたりすればどのみち消防と警察には通報されるので、国民保護法98条は空回り条文である。

災対法と国民保護法のもう１つの類似点として見逃せないのは、市町村長に警戒区域を設定する権限が付与されていることである。繰り返すが、防災は自治事務である。その責務は市町村にあり、したがって事前準備段階でも、市町村長は消防機関や水防団に出動を命じ、警察官、海上保安官の出動を求めることができるし、そうしなければならない（災対法58条)。市町村長は、居住者に対しても避難のための立退きの勧告や指示も出せる（災対法60条)。そのうえで市町村長は、警戒区域を設定して、立ち入り制限、禁止、退去を命じることができる（罰則規定付き）(63条)。主たる責任を有する市町村長に警戒区域設定の権限が付与されるのは自然であろう。

一方、国民保護法は、避難等の指示は国から発せられる。そのうえで、市町村長には警戒区域を設定する権限が災対法と同様に規定されており（114条)、しかも従わなかった者に30万円以下の罰金又は拘留（193条）という罰則まで同様に規定されている。市町村長が警戒区域を設定するということは、行政誘導の避難を強制することにもなる。その前提として、警戒区域から出る（屋外を移動させる）ほうが危険でないという判断があるはずだが、市町村長にそれだけの情報が地元の警察などから得られ、判断できるものなのか。訓練の時にも、「避難実施要領パターン」を作成する際にも、避難が果たして妥当なものなのか熟考する機会が与えられていない。

また興味深いことに、災対法と国民保護法を比較すると、災対法のほうが避難の実施にあたって、ここまで法律に書き込む必要があるのかと思えるほど判断基準を示している。

「災害が発生し、又はまさに発生しようとしている場合において、避難のための立退きを行うことによりかえって人の生命又は身体に危険が及ぶおそれがあると認めるときは、市町村長は、必要と認める地域の居住者等に対し、屋内での待避その他の屋内における避難のための安全確保に関する措置を指示することができる。」(市町村長の避難の指示等、災対法60条3項、下線は筆者)

これは「避難のための立退き」(=外を移動させること)がかえって危険な場合もあると言っているのである。例えば、豪雨の中の深夜移動かもしれない。国民保護法でこれに相当する条文は第112条(市町村長の退避の指示等)だが、国民保護法にはこの項だけないのである。国民保護事案においても外の移動が危険であることも当然ありうるのに、市町村長からの指示はおろか、法令上避難指示を発出する対策本部長(内閣総理大臣)の規定にも、災対法60条3項のようには書かれていない。国民保護法で外の移動の危険性を書かないのは、行政誘導による外の移動を前提にしているからだろうか。

Ⅳ 防災と国民保護は違う

そもそも災対法を援用して国民保護法を作成したというのは、自然災害と武力攻撃・テロを同一視したからではないだろうか。もちろん誰もが、自然災害では各種の武器が使われるわけではないなどの外形的な違いは理解している。しかし、両者がもたらす脅威の性質の相違が、武器の有無のような表面的な次元にとどまっていると、なすべき措置の共通項にばかり目が向いてしまう。つまり、住民への情報提供や避難、救命救急、被災者救援、消火などは同じではないかと。誰がというわけではなく、各所で防災も国民保護もやることは同じだという声が出ている。国民保護法において、国民保護訓練は「防災訓練との有機的な連携が図られるよう配慮するものとする」(42条)と書かれているのもその共通項を意識してのことだろう*11。それでも自然災害や事故の場合と、武力攻撃・テロの場合では、脅威の性質が違う点は認識しておかねばならない。それは武器が使用されるか否かだけの問題ではない。脅威の性質を比較することで、自然災害でも国民保護でも同じように避難すればよいという考えも改めるきっかけになるであろう。

まずは、脅威の性質を次の4点からみてみる。第一に発生地、第二に災害や破壊をもたらす威力、第三に災害の地理的・時間的拡散、第四に事態の制御という4点で、いずれもそれらの事前の予知と事後の予測がどの程度可能か否かである。それが避難の適否やあり方に関係してくるからである。

自然災害は、地殻現象である地震と一部の火山噴火だけは直前の避難を可能にするほどの予知はいまだ困難である。それでも将来の地震、例えば首都圏直下型や南海トラフ地震の発生可能性や、それがどの地域にどの程度の被害をもたらすかまでは示されているし、火山の噴火もレベル分けによって今後の避難や活動の目安が提示される。一方、気象現象（台風、豪雨、豪雪、竜巻など）ならば観測によって特定の地域に予報、警報が出せる。つまり避難の猶予時間が与えられる＊12。また平素から、土地の地形や地質、土地の災害歴、開発状況（傾斜地、盛り土、埋め立て）をもとに、津波や高潮、浸水・氾濫、土砂崩れなどが発生するならどこが要注意地域なのかをハザードマップなどに示せる＊13。もちろんいかなる自然災害も想定内で収まるわけではないが、その種別ごとに被災地になりそうな地域・地区を留意しておくことはできる。戦争やテロだと、その被災地になりうる場所をこのような形でピックアップしておくことはできない。

地殻変動や気象現象の多くは、マグニチュード、波高や伝播速度、雨量や風速など数値で表わされ、それがどの程度の威力なのか経験的にも知っているし、実験で知ることができる。

観測データが提供されることで避難を考えられるし、データの蓄積は将来的な避難の在り方を検討する際にも資する。これは戦争やテロでいえば、使われる武器の威力の問題になるが、それは相手が目的や局面に応じて選び、組み合わせる。個々の武器の威力を知っていても、次の攻撃がどのような破壊をもたらすのかまでは予測しがたい。

自然災害は、時間を経て予測不能な形で拡散していかない。東日本大震災や、2018年西日本豪雨のように広範囲に甚大な被害をもたらす場合もあるが、多くの自然災害は局地的で、一過性である。余震はいずれおさまり、台風の勢力は必ず衰え、噴火も止む。その点で鎮静化の予測も、復旧着手の見通しも立つ。この点も武力攻撃、戦争とは大きく違う。

以上のような特性から、自然災害は何であれ、避難のための準備が可能で、避難所や避難場所の指定などの施策にも合理的に取り組める。

次に、事故と避難の関係も考えてみたい。避難が求められる事故とは、建物・施設の火災であったり、化学工場や船舶の爆発によって有害物質が流出、飛散したり、危険物搭載車両の衝突や横転によって二次災害のおそれがある時などである。事故そのものは予知できなくても、起きてしまえば、その発災地は動きようもなく明確で、普通は１か所である。危険物が何かもわかるし、その空間的な広がりも予測できる。事態の制御とはその発生源を制圧することになる。原子力事故のように事態制御がおそろしく困難なこともあるが、多くは鎮静化の見通しもたつ。事故からの避難は、その現場から一時的に離れるか、屋内にとどまるか、火災が迫ってきた場合のように避難所に身を寄せるかのいずれかになるだろう。

自然災害や事故と、武力攻撃・テロの最大の相違は、後者が悪意をもった人間や組織に引き起こされることであり、その社会現象は、自然現象のメカニズムを解明するようにはいかない点である。敵対国や敵対勢力がわかっていても、武力攻撃災害やテロ被害がどこで発生するのかは別問題になる。日本のどこが危ないのかという問いに、自然災害のようには答えることはできない。一度どこかが破壊されたらそれで終わりなのか、それとも第二波攻撃がどこであるのか、平時から予測してそれに備えることは不可能である。自然災害のような地学・地質的な予測可能性の範疇に収まるような知見は得られない。

武力攻撃やテロに対してもインテリジェンス活動によってその兆候を察したり、抑止や未然防止に努めたりはしている。だが、気象衛星の解析から台風の勢力や進路を何日も前から高い精度で予測、予報するようなレベルにまで達することはない。

総じて、戦争やテロは、その発生も、その後の展開も、攻め手と守り手の意思と能力の衝突であり、どこが発火点となり、どこならば危険でないのかのような、単純なパターン化を許さない現象である。以上をまとめると図表２のようになる。

図表2 各種災害がもたらす脅威の性質

	発生地・危険地	破壊力・有害性	災害の拡散	事態の制御
自然災害	予報、警報、ハザードマップ	数値で表現可経験知	地域に限定的	一過性、終息待ち
事故	予知は不可だが事後予測は可能	流出、漏洩する物質から判明	現場に限定的	発生源を制圧することで終息
テロ･武力攻撃	事前予知、事後予測とも容易でない	攻撃側が選択すること	１地点から全国までケースバイケース	敵対者との戦いに勝たなければ終息しない

筆者作成

国民保護法（148条）によって、国は、地方自治体に予め避難所を多数指定させている。平成30年4月1日現在で全国9万か所以上になるが、自然災害時と同様に、小・中学校の体育館などが主なもので、戦時には重要になる地下の備わった施設は少ない＊14。それら近所の体育館や公民館等への避難ありきの前提で、前述したように国民保護訓練が行われたり「避難実施要領パターン」が作成されたりしている。防災と国民保護が同一視されているようにしか思えないのである。

V　武力攻撃・テロをどのように理解しているか

国民保護行政の世界では、対象となる武力攻撃やテロの現実をどのように捉えているのだろうか。参考にするのは前述した『国民の保護に関する基本指針』（平成29年12月、本稿執筆時に最新版、全76ページ）である。この『基本指針』を紹介しながら議論を進めていきたい。

『基本指針』では、まず武力攻撃事態の想定は、手段や規模や攻撃パターンが多彩だから、一概には言えないと最初に断っている。それは正しい。しかしこの最新版でも相変わらず、武力攻撃事態を4類型で示しており、2004年の国民保護法発足以来、「国民保護計画」を自治体や指定公共機関などに作成させるにあたって国が示したモデルと変わっていない。すなわち、①着上陸侵攻、②ゲリラ・特殊部隊による侵攻、③弾道ミサイル攻撃、④航空攻撃である。『基本指針』には、それぞれの特徴や留意点がまとめられている。

着上陸侵攻とは文字通りだが、「上陸用の小型船舶が接岸容易な地形を有する沿岸部」や「大型の輸送機が離着陸可能な空港が存在する地域」が「当初の攻撃目標となりやすい」、「目標となる可能性が高い」と指摘する。当然のことながら、これでは国民保護にも防衛政策にも資することのない一般論にすぎない。これを読んで「我が自治体は着上陸に備えなければ」と思う担当者がいるのだろうか。「着上陸侵攻に先立ち航空機や弾道ミサイルによる攻撃が実施される可能性が高いと考えられる」に続いて「主として、爆弾、砲弾等による家屋、施設等の破壊、火災等が考えられ」とあり、作文するのもさぞ大変ではなかったか。筆者の理解では、着上陸侵攻とは、それが本土ならば防衛力が崩壊もしくは著しく劣勢にあり、特定地域が占領され、すでに他の都市でも多数の死傷者が出て、一部の行政・統治機構は機能せず、それでも大規模な疎開（一時的な避難では済まない）を余儀なくされるような事態だと思うのだが、『基本指針』には「武力攻撃が終結した後の復旧が重要な課題となる」と一足飛びの楽観論が出てくる。

『基本指針』で特に問題だと思うのは、着上陸侵攻ならば、船舶の方向や戦闘機の集結状況などから前もって予想でき、避難のための準備が可能だと書かれてあることだ＊15。第二次世界大戦時の沖縄戦のようなイメージで描いているのかどこか前時代的で、台風の進路予想と変わらない。現代の武力紛争は火砲を発することと同時にサイバー攻撃などのハイブリッド戦が通常である。サイバー戦は銃後の国民生活を阻害するだけでなく、軍事作戦に必要な指揮、通信・情報系への攻撃も含まれる。複合的な侵略であって、単純に大部隊が集結にして海から空から向かってくるようなクリアカットな侵略にはならないだろう。

より現実的には、領土の係争地になっている離島、無人島への侵攻であろうが、その場合には、侵略の排除と同時に、近辺の有人島からの避難の有無が問われるであろう。

次に、ゲリラ・特殊部隊による攻撃は、大部隊による侵攻ではなく、比較的少人数で機動力を有し破壊工作を行う。日本の周辺国に本来の意味でのゲリラはいないので、ゲリラと言っても国家に所属する兵士である。『基本指針』によれば、「都市部の政治経済の中枢、鉄道、橋梁、原子力関連施設などに対する注意が必要である」というが、これも何が目的かによって違ってくるので、このようなターゲットを列挙するだけでは全く意味がない。さらに、何の根拠もなく、唐突に「ダーティボムが使用される恐れがある」と書いている＊16。ダーティボムがテロの武器として、あるいは戦闘行為の中で使われたことが確認されたことは世界で今までにない。

彼らは武器とともに海を渡って来るのだろうが、『基本指針』では、緊急通報の発令（都道府県）や退避指示の措置（市町村）などが必要になるという具合に、要は国が侵略に気づかない、侵略を防げないことを見越した書きぶりになっている。避難についても状況次第のはずだが、当初は屋内一時避難、その後「避難地に移動させる」と記している。警戒区域の設定まで言及している。国は、住民をどうしても屋外に連れ出したいようだ。

続いて、弾道ミサイル攻撃と航空攻撃について『基本指針』では、対応時間が少なく、目標の特定も困難だという。いずれも屋内避難を挙げておくことに間違いはないが、地下施設がより望ましいことなどもう少し書くべきである。ミサイル防衛や、要撃機による空中戦が地上に及ぶ影響にも言及すべきであろう。この点は避難にも関係するからである。

ハイブリッド戦にせよ、あるいは近隣諸国の弾道ミサイルの新技術にせよ、ドローンをはじめとする経空攻撃の多様さ（ドローンは飛翔体とは限らないが）にせよ、近年の軍事技術的進展が国民保護の世界には反映されていない。

国民保護のもう１つの対象は緊急対処事態になる。それは武力攻撃の手段に準ずる手段を用いて多数の人を殺傷する行為で、国家として緊急に対処することが必要な事態とされている。攻撃対象施設によって分類すると、危険性を内在する物質を有する施設（原子力事業所、石油コンビナート、危険物積載船、ダムなど）、多数の人が集合する施設（大規模集客施設、ターミナル駅、列車など）となり、攻撃手段ならば生物剤、化学剤、放射性物質の使用、航空機による自爆テロが挙げられている。要するに大規模テロとほぼ同義である。

ここでも『基本指針』は、例えば、化学剤が散布されたら「住民を安全な風上の高台に誘導する等、避難措置を適切にする」＊17と書かれてあり、人々を外に連れ出すことにこだわる。これはサリンなどの神経剤が風下に拡散し空気より重いという物質の性質だけをみているから、高台避難という驚愕の案を平気で出す。高台が安全でもその途中はどうなのか。国民保護の世界は、個々の武器、危険物の特性から対処法が描かれるが、戦況とかテロ事件の展開などの文脈の中で国民の安全を考えることはしないようだ。

国民保護の所管は、総務省消防庁と内閣官房になる。武力攻撃やテロにかんする事象について、業務上まったく触れなかった、その後も触れることがないかもしれない事務官が、たまたま人事異動で国民保護行政に携わることになる。そうすると、現代の戦争やテロの分析はせずに、防災の経験や知見と照らしあわせたり、すでに出来上がった法令や計画、過去の訓練などを業務遂行上の基準にしたりする。だから問題に気づかないのかもしれない。

おわりに

国民保護の最も根幹的な措置は避難であり、その避難の形式は多様であるが、国民保護では行政誘導避難に偏重している。それは、事態の展開を予測するのが困難な武力攻撃やテロにおいては、国民をかえって危険に曝す措置である。

そのような避難がなぜとられるのか。国民保護法においても、『基本指針』においても、避難の決定には慎重さを求めている。とはいっても、同法の内容は行政誘導避難の手順がこと細かく規定されている。だがそれだけではなく、国民保護の関係者が武力攻撃やテロのときと自然災害のときの対応が、それぞれの脅威の性質が異なるにもかかわらず、ほぼ同じでよいと思っていること、武力攻撃やテロそのものの現実や変化には向き合っていないこと、これらこそが行政誘導避難の危険性や非現実性を直視しないことにつながっているのではないか。法律が制定されてから国民保護事案がないことを幸いに、業務を前例踏襲的に継続させている。国民保護事態の対象となる武力攻撃事態４類型とその説明のなされ方も、国民保護法制定時の15年前の雛型から脱せず古色蒼然たるものである。テロに対しても、使用される武器や剤の特性だけに注目し、テロリストの動機や目的を考えずにただ標的になりそうな場所を列挙するだけだから、避難はおろか何ら効果的な対策につながらない。

避難所が必要なのは、自宅に住めないなどの被災者に限る。テロの現場にいても無傷で動ける者にとって避難所は不要である。大勢を無理に連れていくことはかえって危険で、他の業務を阻害し、人々の間に混乱をもたらす。行政誘導避難が必要とされるのは、脅威を発しているものが固定された場所に存在しているか（埋設されていた不発弾の処理など）、ある場所が危険であることが予測でき、避難の時間的猶予がある場合である（信憑性のある脅迫がなされている時など）。武力攻撃でもテロでもそれにあてはまるケースは非常に少ないであろう。訓練では、避難させる必要があるのかないのか、行政誘導避難以前に人々はどう行動するのかなどを、よく考えてもらう場面を盛り込むのがよいだろう。

註

1 一般財団法人日本防火・危機管理促進協会『武力攻撃への備えと対策　国民保護への対応』2019年1月、全15頁カラー冊子。

2 内閣官房「国民保護ポータルサイト」の中で国民保護訓練のタグを参照せよ。

3 同上。平成30年度に限っていえば41回開催された。筆者が監修としてかかわっている横須賀市では13年連続で国民保護訓練を実施している。

4 本稿では具体的な言及を避けるが、宮坂直史「空想的な国民保護訓練から脱皮しよう」『治安フォーラム』2017年11月号、64〜65頁に一部を紹介した。

5 内閣官房「国民保護ポータルサイト」の中で国民保護訓練のタグを参照せよ。

6 消防庁国民保護室・国民保護運用室「避難実施要領パターンのつくり方」（平成30年10月、全10スライド）、消防庁国民保護室「避難実施要領のパターン作成の手引き」（平成23年10月、全66頁）。

7『国民の保護に関する基本指針』（最終変更　平成29年12月）、20〜21頁。

8 国民保護法制研究会編『国民保護法の解説』（ぎょうせい、平成16年）123頁によると、「退避の指示」はあくまでも目前の危険を一時的に避けるためのものであり、経路等の方法を示した上で誘導を行ってより広域的に住民を移動させる「避難の指示」とは異なると解説されている。もし「退避」がそういうものであれば、市町村長が指示を発出するまでもなく、その場に居合わせた者が自主的に行動するだけのことである。

9 津久井進『大災害と法』岩波新書、2012年、11頁。

10 同上、33頁。

11『国民保護法の解説』7頁。衆議院修正で「有機的な連携」の一句が追加された。

12 古川武彦『避難の科学　気象災害から命を守る』東京堂出版、2015年、41〜51頁。

13 一例だが『新潟日報』(2019年10月18日、総合11版）によると、ハザードマップによる浸水域想定と、2019年の台風19号による長野県や福島県での被害がほぼ一致したことで、ハザードマップの避難行動への有効性が実証されたという。

14 内閣官房「国民保護ポータルサイト」では各都道府県が指定した全避難施設一覧を公表している。内閣官房副長官補付の「避難施設一覧の更新について」(平成30年11月9日）によると、同年4月1日時点で全国91,973か所が指定され、うち地下に避難可能な施設は802か所ほどである。

15『国民の保護に関する基本指針』、11頁。

16『国民の保護に関する基本指針』、12頁。

17『国民の保護に関する基本指針』、14頁。

第７章　武力攻撃事態における国民保護に関する制度運用の全体像と課題

中林 啓修

はじめに

2004年6月に制定された「武力攻撃事態等における国民の保護のための措置に関する法律」（国民保護法）では、主に武力紛争を想定した「武力攻撃事態：武力攻撃が発生した事態又は武力攻撃が発生する明白な危険が切迫していると認められるに至った事態」および「武力攻撃予測事態：武力攻撃事態には至っていないが、事態が緊迫し、武力攻撃が予測されるに至った事態」と、主に大規模テロを想定した「緊急対処事態：武力攻撃の手段に準ずる手段を用いて多数の人を殺傷する行為が発生した事態または当該行為が発生する明白な危険が切迫していると認められるに至った事態で、国家として緊急に対処することが必要な事態」という３つの事態が規定されており、特に武力攻撃事態と武力攻撃予測事態をあわせて「武力攻撃事態等」とすることで、「武力攻撃事態等」と「緊急対処事態」という２種類の危機が想定されている。国民保護法はこれら２つの危機類型を対象に、国民の生命、身体、財産の保護と、国民生活や経済に及ぼす影響の最小化することをうたっている。

本章では、この国民保護法を中核に、上記の目的のための制度全般を総称して国民保護法制と呼ぶことにする。国民保護法制の本来の目的はジュネーブ諸条約第一議定書にある国際紛争下での文民保護の国内法制化*1であった。故に、制度上は武力攻撃事態等における国民保護が中心であり、緊急対処事態における国民保護は武力攻撃事態等におけるそれが選択的に援用される関係にある。

さて、武力攻撃事態と緊急対処事態は、「国民の保護に関する基本指針」（国民保護基本指針）の中でそれぞれについて具体的な事態類型が示されている。事態類型は「国民保護措置の実施に当たって留意すべき事項を明らかにするため」*2のものとされており、武力攻撃事態等の類型としては、外国軍（国民保護基本指針では「敵国」）による着上陸侵攻、弾道ミサイル攻撃、ゲリラ・特殊部隊による攻撃および航空攻撃の４つが事態類型として例示されている。他方、

図表1　武力攻撃事態と緊急対処事態の相違

	武力攻撃事態等	緊急対処事態
対象となる事象	武力紛争	大規模テロ等
時間尺度	数週間～数ヶ月以上	数時間～数日
規　模	複数県～全国	市町村内～複数市町村
避難開始の時期	災害発生前（武力攻撃予測事態認定時）	災害発生後
対処の基本的な考え方	武力攻撃予測事態での広域避難の実現	防災態勢から緊急時対処事態等対策態勢へのスムーズな移行
本部長※の総合調整	あり	なし

※国の対策本部長（内閣総理大臣）

緊急対処事態については、例示として類型が示されており、攻撃対象施設等による分類として、危険性を内在する物質を有する施設等に対する攻撃が行われる事態と多数の人が集合する施設及び大量輸送機関等に対する攻撃が行われる事態が、攻撃手段による分類として多数の人を殺傷する特性を有する物質等による攻撃が行われる事態と破壊の手段として交通機関を用いた攻撃等が行われる事態という都合４つの事態が示されている。

こうした類型で論じられる武力攻撃事態と緊急対処事態とでは、図表１で示すように、想定される時間尺度や規模、避難開始時期や対処の基本的な考え方といった要素が異なっており、国民保護法制は実質的に「異なる事象を単一の制度」で取り扱っている状況にある。このことは、例えば、同じ国民保護上の避難といっても、いわゆる「疎開」に近い時間尺度や規模となる可能性がある武力攻撃事態でのそれと、小規模な風水害等に際して見られる避難に近い緊急対処事態のそれとが同じ概念上で扱われることになる。

国民保護法のモデルとなったと考えられている災害対策基本法も「異なる事象を単一の制度」で扱う形式になっているが、水防法や消防法など、災害事象の類型に沿った関連法制度が整備されていることや、発生頻度の高さなどから、様々な課題はあるにせよ、事象ごとに適切な対応を追求する行政文化が定着している。これに対して、武力攻撃事態や緊急対処事態における国民保護は実質的に国民保護法制においてのみ取り扱われるものとなっており、２つの事態の性質の差は国民保護のための措置の実施を考える上で大きな課題となる。

にもかかわらず、国民保護に関する訓練はほぼ緊急対処事態についての実績しかなく、武力攻撃事態における国民保護の訓練や検討は、例えば陸上自衛隊と米軍との日米合同指揮所演習に際して、演習を担当する陸上自衛隊の方面隊が隊区としている自治体（ブロック知事会）が自衛隊と合同で演習や検討を行った事例など、わずかな機会しか行われていないのが実情である＊3。その理由としては、武力攻撃事態は発生の蓋然性が低いという理由から緊急対処事態への備えを重視する傾向にあったことが指摘できる。例えば、内閣官房国民保護ポータルサイトには2005～2018年度に国と自治体とが共催して各地で開催した国民保護訓練が年度別にまとめられているが、実施された訓練211回のうち195回がテロを想定した訓練であり、それ以外のものはいわゆるゲリラ・コマンドによる襲撃事案3件、弾道ミサイルが3件であった＊4。弾道ミサイル攻撃を前提とした訓練は2017年度には取り組まれたものの、2018年度には実施実績がなく、着上陸侵攻といった本格的な武力攻撃事態を想定した訓練は国との合同訓練ほとんど行われていない状況である。

本章では、検討実績が乏しい武力攻撃事態における国民保護に関する制度運用の全体像を整理することを第一の目的とする。後述するように、国民保護法制は国による事態認定に基づくものであり、自治体が行う諸策も機関委任事務として国から自治体に任されているものである。この点で、国民保護の主体は、制度上は国であると言えるが、実際に国民の保護に関する事務を執行する主体は自治体である。故に、本章では主に自治体が行う諸活動に焦点をあてて武力攻撃事態における国民保護に関する制度運用の全体像を整理していく。

その後、武力攻撃事態における国民保護法制全体についての運用をめぐる課題の検討を行う。それは、上記の通り国民保護法制が想定する運用は基本的には武力攻撃事態を想定したものであり、国民保護に関する課題もまた、あくまで武力攻撃事態における課題を踏まえなければ適切な指摘とはなりえないからである。今、「運用をめぐる課題」という表現を使ったが、本章執筆の時点（2019年11月末）までに国民保護法が適用された事例は発生していない。その意味で、国民保護法制の「運用をめぐる課題」を明らかにすることは困難である。そこで、本章では執筆者が過去に関わった訓練での状況や戦史事例、災害等における類似事例を参照しながら現行制度を読み解く中で判明してきた課題を取り上げていくこととする。

以下、「Ⅰ　国民保護法制の内容と危機管理制度としての特徴」では、国民保護法制の内容を関係機関の役割という観点から概観したのち、危機管理制度としての特徴とはどのようなものであるのかについて災害対策基本法や災害救助法を柱とした災害対応法制との比較において整理していく。

ついで、「Ⅱ 武力攻撃事態における国民保護のための措置の全体像」では、武力攻撃事態における国民保護のための措置について、平素から武力攻撃予測事態、武力攻撃事態そして復旧・復興に至る段階に沿って、国民保護法制および関係法令などに基づき行われる措置なども踏まえた全体像を提示する。

最後に、「Ⅲ 国民保護に関する制度運用上の課題：住民避難に関する戦史や災害事例を通じた検討」では、沖縄戦を手掛かりに、長期・長距離での避難が発生した過去の災害事例なども踏まえて、住民避難に焦点をあててその実現可能性に関わる課題を検討していく。

Ⅰ 国民保護法制の内容と危機管理制度としての位置付け

1 国民保護法制の内容：関係機関の役割

国民保護法制では、国民の生命、身体および財産を保護する目的で行われる措置は、国民保護法第3条第3項1～6号で列挙された11の項目に整理されている。これらの措置は、国や都道府県および市町村、指定行政機関（中央官庁等を指す）、指定公共機関および指定地方公共機関（全国または地方でライフラインや交通などの公共サービスを提供する事業者、報道機関などを指す。以下、指定公共機関等という）によって実施されることになる。このうち、特に国や自治体の行うべき措置を図表２に示す。

国民保護法制は政府によるトップダウン型の制度であると言われている。本表が示す通り、制度適用の前提となる警報の発令とこれに伴う避難指示が国主導で進められる点など、指示系統面では確かにトップダウンの制度となっている。しかし、実際の運用では、住民への避難および救援は自治体を中心に提供されることになり、活動の重心は相当程度自治体側に置かれていると言える。特に、緊急対処事態においては、本部長（内閣総理大臣）による総合調整権が適用されないことから、都道府県知事の判断が相対的に重くなる事になる。なお、本表で国や自治体による具体的な措置が示されていない社会秩序の維持、運送および通信については、指定行政機関や指定公共機関等を中心に担われることが想定されている（ただし、国や自治体がこれらの措置については何ら役割を果たさないということではない）。

図表2 国民保護法における国、都道府県、市町村の措置

国民保護措置（第3条第3項）	国の措置（第10条）	都道府県の措置（第11条）	市町村の措置（第16条）
＊警報の発令(一)	＊警報の発令(一)	＊緊急通報の発令(三)	＊警報の伝達(一)
＊避難の指示(一)	＊避難措置の指示(一)	＊避難の指示(一) ＊避難誘導(一) ＊広域避難(一) ＊退避の指示(三) ＊警戒区域の設定(三)	＊避難実施要領の作成(一) ＊関係機関の調整(一) ＊退避の指示(三) ＊警戒区域の設定(三)
＊避難住民等の救援(一)	＊救援の指示(二) ＊応援の指示(二) ＊安否情報の収集・提供(二)	＊救援の実施(二) ＊安否情報の収集・提供(二)	＊救援の実施(二) ＊安否情報の収集・提供(二)
＊消防等(一)	＊武力攻撃災害への対処(三) ＊危険物質等に係る武力攻撃災害防止(三) ＊放射性物質等による汚染拡大防止(三)	＊武力攻撃災害の防除・軽減(三)	＊消防(三)
＊施設及び設備の応急復旧(二)	＊生活関連等施設の安全確保(三)		
＊保健衛生の確保(三)		＊保健衛生の確保(三)	
＊社会秩序の維持(三)			
＊輸送(四)			
＊通信(四)			
＊国民生活の安定(五)	＊生活関連物資の価格安定(四) ＊その他国民生活の安定(四)	＊生活関連物資の価格安定(四) ＊その他国民生活の安定(四)	＊水の安定的な供給(四) ＊その他国民生活の安定(四)
＊被害の復旧(六)	＊被災情報の公表(三) ＊復旧に関する措置(五)	＊被災情報の収集(三) ＊復旧に関する措置(五)	＊廃棄物の処理(三) ＊被災情報の収集(三) ＊復旧に関する措置(五)

＊(　)内の漢数字は各条文の号番号をさす。筆者作成

2　危機管理制度としての国民保護法制の特徴：災害対応法制との比較

国民保護法に関する最初期の研究として、大橋洋一による災害対策基本法（災対法）との比較がある＊5。大橋の研究では、国民保護法は災対法をモデルとして設計されているものの、自治体主導のボトムアップ型で制度運用がなされる災対法とは対照的に国主導によるトップダウン型の制度であること、武力攻撃事態や緊急対処事態対処において自衛隊は侵害排除を最優先としなければならないことから、災害対策とは異なり自衛隊による自治体等の国民保護措置への支援は限定的にならざるを得ないことなど、今日でも論じられている基本的論点が整理されている。

大橋の研究を敷衍し、災害対策基本法のみならず、災害救助法等の関連する法制度を含めた災害対応法制と国民保護法制を比較することで、国民保護法制の危機管理制度としての特徴を検討したものが図表３である。この図表が示す通り、国民保護法制と災害対応法制とには対象となる事象の違い以外にも以下に列挙する３点の相違点が読み取れる。すなわち、①制度適用の考え方、②救援と救助の考え方、そして③復旧以降の具体的な措置である。

図表3 日本の危機管理関連法制度（災害別・進展状況別）

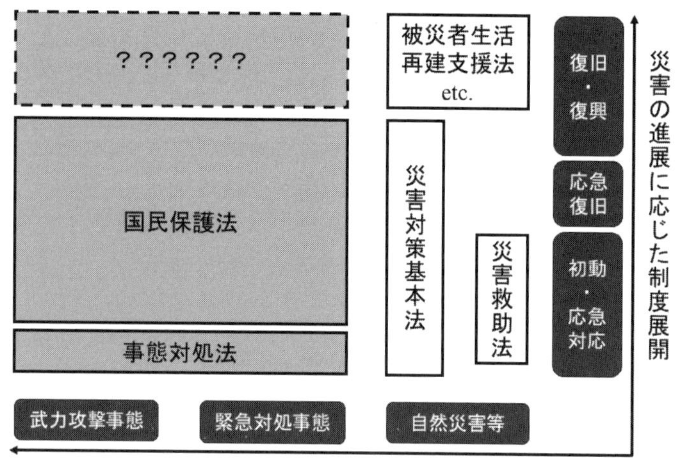

筆者作成

（1）制度適用の考え方

日本における災害対応では、災害救助法の適用には被害状況に関する一定の要件があるものの、災害対策基本法については、災害の状況によって適用の有無が決まるような性格のものではない。日本における災害対応は、多くの場合、自治体や政府および指定公共機関等の関係機関が事前に準備する防災計画（自治体の地域防災計画や指定公共機関の防災業務計画など）に基づいて行われる。防災計画の作成と更新は災害対策基本法で定められており、これらの計画に則って対応を行っている時点で、災害対策基本法に基づいた対応が行われていると言える。その意味で、少なくとも災害対策基本法に限れば、基本的に発災後には自動的に適用されるものといえる。他方、国民保護法制は発生した事象に対する評価（事態認定）が前提となっている。すなわち、発生した事象が武力攻撃事態等あるいは緊急対処事態のどちらかに該当することが事態対処法に定めるプロセスを経て認定されて初めて国民保護法が適用される。この事態認定は、国家安全保障会議等において検討・作成した対処基本方針の閣議決定と国会での承認（緊急の場合には事後承認）を通じて行われることになる。

（２）救援と救助の考え方

既述の通り、国民保護法では、災害救助法に該当する内容を「救援」として内包している。これについて、国民保護法の逐条解説では「武力攻撃災害等における避難住民等の救援について、災害救助法を適用することとせず、国民保護法において新たに規定を設けることとしたのは、当該事務が、これまで規定していなかった武力攻撃事態等という新しい局面において、長期にわたって避難住民等の保護を行うものであり、応急的な災害救助とは異なる新たに成立した事務であるため」であり、この規定を「救援」とした理由は「「救助」という用語は一般的な用法において「救出」と同義で用いられる場合が多く、「救援」とした方が新たに創設された避難住民等の保護という事務の性質を適切に表現することが可能であると考えられることによる」とされている＊6。

国民保護法では、本部長からの指示（第74条）のもと、都道府県知事が救援を行うこと（第75条）とされている。より具体的には、国民保護基本指針では、救援は対策本部長が必要性を判断し、同法第75条に定められている救援の内容のうち、都道府県知事が必要と認めるものを行うとされている＊7。同時に、基本指針では、「その事態に照らし緊急を要し、救援の指示を待ついとまがないと認め、救援の実施が必要であると判断するときは、救援の指示を待たずに、救援を行うものとする」ともされており、状況に応じた運用の弾力性が一定程度は認められている＊8。この救援の程度と方法は、災害救助法施行令の基準（同施行令第3条第1項）を勘案して内閣総理大臣が定めることとされている（国民保護法施行令第10条第1項）。消防国第3号では、災害救助法による救助は厚生労働大臣（当時）＊9が定める基準に従い、都道府県知事が基準を定めることとされているが、武力攻撃災害では都道府県を超えた避難も想定されていること、全額国負担であることなどから、厚生労働大臣（当時）が基準を定めることとしている。後述する通り、国民保護における救援の内容と災害救助法に定める救助の内容はほぼ同じとなっているが、両者の最大の違いは、この費用負担の点にあり、このことは救援の弾力性に影響する可能性がある。具体的には、災害救助法においては救助の基準に基本基準を超えるものについて都道府県知事と内閣総理大臣との協議による特別基準の設定が災害救助法施行令第3条の2において定められているのに対して、国民保護における救援については「武力攻撃事態等における国民の保護のための措置に関する法律による救援の程度及び方法の基準」（平成16年厚生労働省告示第343号）＊10の第1条3において知事から内閣総理大臣に対して「意見を申し出ることができる」とされているだけで、特別基準に関する自治体側の裁量が大幅に制限されている。

なお、国民保護法第76条では救援のための事務の実施の一部を市町村長に移管できるとしている。救援の内容として規定されているものは、収容施設（応急仮設住宅を含む）の供与、炊き出しその他による食品の給与及び飲料水の供給、被服、寝具その他生活必需品の給与又は貸与、医療の提供及び助産、被災者の捜索及び救出、埋葬及び火葬、電話その他の通信設備の提供、その他政令で定めるものとされている。加えて、国民保護基本指針では、「武力攻撃災害を受けた住宅の応急修理、学用品の給与、死体の捜索及び処理並びに武力攻撃災害によって住居又はその周辺に運ばれた土石、竹木等で、日常生活に著しい支障を及ぼしているものの除去についても、適切に実施する」＊11ものとされている。こうした内容は災害救助法における救助の内容とほぼ同じとなっている。ただし、相違点として、国民保護法施行令（2004年9月15日施行）とあわせて9月17日に発出された総務省消防庁による通知「武力攻撃事態等における国民の保護のための措置に関する法律の施行に係る留意事項について」（消防国第3号）＊12では、避難の長期化に留意して「電話その他の通信設備の提供」が追加されていること、一方、救助法における「生業に必要な資金、器具又は資料の給与又は貸与」については、「生活福祉資金による貸付や政府関係金融機関による貸付等によって、より充実した形で担保されている」ため対象としていないとの２点が挙げられている。また、国民保護における救援期間は長期に渡ることも想定されていることから、期間はあらかじめ定めないこととされた。

（３）復旧以降の具体的な措置

自然災害等に関する法制では、被災者生活再建支援法や災害弔慰金等法など、被災者の生活再建やこれを通じて復興が少しでも円滑に進むことを企図した様々な法制度が存在し、諸々の課題や論点の指摘はありつつも、1995年の阪神・淡路大震災や東日本大震災など大きな災害を契機に制度全般の改善が進んでいる。例えば、被災者生活再建支援法は阪神・淡路大震災を契機に制定され、数次の改定ののち、東日本大震災を契機として手続きの簡素化（被災者にとっての利用のしやすさ）が進んでいる。また、被災市街地復興特別措置法や大規模災害復興法など、被災者個人レベルの生活再建ではなく、街区や地域の復興を支える法制度も存在している。このように、災害対応法制では、災害からの復旧・復興のための具体的な制度が存在している。

他方、国民保護法制では、国民の被災について、土地の収容などを通じて生じた損害や避難誘導への協力など国民保護の業務に協力して損害を受けた国民への補償（国民保護法第159条、160条）は定められているものの、避難者が被った戦災とその結果として生じる生活の困難から被災者自身が生活再建を進めていく上での制度的な担保が不十分な状況にある。また、国民保護法第141条において関係機関による復旧が、同法第171条で復旧のために必要な財政上の措置を別途法律で定めることがそれぞれ定められているものの、これらについての考え方として、国民保護基本指針の中で「武力攻撃災害の復旧に関し国において財政上の措置その他本格的な復旧に向けた所要の法制が整備されるまでは、武力攻撃災害の復旧のための措置は、武力攻撃事態の態様や武力攻撃災害による被災の状況等を勘案しつつ実施されるものである」という考え方が示されており、具体的な復旧・復興のための法令等は事後に必要性を勘案して整備することとされているため、結果的に、復旧・復興や生活再建のための法律は現段階では準備されていない。

Ⅱ　武力攻撃事態における国民保護のための措置の全体像

前項で述べたような内容を含む国民保護法に規定されている主な措置を、内閣官房は避難、救援、武力攻撃災害への対処という３項目で整理している*13。これらの実施には、例えば廃棄物処理法や墓地埋葬法、文化財保護法など、国民保護法以外にも様々な法令が関係しているほか、適時での本部長や首長らによるコメントの発出など法制度で定めがない実務レベルで必要な活動も数多くある。加えて、特定公共施設利用法や米軍行動円滑化法のように、武力攻撃事態への対処に関して自衛隊等と自治体等との間で必要な調整に関わる法制度や、建築基準法に代表されるような復旧・復興に関連する法制度など、直接的に国民保護上の諸措置とされてはいないが関連して行うべき諸活動について定めた

図表4 武力攻撃災害での国民保護措置の全体像（筆者作成）

項目 ＼ 事態の段階	平素（現時点）	平素（緊迫期）
1 国民保護対策本部の組織・運営	＊本部設営訓練 ＊要避難地域指定への備え	＊国の体制把握 ＊内規等による体制強化 ＊在外事務所の安全確保
2 被害情報等の収集	＊被害情報項目の事前整理 ＊関係機関間での情報共有	＊緊急対処事態や武力攻撃予測事態に繋がる情報の収集 ＊サイバー攻撃やライフライン等に関する危機事象の把握 ＊自主避難者の状況把握
3 応援の受け入れ	＊応援・受援体制の整備 ＊港湾・空港等の応援受け入れ能力の把握 ＊ヘリポートの把握	＊受援体制設置の検討 ＊施設利用に必要な手続や訓練の検討・実施
4 広報活動	＊啓発活動	＊首長コメントの検討（適宜）
5 事態対処への協力		
6 警報伝達および避難 6a 警報および避難に関する情報の伝達 6b 避難誘導	<6関係> ＊通信設備・機材の確認 ＊ HP 等での情報発信準備 ＊避難実施要領・パターンの作成・整備	<6関係> ＊避難実施要領・パターンの習熟・実効性向上 ＊自主避難者への対応
7 医療支援	＊緊急時の活動確認	
8 特別な配慮が必要な人への対策	＊要配慮者名簿の作成 ＊個別支援計画	＊急患搬送に関する検討
9 避難所等被災者の生活対策 9a 避難所等の開設・運営 9b 避難所での生活対策	<9関係> ＊住民参加の訓練実施 ＊避難所の環境整備 ＊安否確認のためのシステム整備	<9関係> ＊住民の集合や避難等の手順の確認（適宜）

武力攻撃予測事態	武力攻撃事態	復旧・復興
＊本部設置　（＊移転準備） ＊救援基準の確認 → 申し入れ ＊残留者への対応検討 ＊広報対応の方針決定	＊仮設住宅供与の検討 ＊職員への「心のケア」	＊復旧・復興体制に移行 ＊長期的な生活再建支援体制の確立
＊避難者の所在把握 ＊安否情報の公表の可否及び基準の検討	＊避難者の意向確認 ＊事業者の被害確認 ＊要避難地域内の被害確認	＊被害情報の確定
＊要避難地域の自治体および避難先となる自治体での応援受け入れ ＊必要な際の自衛隊への国民保護等派遣要請 ＊中央省庁からの連絡員らとの連携・協力		
＊避難に関する情報の周知 ＊避難者への支援方法の周知 ＊風評被害の防止	＊広報誌の配布 ＊各種相談窓口や支援策の周知 ＊説明会や懇談会の開催	＊復旧・復興方針の広報
＊国民保護に関する活動状況の共有 ＊公用令書の交付 ＊特定公共施設利用法や米軍活動円滑化法に関する国等との調整・協議	＊要避難地域外の自治体による協力の継続 ＊戦況により残敵掃討等に関する協議および情報共有	＊警戒体制保持等に関する協議および情報共有
＜6a関係＞ ＊警報や避難指示の伝達 ＊避難経路の決定に関する関係機関との調整 ＊避難実施要領の確定と伝達 ＊ライフラインの停止等の確認・検討と伝達 ＜6b関係＞ ＊避難誘導 ＊要配慮者への避難支援 ＊病院等の施設の移転 ＊安否確認	＜6a関係＞ ＊要避難地域の拡大に伴う警報や避難指示の伝達 ＜6b関係＞ ＊要避難地域の拡大に伴う避難の実施 ＊戦闘地域からの避難者や救出者の身元確認 ＊戦闘地域で発生した民間人等のご遺体の対応	
＊病院移転等のため DMAT に支援を要請	＊病院地区等を設定する場合の医療機関の受け入れ	
＊緊急入所の実施等 ＊要配慮者に関する避難所での生活環境整備 ＊要避難地域に留まらざるを得ない施設等への特殊標章の交付・説明	＊心のケアの実施 ＊関連死の防止 ＊左記施設での特殊標章の表示	
＜9a関係＞ ＊一時避難場所や避難所の開設 ＊避難所運営者による定期会合の実施 ＊避難者名簿の作成	＜9a関係＞ ＊避難所の統廃合	
＜9b関係＞ ＊避難所での生活環境整備	＜9b関係＞ ＊多様性に配慮した環境整備 ＊保健衛生の確保・改善	

事態の段階 / 項目	平素（現時点）	平素（緊迫期）
10 物資等の輸送、供給対策	＊住民への持ち出し物品や手荷物等に関する啓発 ＊緊急物資、燃料の調達体制の確立	＊緊急物資や燃料の事前集積（適宜）
11 ボランティアとの協働	＊ボランティア受け入れの事前検討	
12 仮設住宅	＊建設型仮設住宅の建設や性能等に関する事前検討	
13 生活再建支援		
14 武力攻撃災害の被害予防	＊危険物等が貯蔵されている施設等の把握と予防	＊危険物等が貯蔵されている施設等での安全対策の検討
15 文化財保護	＊文化財の管理者の把握	＊保護が必要な文化財の特定や保護方法の事前検討（適宜）
16 廃棄物処理	＊収集方法や仮置場候補等の事前検討	
17 復興計画の策定		

法律もあり、「国民保護」を考えた時に検討・実施しなければならない措置は極めて多岐・多数となっている。本章では、国民保護をめぐる主な措置を、1 国民保護対策本部の組織・運営、2 被害情報等の収集、3 応援の受け入れ、4 広報活動、5 事態対処への協力、6 警報伝達および避難（6a 警報および避難に関する情報の伝達、6b 避難誘導）、7 医療支援、8 特別な配慮が必要な人への対策、9 避難所等被災者の生活対策（9a 避難所等の開設・運営、9b 避難所での生活対策）、10 物資等の輸送、供給対策、11 ボランティアとの協働、12 仮設住宅、13 生活再建支援、14 武力攻撃災害の被害予防、15 文化財保護、16 廃棄物処理、17 復興計画の策定という17分野で整理している。

制度上、武力攻撃事態は平素、武力攻撃予測事態、武力攻撃事態そして復旧・復興という段階で展開すると考えることができるが、図表4はこの段階に沿ってこれら国民保護を巡る主な措置のための活動を整理したものである。

展開の起点となるのは「平素」だが、この段階は文字通り「何もおきていない状況」から、周辺国とのトラブルが拡大するなど武力紛争に至る可能性が高まってはいるものの日本に対する具体的な攻撃の兆候等は認められず、武力攻

武力攻撃予測事態	武力攻撃事態	復旧・復興
＊避難中に必要な救援物資の確保・提供 ＊輸送ルートの調整や道路情報の周知	＊避難所への物資供給	
	＊避難先地域でのボランティアセンター（VC）の開設検討	＊復旧・復興等に必要なVCの開設
	＊仮設住宅の供与基準の確認と迅速な提供	
＊台帳の作成 ＊緊急小口資金の貸付	＊長期化を見据えた支援 ＊ニーズおよび意向調査 ＊支援制度の状況確認 ＊必要な独自事業の検討	＊復興までの間のシームレスな生活再建支援の実施
＊要避難地域内で危険物等が貯蔵されている施設等の状況把握および保管量の縮減	＊左記施設等の利用停止	
＊保護の実施 ＊特殊標章の交付を受けるための手続き実施		＊文化財の被害確認 ＊復旧・復帰
		＊残置物等の処理に関する自衛隊等との連携 ＊実施計画の策定と実行 ＊危険な家屋の解体
＊要避難地域での復興計画策定を見越した必要資料の確保と保存		＊国の体制や制度の確認 ＊住民の意向確認 ＊方針・計画の策定

撃予測事態の認定までには至っていない「緊迫期」と呼ぶべき状況までを含む幅広い状況を内包している。そのため、国民保護法制全体の中における「平素」の位置付けも、国民保護のための諸策を実施するための基盤となる能力を確保すべき段階から初動対応能力を確認・整備する段階までと考えることができる。具体的には、関係機関には事前の情報整理や制度上要請されている計画や要領の作成、訓練の実施などに始まり、緊迫期には、武力攻撃に関連した緊急対処事態への対応準備や、内規等で可能な範囲での体制強化、救援物資の集積、コンビナートや工場など危険物・可燃物が集中する施設等での安全対策、事態認定後に特別な保護を要する可能性がある文化財の所在や保護の方法の確認などを必要な範囲で実施することが期待されている。

その後、武力紛争に至る可能性の高まりが日本に対する具体的な攻撃の兆候を示すような事象の発生に至った結果、日本国内のある地域において住民を避難させる必要が不可避となった時に「武力攻撃予測事態」の認定とその旨の宣言がなされ、避難が行われるべき地域（要避難地域）と避難先となる地域（避難先地域）が指定される。武力攻撃予測事態とは組織的避難を実施する段階と位置づけることができる。この段階での国民保護のための措置には警報や避難指示の発令と伝達、避難の実施及び避難所の開設（救援の開始）、役場や病院など要避難地域の社会機能の避難先等への移転あるいはライフラインの停止、文化財保護のための措置の着手などが含まれうる。更に、自治体等には武力攻撃事態に至る以前に必要となる自衛隊等の部隊移動等に係る特定公共施設利用法で示される指針に基づくインフラの運用調整や陣地構築等のための自衛隊法にもとづく公用令書の交付といった事態対処への協力なども期待されることになる。また、要避難地域では避難指定の解除後に地域の復旧・復興を行う必要が生じた場合に備えて土地の所有や履歴に関する情報など、関係する情報の整理と保護を測る必要もある。

不幸にして、緊張状態が更に高まり日本への攻撃が現実のものとなってしまった時には改めて「武力攻撃事態」の認定と宣言がなされる。国民保護法制において、この段階は避難先地域でのケアと避難できていない住民の被害局限を行う段階と考えられる。自衛隊等により相手国による攻撃への軍事的な対応が行われる一方で、この段階で自治体等が行うべき対応としては、避難所での安定的な生活の提供や、避難生活の長期が見込まれる場合の仮設住宅の供与や生活再建支援などが考えられる。

やがて事態の収束により避難指定が解除されると、その後には、被害状況に応じて必要な復旧・復興が図られることになる。この段階（復旧・復興期）は国民保護法制の中では被害状況に応じた復旧プロセスの確立と工程管理を実施すべき段階として位置付けられる。既述の通り、国民保護法制では、本格的な復旧・復興を裏付ける法律等は別途定めることとされている。そのためこの段階において関係機関が行うべき具体的な活動としては、国等が制定する復旧・復興関連制度の把握が第一であり、それらを踏まえた上での指針や計画の策定や、それらの前提となる被害情報の収集や避難住民の意向調査、帰還支援などを挙げることができる。この中には、戦災によって生じた瓦礫や遺棄兵器・不発弾等の処理なども含まれることになる。

Ⅲ　国民保護に関する制度運用上の課題：住民避難に関する戦史や災害事例を通じた検討

ここまで、国民保護法制の概要およびこれを踏まえた武力攻撃事態の全体像を整理してきた。国民保護のための措置は、実施に必要なインフラや資源の確保のために並行して実施される武力攻撃事態対処に関する各種活動等との調整が不可欠である上、措置の内容自体が非常に多岐にわたる複雑なものである。本章でも参照した内閣官房の国民保護ポータルサイトでは、あくまで国民保護法における主要な措置（避難、救援、武力攻撃災害への対処）に絞った形で関係機関の役割等が示されるにとどまっているが、このことに象徴されるように、事態対処全般の中での国民保護の位置付けはこれまで必ずしも提示されてこなかった。すなわち、少なくとも武力攻撃事態においては、関係機関には国民保護のための措置と並行して様々な業務が発生するが、そうした業務を踏まえた全体的な措置の検討の中で国民保護を位置付けられてこなかった。このことは、武力攻撃事態に関して発生しうる業務の全体像を関係機関が共有して把握することを困難なものとしており、結果として、実際に国民保護措置を実施する際に必要な人員や資機材の調達が可能なのかどうかなど、制度運用の根本に関わる実行性の担保が曖昧になってしまっている。

こうした根本的な課題があるため、国民保護法制は制度運用の個別具体的な局面での課題を論じる段階に至っていないとも考えられる。しかし、国民保護措置における実務レベルでの中心的な論点は住民らの避難であるとの認識が一般的であり＊14、本章のまとめとして、困難ながらも住民避難に焦点をあてて課題を整理したい。

国民保護法制に限らず、災害対策においても、被害が継続している地域や二次災害の危険がある地域に住民らを長く留め置くことは想定されておらず、住民避難は重要な対策である。しかも、災害と異なりテロや武力紛争では住民生活の破壊自体が行為の目的となることもしばしばであることから、国民保護法制で住民らの避難が最重視されるのは当然といえよう。まさしくこの観点から、国民保護法制では、武力攻撃事態認定に先んじて武力攻撃予測事態を認定することが可能となっており、過去の訓練などを通じて、住民らの避難はこのタイミングで行われることとされている。では、その実現可能性とはどの程度のものなのだろうか。換言すれば、武力攻撃予測事態下での住民避難を実現するためにはどのような課題があるのだろうか。

既述の通り、国民保護措置が実際に行われるような事態に立ち至ったことがない以上、この論点を考察する上で材料となるものは、訓練等で明らかになった課題および広域避難等を含めた類似事案の状況となる。訓練等については、先に挙げた九州での検討を含め、過去に武力攻撃事態を想定した訓練等が若干とはいえ行われているものの、その内容や成果は公表されていないことから、これを用いた検討はできない。そこで、本節では過去の戦史や災害事例等を通じて武力攻撃予測事態下での住民避難を実現するための課題を検討していく。

日本本土での大規模な武力衝突とこれに先立つ住民避難が検討・実施された代表的事例として1945年3月末から6月下旬までを主な期間として戦われた太平洋戦争における沖縄での戦い（沖縄戦）がある。沖縄戦は、国民保護法制の検討段階でも多く参照された事例とされている。

この沖縄戦では、戦闘に巻き込まれるなどして多くの住民が死傷しており、その数は当時の沖縄県民人口の2割に届くとも言われているが、これに先立ち、日本本土と台湾に合計8万人（本土：6万人、台湾：2万人）が避難し、沖縄本島内でも8.5万人規模で南部から北部への島内避難が行われている。このうち、島外避難については、当時日本軍が占領していたサイパンの陥落に際して多数の一般住民の犠牲があったことを背景に、1944年7月7日の臨時閣議で沖縄での戦闘発生の公算が高くなったことを要因として決定されていた＊15。決定を受けて沖縄県がまとめた「県外転出実施要綱」では避難（転出）の対象を60歳以上15歳未満の者および女性、病人とし、避難先（転出先）は「転出者の縁故先（縁故のない者については受け入れ側で就業を斡旋）」としており、ここでの避難は家族の別離（男性は基本的に沖縄にとどまる）と生活の場所や手段の確保を一義的には避難者に任せることを前提としたものであった＊16。なお、避難時の輸送手段としては陸海軍の輸送船および艦艇を利用するものとされていた＊17。

決定はなされたものの避難実施は遅々として進まず、避難が本格化したのは同年10月10日の沖縄本島への空襲で那覇市の大部分が焼失するなどして、住民の居住継続が物理的に困難になってからであった＊18。実際に身の危険が迫るまで住民の避難が進まなかった要因として、戦史叢書には「一家の支柱である強壮な者は沖縄に残り、老幼婦女子のみを未知の土地に疎開させることは不安であり、疎開先の生活はいつまで続くかわからない。送金が途絶えた場合はその生活は誰が保障するのか、海上交通の不安など物心両面にわたって多くの困難性があった」という記述が見られる＊19。

この内容を整理すると、住民避難が進まなかった第一の要因は、避難対象が老人や幼年者および女性に限定されており、家族の離散が避けられなかった上、避難者の生計の手段が十分検討されていなかったこと、すなわち「避難先での生活保障の不十分さ」に求められる。加えて、1942年から、沖縄周辺海域での船舶の航行は米海軍による攻撃の被害を受け続けており＊20、住民らには「移動中の安全確保への不安」があった。なお、住民の疎開に供されていた船舶の被害は1944年8月に発生した米潜水艦による対馬丸沈没１件のみであったが、避難対象となっている住民には強い衝撃を与えたとされている＊21。

「避難先での生活保障の不十分さ」と「移動中の安全確保への不安」という

２つの要因が避難を阻害したという指摘は、沖縄戦のみならず、それ以前の南洋諸島からの疎開についても指摘されており＊22、戦災からの避難を考える上での重要な論点と考えられる。

上で紹介した対馬丸は学童疎開に従事する直前まで本州と大陸間の兵員輸送等に従事するなど、軍民分離が不十分な状況があり、疎開中も軍艦による護衛を受けた船団の中の１隻として行動しており、そうしたことも米潜水艦による攻撃を招いた可能性がある。こうした事例を踏まえ、国民保護法制では武力攻撃災害における避難では指定公共機関等が輸送力を提供することを原則としており、軍民の分離という国際的な文民保護の原則を遵守することを通じた「移動中の安全確保」が目指されている。

これに対して、「避難先での生活保障の不十分さ」という観点については、例えば、2000年8月に行われた火山災害に起因する東京都三宅島からの全島避難や、2011年3月の東日本大震災に起因する福島第一原子力発電所事故での広域緊急避難など、武力攻撃事態のように避難が必要な地域以外も含めた国土全体の経済活動が停滞する可能性があるわけではなく、また、生活再建等の制度が存在している自然災害等の事例であっても、避難住民の多くが収入の減少を経験している。例えば、三宅島からの避難住民に対する生活実態調査では、避難から約半年たった2001年3月の時点で全避難住民の約54％が収入の減少を認めており、無収入化した割合も全体の約22％にのぼった。公務員と年金生活者を除く割合はさらに厳しく、約78％が収入減となっており、自営業者に至ってはその割合は92％にまで上昇している＊23。また、福島第一原子力発電所事故に伴う緊急避難の場合、避難区域を含む12市町村およびこれに隣接する10市町村の住民（世帯代表者）を対象とした調査では震災の前後での収入の減少（無収入化も含む）の割合は55.7％となった＊24。

こうした経済的な被害は武力攻撃災害においても当然発生し、かつ長期化する可能性もある。この点について、被災者の認識する時間尺度による災害過程に注目して被災者の内実を分析した立木の研究を援用して説明したい。立木は、エスノグラフィー調査や定量調査から得られた被災者の認識する時間尺度（発災直後、10時間、100時間、1000時間）による災害過程に沿って、被災者の内実を「Ｌ：生命の危機」、「Ｐ：財産被害」、「Ｉ：生活支障」および「Ｆ：恐怖心」という４項目でどのような被害を受けた人が被災者なのかを視覚化している＊25。発災直後には、その災害による生命の危機にある人や経済的な被害を被った人だけでなく、具体的被害はなかったがその災害の直接的な現象（地震のゆれなど）による恐怖心を覚えた人も被災者の範疇に入りうる。やがて、災

図表5　自然災害および武力攻撃事態における災害過程と被災者の範囲

自然災害	L	P	I	F	武力攻撃事態	L	P	I	F
P-0：失見当					P-0：避難指示				
P-1：被災社会の成立					P-1：避難中				
P-2：災害ユートピア					P-2：避難先での生活				
P-3：復旧・復興					P-3：帰還				
					P-3'：復旧・復興				

L：生命の危機
P：財産被害
I：生活支障
F：恐怖心

失見当：発災直後のショック期（発災直後～）
被災社会の成立：災害下での暫定的な社会システム（被災社会システム）形成期（10時間～）
災害ユートピア：被災社会システムが安定的に機能している時期(100時間～)
復旧・復興：被災社会システムから通常の社会システムへの復帰の時期(1000時間～)

立木（2016）、82～83頁をもとに筆者作成

害下での暫定的な社会システム（被災社会システム）が形成されてくると被災者の範囲は生命の危機にある人やライフラインの停止や社会システムの麻痺により生活に支障をきたしている人が被災者と呼ばれることになる。その後、災害状況が落ち着いてくれば被災者の範囲（被災の範囲）は財産への被害や生活支障となり、社会システムが回復し復旧・復興期に入ると、最終的には財産被害が残ることになる。

これを武力攻撃災害にも当てはめたものが図表５である。図が示唆しているのは、武力攻撃事態における被災とは、避難先での継続的な経済被害を経た帰還後に自然災害における被災社会システムの構築から改めて被災状況に取り組むことを意味するということである。以下、具体的に述べる。武力攻撃災害の場合でも、自然災害同様財産被害を受けた被害者が復旧・復興フェーズまで残る形になっている。しかも、フェーズ２（P-2）の段階について、基本的に被災地内で避難生活を送ることが多い自然災害に比べて、武力攻撃災害の場合、被害を受けていない地域での生活が前提となることから、避難先での生活では生活支障は考えにくく、むしろ、避難指示が解除される帰還段階で本来生活していた地域に戻った際に、戦闘によるインフラの破壊等により自然災害におけるフェーズ２（P-2：災害ユートピア）に近い状況となり、その後に復旧・復興に進むものと考えられる。なお、武力攻撃予測事態における避難指示では、避

難経路の安全確保がなされていることが前提となることから、避難指示および避難中の住民が生命の危機に直面するかどうかは一概には言えないため、図中ではあみかけで表現している。

武力攻撃事態では、実際の被害が発生する以前の段階である武力攻撃予測事態下において避難が求められるが、それは住民にとっては、被害の有無や規模が不確実な中でそれまでの生活を中断あるいは放棄することを意味するものである。図表5が示すように、被災者は帰還によって自然災害におけるフェーズ2のような状況におかれ、そこから復旧・復興を目指さねばならず、経済的被害の長期化が災害以上に懸念される。加えて本節で紹介した三宅島や福島第一原子力発電所事故での事例や災害過程に基づく考察を踏まえれば、被災者の生活再建や復旧・復興についての措置が事前に準備されていない国民保護法制における避難というものは、要避難地域に指定された地域に居住する人々にとって、避難先での生活の維持や武力攻撃事態終息後の自身あるいは地域の再建に対する不安を生む可能性がある。換言すれば、被災者の生活再建や復旧・復興についての措置が事前に準備されていないことは、要避難地域の住民に避難を躊躇させる要因となりうるものであり、その意味で「避難先での生活保障の不十分さ」は依然として避難の阻害要因として課題となっていると考えられる。

おわりに

ここまで、本章では、国民保護法における2種類の事態の相違を論じたのち、災害対応法制との比較から国民保護法制の特徴を整理したのち、武力攻撃事態における国民保護の全体像を提示してきた。国民保護法制の特徴としては、制度適用の前提として事態認定があること、制度上、救援が対応と一体となっていること、そして生活再建や復旧・復興に関する具体的な制度が未定であることの3点が挙げられた。また、武力攻撃事態における国民保護の全体像として17におよぶ分野に業務が跨っていることを示した。

その上で、前節では国民保護の運用上の課題の一つとして住民避難に焦点をあて、戦史事例等を参照しながら課題の整理を行った。結論として、避難先での生活やその後にありうる生活再建や地域の復旧・復興についての不安の解消が重要であった。

前節冒頭でも触れたが、国民保護は事態対処全体の中で位置付けられるべきものであるにも関わらず、本章で示した全体像のようなものはこれまで提示されてこなかった。加えて、訓練自体が緊急対処事態に偏重しており、国民保護の全体像を検討・検証する機会自体が極めて乏しい状況にあった。繰り返しの指摘となるが、こうした状況故、現状では武力攻撃事態に関して発生しうる業務の全体像を関係機関が共有して把握することが困難であり、結果として、実際に国民保護措置を実施する際に必要な人員や資機材の調達が可能なのかどうかなど、制度運用の根本に関わる実効性の担保が曖昧になってしまっている。故に、関係機関間において平素から事態対処そして復旧・復興に至る間の国民保護の全体像を共有することの必要性は極めて高いものがあると指摘せざるを得ない。

最後に、住民らの安全確保上は重要な論点だが、国民保護法制において位置付けられていないために検討の機会がなかった要避難地域の残留民に対する国際法上の保護の提供など、本章でも示せていない論点は少なくない、国民保護法制をめぐっては、その全体的な実効性を確保するために検討すべき論点の整理すら終わっていないことを指摘して本章のまとめとしたい。

註

1 防衛省編『平成16年版防衛白書』第3章、2004年、170頁。

2 内閣官房「国民の保護に関する基本指針」、2017年12月、11頁。

3 2017年10月に陸上自衛隊西部方面総監部において自衛隊の呼びかけで九州・沖縄各県の国民保護担当者による訓練が行われている。同様の訓練は西部方面総監部が日米合同指揮所演習を担当した2016年にも行われた。「(変わる安全保障　離島防衛と国民保護：下)「万一の事態」市も備え　佐世保、ミサイル訓練へ始動／長崎県」、『朝日新聞』長崎版朝刊1面、2017年12月14日。

4 本章で挙げた訓練回数は、内閣官房国民保護ポータルサイト内にある「国民保護に関する国と地方公共団体等の共同訓練」のページに挙げられている平成17年度（2005年度）から平成30年度（2018年度）までの訓練概要から訓練想定を確認して集計した。各年度の訓練概要は以下の URL から閲覧できる。「国民保護に関する国と地方公共団体等の共同訓練」内閣官房、作成年不詳（逐次更新)、（http://www.kokuminhogo.go.jp/torikumi/kunren/index.html　2020.01.06アクセス）

5 大橋洋一「国民保護法制における自治体の法的地位」『法政研究』第70巻第4号、2004年、831～861頁。

6 国民保護法制研究会『逐条解説　国民保護法』(４版)、ぎょうせい、2007年2月、194頁。

7 内閣官房「国民の保護に関する基本指針」、2017年12月、33～34頁。

8 同上、34頁。

9 災害救助法の所管は、災害弔慰金などと共に2013年10月より内閣府に移管されているため、現在は内閣総理大臣が基準を定めることとなる。

10 救援に関する業務が厚生労働省から内閣府に移管されたことに伴い、同名の告示が平成25年内閣府告示第229号として発出されている。

11 内閣官房「国民の保護に関する基本指針」、2017年12月、37頁。

12 総務省消防庁、「武力攻撃事態等における国民の保護のための措置に関する法律の施行に係る留意事項について」、消防国第3号、2004年9月。

13 例えば、内閣官房国民保護ポータルサイト「武力攻撃事態等における国民の保護のための仕組み」（http://www.kokuminhogo.go.jp/gaiyou/shikumi/index.html 2020.01.06アクセス）

14 例えば、岩下文広『国民保護計画をつくる　鳥取から始まる住民避難への取り組み』ぎょうせい、2004年、5頁。なお、鳥取県は、国民保護法の成立と前後して、自治体における国民保護の検討にいち早く着手した自治体であるが、その端緒として住民避難マニュアルの作成を行っている。同上、19～20頁。

15 防衛庁防衛研修所戦史室『戦史叢書　沖縄方面陸軍作戦』、1968年、614頁。

16 保坂廣志、「沖縄県民と疎開」、沖縄県文化振興会文書管理部史料編纂室編『沖縄戦研究Ⅱ』、1999年、137～138頁。

17 防衛庁防衛研修所戦史室『戦史叢書　沖縄方面陸軍作戦』、1968年、614頁。

18 同上、616頁。

19 同上、615頁。

20 保坂廣志によれば、1942年から沖縄戦直前の1945年3月までの間の沖縄周辺海域での遭難船舶数は142隻となっていた。保坂廣志、「沖縄県民と疎開」、沖縄県文化振興会文書管理部史料編纂室編『沖縄戦研究Ⅱ』、1999年、143頁。

21 防衛庁防衛研修所戦史室『戦史叢書　沖縄方面陸軍作戦』、1968年、616頁。

22 横尾和久「マリアナ戦史に見る離島住民の安全確保についての考察」、『陸戦研究』平成27年12月号。

23 三宅村、「三宅島火山活動災害　第2回　避難生活実態調査　集計結果報告書」、2001年12月、11頁。

24 吉井博明、長有紀子、田中淳、丹波史紀、関谷直也、小室広佐子「東京電力福島第一原子力発電所事故における緊急避難の課題：内閣官房東日本大震災総括対応室調査より」、『情報学研究・調査研究編： 東京大学大学院情報学環. 32』、2016年3月、65～66頁。

25 立木茂雄、『災害と復興の社会学』萌書房、2016年3月、80～84頁。

第3部

✣

危機的課題

第8章　人為的危機対応の通時的変化
―自然災害発生時の災害情報をめぐる葛藤を中心に

林　昌宏

はじめに

日本での日々の暮らしは、いつも平穏とはいかず、頻発する自然災害と隣り合わせにならざるを得ない。地震や津波は言うに及ばず、昨今は風水害の脅威も改めてクローズアップされつつある。他方で大規模な自然災害の襲来後には、日本はパニックや暴動・略奪が起こらない国として世界から驚嘆されたりする。これは、日本がレアケースであるという意味でもある。たとえば、米国で2005年にハリケーン・カトリーナが襲来した。その直後に被災地（たとえばニューオリンズ市）では大暴動が勃発し、無法状態が長く続いたほか、夜間外出禁止令も発令され、暴動の鎮圧や治安を守るために州兵あるいは警備隊が大量に動員された。米国以外でもハイチ大地震（2010年）、チリ大地震（2010年）で略奪や暴動が相次いでいる*1。

それでは日本は、国内外で称賛されるような、大災害の際でも秩序を維持し、整然と並びながら救援物資を受け取る理知的な国民ばかりなのであろうか。実際のところは、暴動や略奪こそ表立って見られないものの人為的危機*2、なかでも災害流言（デマ・流言）の拡散やパニックへと至ったケースが過去100年間だけでも数多く確認されている。

とりわけ、1923年に発生した関東大震災では、各種のデマ・流言が瞬く間に関東地方で広範に流布し、暴走した自警団によって多数の朝鮮人の人命が奪われる惨事にまで発展した。1995年に発生した阪神・淡路大震災でも地震直後に地震予知連絡会が「マグニチュード６クラスの余震がありうる」という見解を示したが、これを「震度６の余震がありうる」と取り違える者が続出する事態となった*3。ちなみに筆者は、兵庫県南部の出身であるが、こちらを受けて恐怖に駆られる者が周囲で多発していたことを明瞭に記憶している。2011年の東日本大震災においては、節電と東北地方への送電に協力を求めるチェーンメールが相次いで各方面より自身の携帯電話に届き、デマや流言の拡散を身をもって体験する機会にもなった。

こうした事態は、歓迎されざるものである。これを避け、もしくは抑制するためには、正確な情報の収集と宣布が不可欠であり、その一翼を政府が担い続けてきたわけである。そこで本章は、大正期から近年のわが国の政府（地方自治体も含む）が自然災害の発生後に誘発されがちな人為的危機（デマ・流言、パニックなど）に、どういった対応を試みてきたのか、あるいは各時代でいかなる課題が存在していたのかについて明らかにする。本章で取り上げる事例は、関東、阪神・淡路、東日本の各大震災と、いくつかの台風や地震とする。

I　災害流言の特性とそれへの対応

自然災害や戦争＊4をはじめとする非常時の際には、デマや流言が生まれやすいとされる＊5。災害の再来や窃盗団の被災地への侵入・略奪行為が、その典型である。

デマや流言は、どのように定義されているのか。『広辞苑（第六版）』によると「デマ」は、事実と反する煽動的な宣伝、根拠のない噂話（流言蜚語）の意味を持つ。同じく「流言」は、根拠のない風説、うわさ、浮言の意味を備えている。なお「流言」には「口伝えによるコミュニケーション」という意味と、デマと同じく「真実と確認できない」という意味が含まれている＊6。これらの二つの明確な区別は困難であり、そのため本章では便宜的に自然災害後に発生したデマや流言を総称して「災害流言」と見なす。

それではデマや流言は、なぜ発生するのであろうか。これに関しては、ゴードン・オルポートとレオ・ポストマンの提示した次のような基本法則がある。

R（Rumo）＝ I（Importance）× A（Ambiguity）＊7

多くの人が情報を欲しがっているが、実際には情報が不足していて、何が正しいか分からず、適切な供給がないとデマや流言が発生するのである＊8。

災害流言の特性についても言及しておきたい。廣井脩によると、それは噴出流言と浸透流言に分類される＊9。噴出流言は、災害による被害が壊滅的で、平常の社会組織や、われわれが従っている社会規範が一時的に消滅してしまう状況で発生する。このもとでは、日常的なコミュニケーション・ネットワークの枠を超えて、普段は接触のない人々の間を猛烈なスピードで拡がり、人々の被暗示性を刺激して、極端な行動に駆りたてることも少なくない。噴出流言は、人々の非常に強い感情的興奮によって支えられており、そちらがおさまると流言も急速に消えていく。したがって、消滅スピードはきわめて速いのが普通である。

もう一つの浸透流言は、災害の被害が比較的少なく、既存の社会組織や社会規範が残っている状況で発生する。友人や隣人のような日常的コミュニケーション・ネットワークのなかでじわじわと浸透していくためスピードは遅く興奮度も穏やかであるが、その代わり比較的長期間持続することが多い。

さて、前者の噴出流言は、社会的混乱を引き起こすほか、大災害のさなか、あるいは災害のあと住民が二次災害の危険に脅えているときに発生することが少なくない。それから廣井によると噴出流言の第１の特徴は、情報が極度に不足した状況で現出する。災害時には、安否情報などの情報需要が増加するのに、供給はかえって減少し、大災害になればなるほど、この傾向は強まり需要と供給のギャップが拡大する。そうしたところで多分に推測を含んだ流言が、このギャップを埋め人々の間に拡がることになる。流言とは、災害によって惹起された住民の情報ニーズを満たすものであり、当然ながら災害の大規模化につれて、流言の発生量はますます増加し、その拡がりもますます広範になるのが一般的である。

噴出流言の第２の特徴は、大破滅の到来の予告や緊急対応を指示するものが大部分であることである。こうした流言の基底には人々の極めて強い恐怖や不安が存在しており、噴出流言は、それらにとらわれた人々が、これらの感情を言語化し正当化する試みとされる。特に、大災害になればなるほど人々の恐怖や不安は大きく、そのために彼らの恐怖や不安を説明し正当化するものであれば、いかに荒唐無稽な内容であろうとも、容易に受け入れるようになる。しかもこうした流言は、人から人へと伝わるうちに、いっそう誇張や粉飾の度を加え、これに接した住民の恐怖感をますます高めていく。

噴出流言の第３の特徴は、伝播スピードが著しく早いことがあげられる。関東大震災においては口伝えで流言が拡散されていった。付言すると近年ではTwitter などのソーシャルメディアの普及によって、流言の伝播は瞬時かつ影響範囲も把握が困難なほどに広範になっている。

上述のとおり災害流言（特に噴出流言）は、人々の極めて強い恐怖や不安を背景に発生し、急速な伝播の過程で誇張や粉飾が加えられ、それに接した住民の恐怖感をますます高めてしまうという厄介な性格を備えている。そして、これに拍車がかかり続けると、自然災害に付加する形で人為的危機が誘発されることになり、最悪の場合は人々の生命や財産に危害を与えかねないのである。こうした事態を防ぐために政府は各種の情報、いわゆる「災害情報」を提供することになる。以下では、その特徴を示しておく。

災害情報は、具体的には人々に災害発生やその可能性があることを認知させたり、危険が迫っていることを伝えて避難を促したり、的確な状況判断や意思決定の指針を与えるなどの社会的順機能が求められる。他方で、それは、時に社会的逆機能として作用することもある。その代表的なものに「情報パニック」があげられる*10。

それから災害情報は「迅速さ」と「正確さ」の二つの要件を備えておく必要がある*11。ただし、実際の災害対応では、これらを満たすことは容易でない。災害直後に発生しがちなのが「情報空白期」である。これを埋めるためには、状況推定や災害推定が必須になる。つまり災害対応、特に応急対応は「不確実情報」及び「不完全情報」に基づく意思決定問題なのである。さらに人的・物的・時間的な資源制約のため、災害対応の要諦である「迅速さ」と「正確さ」の両立も困難な課題にならざるを得ない。前者を重視すると不必要な措置を取る誤判断（空振り）につながり、後者を重視すると必要な措置を取らずに終わる誤判断（見逃し）につながるからである。すなわち災害対応は、有限な資源を時空間的にいかに有効に配分するかという最適化問題になる。

これらは、テクノロジーの発達によって部分的に改善されてきているところがあるとはいえ、完全に解決困難であり続ける課題であろう。こうした点を念頭に置きながら次節以降で、過去の大災害で発生した災害流言に政府は、どのようなシステムを活用して対峙、あるいはその抑制に取り組んできていたのかという点を中心に分析する。そして、それらの知見を総括して、今後の教訓を導き出していきたい。

Ⅱ　近代の人為的危機の象徴例としての関東大震災

ひとまず時計の針を日本近代史でも屈指の災害流言が引き起こされ、今日までその教訓が語り継がれている大正期の関東大震災にまで戻してみることにしよう。

1923年9月1日11時58分に三浦半島沖を震源とするマグニチュード7.9（推定）の関東大震災が発生した*12。死者・行方不明者は10万5000人に達し、うち9割が火災による死者であった*13。東京市や横浜市では大規模な市街地の火災が発生し、官公庁や商業施設が焼損した。ライフラインも震動や火災により、甚大な被害を受け、報道・通信機関の機能も停止した。

発災翌日の9月2日午後に勅令第398号（緊急勅令）と同第399号（通常の勅令）

が公布・施行された。東京府下の1市5郡が勅令の定めるところにより、戒厳令中の必要の規定を適用されることになった。翌9月3日に戒厳令の適用範囲は、東京府全域と神奈川県に拡大されている。軍隊を出動させて治安維持に当たらせるという戒厳令の適用の背景には、時とともに拡大していく被害と、被災地一帯に急速に広まっていた朝鮮人や社会主義者による放火・暴動の流言が関係していた＊14。

なかでも発災当日より朝鮮人の集団攻撃に関する流言は、横浜や東京から関東の広範に伝播した＊15。これに基づいて被災地では、民間の自警団による朝鮮人への暴行、虐殺事件が起きた＊16。武装した自警団は、路上で検問所を設けて通行人を尋問し、日本語を滑らかに話さなかっただけで、朝鮮人のみならず中国人・日本人にも暴行を加え殺害に及んだ。また、無実の朝鮮人を警官が車両で護送している時、あるいは警察署内に保護している時に、武装し凶暴化した自警団が取り囲み、警官にも暴行を加えて朝鮮人を虐殺する事件も発生した。犠牲者の数は諸説あるが、9月2日から6日までに発生した53件の事件で朝鮮人233名が殺害され、42名が負傷させられたとされる＊17。

警視庁は、当初こそ流言の調査を進めていた。ところが、そちらに関する多数の情報が寄せられたために機能不全に陥り、9月2日には警視庁ならびに内務省警保局は、真偽を確かめないままに対処を命じるに至った。辛うじて難を逃れた東京海軍無線電信所船橋送信所からは、9月3日朝に内務省警保局長名で各地方長官宛に充分周密な視察と朝鮮人の行動に厳密な取締を求める旨の電文が打電されている＊18。要するに情報通信網が壊滅したなかで、政府が流言を誤認し、その拡散に加担したことになる。東京海軍無線電信所船橋送信所から打電された情報は、全国に混乱を拡大させたのである。

9月3日になって、朝鮮人による暴動の流言が虚報であることが把握され始めた。警察が検挙した朝鮮人を取り調べても暴行の事実が疑わしく、殊に流言にあるような集団での暴動の事実などが全く認められなかった。そこで警視庁は、約３万枚のビラを撒き、一部の朝鮮人の「妄動」はあったが、今や厳重な警戒によって跡を絶っていること、朝鮮人の大部分は順良であって、みだりに迫害し暴行を加えることがないよう注意を与えた。しかし、興奮した自警団への効果は小さかったとされる。

9月4日に、ようやく政府は朝鮮人による暴動（少なくとも集団での暴動）の流言が虚報であるとの認識に達した。組閣したばかりの山本権兵衛内閣は、閣議で警察の力にて朝鮮人を一団として保護、使用すること、軍隊において自治団、青年団の兇器携帯を禁じ、必要な場合には差し押さえることなどを決定した。

これでも流言やそれに基づく殺傷事件は容易に収まらず、9月4日に戒厳令の一部適用区域に埼玉県と千葉県が加えられた。9月5日には、山本内閣が内閣告諭第2号を発して、今次の震災に乗じ一部朝鮮人の「妄動」ありとして朝鮮人に対し頗る不快の感を抱く者がいると聞く、朝鮮人の所為がもし不穏にわたる場合は軍隊、又は警察官に通告して、その処置をまつべきなのに民衆自らみだりに朝鮮人に迫害をくわえるようなことは「日鮮同化」の根本主義に背戻するばかりでなく、諸外国に報じられて決して好ましいことではないと、国民に自重を求めてもいる。

紆余曲折を経て、戒厳令に基づき強大な権限を与えられた軍隊が本格的に出動することにより、9月5日頃から秩序は回復に向かったとされる。これに関連して9月7日に山本内閣は、デマの根絶を図るべく、勅令403号（緊急勅令）により「治安維持ノ為ニスル罰則ニ関スル件」を公布し、出版、通信その他の方法を問わず暴行、騒擾その他生命、身体、もしくは財産に危害を及ぼすべき犯罪を扇動し、安寧秩序を紊乱する目的をもって治安を害する事項を流布し、又は人心を惑乱する目的で流言浮説を為した者は、10年以下の懲役、もしくは禁固、又は3,000円以下の罰金に処すことにもしている。

以上のとおり相当の秩序喪失がもたらされた関東大震災では、政府が主導的に、かつ戒厳令をはじめ「強圧」的に災害流言に対応したという特徴が見られる。ただし、このような対応は、次節でも言及するとおり後世にまで語り継がれるほどの「反面教師」的とも言うべき教訓を導いたことも事実であろう。他方で、政府は強圧的な対応ばかりではなく、治安の維持、応急救護措置、住民への注意・禁止の呼びかけ、被害に関する状況などに関する政府の措置といった正確な情報を市民に伝えるために、印刷設備を非常徴発して『震災彙報』を9月2日から発行し＊19、陸軍伝令と警察伝令に托して市内各所に配布してもいた。

本節では最後に、関東大震災以降の災害とメディアの関係を見ておきたい＊20。関東大震災の発生を教訓に、1925年に日本でラジオ放送が開始された。ラジオについては、3000人以上の死者・行方不明者を出した1934年の室戸台風の襲来時に、停電で速報メディアとしての機能を果たすことができずに終わるなど導入当初は課題も多かった。アジア・太平洋戦争敗戦後の1953年に、テレビ放送が開始された。1959年に襲来した伊勢湾台風は、全国で5000人超の死者・行方不明者を出した。この災害を契機に、気象台からの台風情報や大雨洪水情報をただ単に伝えるだけでなく、それぞれの地域がおかれている状況や、住民がどう行動したらよいかなどの行動指針まで報道すべきではないかという議論がなされ、災害情報の「収集－伝達－受容」の各過程で目覚ましい改善がなされた。伊勢湾台風の襲来を契機に1961年に制定された災害対策基本法により、放送局は災害時の「指定公共機関」に定められた。1964年の新潟地震では、被災地域に向けてはラジオに重点を置き、テレビは被災地の外に向けて地震の惨状を伝える役割を担うスタイルが確立されている。このようにしてラジオやテレビは、災害での情報伝達の重要なツールとなっていったのである。次節では、これらの普及・定着を見たところで発生した阪神・淡路大震災を取り上げる。

Ⅲ　阪神・淡路大震災での人為的危機対応

1995年1月17日5時46分に淡路島北部を震源とするマグニチュード7.3の兵庫県南部地震、いわゆる阪神・淡路大震災が発生した。死者数は、6434人に達し、犠牲者の大半が倒壊した家屋の下敷きになって落命した。

筆者も克明に記憶しているが、阪神・淡路大震災ではテレビやラジオによって被災状況や安否・生活などに関する情報がリアルタイムで提供され続けた＊21。とはいえ、テレビは今日見られるようなコンパクトで持ち運びが可能なタイプにはなっておらず、停電で電話とともに使用できなくなっていた。また、被災地でラジオを持ち出した人も少なかった。そのため避難所に情報が十分に伝わらない状態が生じていたのである＊22。

発災を受けて兵庫県警察本部長の滝藤浩二は、関東大震災の教訓を想起したという＊23。すなわち、被災地が流言蜚語に毒され、秩序喪失による朝鮮人虐殺のような「二次災害」を招いたことを繰り返さないとする教訓である。警察庁長官の國松孝次も「略奪行為の発生」を危惧したとされる＊24。兵庫県警は、制服で街に出ることなど、秩序の現存を可視化する対応を実施した。その一例として、他都府県からの応援パトカーで編成する「受援パトカー隊」によるパトロール（1月18日以降）や避難場所等における駐在警戒等被災地域集団パトロール隊の組織（1月20日以降）があげられる＊25。警察は、正確な情報が伝わるように避難所に1万個のラジオを配布するなどした。幸いにして早期に停電が復旧し、テレビなどの活発な情報提供によって、関東大震災の如き破滅的な秩序喪失の危機は免れ得た。

そうした事態こそ回避されたとはいえ、被災地では外国人窃盗団や余震をめぐるデマが拡がっていた＊26。政府は、広報手段が極めて限定される状況下で、正確な情報提供やデマ・流言を抑制するための試行錯誤を続けていた。以下では、神戸市の対応を取り上げてみる＊27。

図表1 神戸市災害対策本部配置図(1995年1月20日時点)

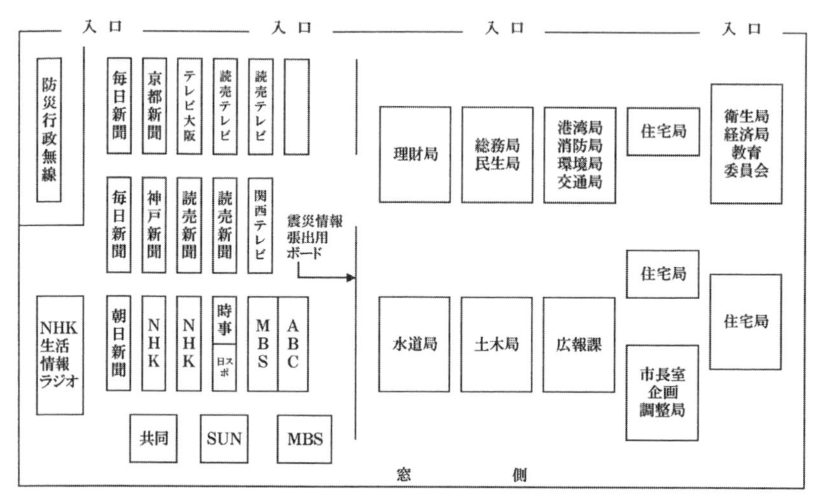

(出所)神戸市危機管理室「阪神淡路大震災の教訓を踏まえての広報活動と展望」『消防科学と情報』第76号、2004年、17頁に一部加筆。

神戸市は、発災当日の1月17日午前7時に市役所に災害対策本部を設置し、後にそれをオープン化した。具体的には、災害対策本部を震災情報張出用ボード（ホワイトボード）３枚で半分に仕切り、マスコミも災害対策本部の一員のように扱われている（図表１参照）。これは、マスコミを通して市民に必要な情報を提供し、市の災害対策本部が立ち上がって活動を開始していることを知らせて安心してもらうための手段であった＊28。ホワイトボードは、6月末まで165日間にわたって震災情報の発信拠点となった。ホワイトボードに記者提供資料を「日付・時間別」に掲示し、その後に「被害」「避難所」「仮設住宅情報」などをファイルに分類して誰でも閲覧可能にし、記者側は、こちらで予備知識を得てから取材をするルールも定められた。災害対策本部のホワイトボードの前では、定例あるいは緊急で記者会見が実施された。定例の記者会見の説明内容は、避難所や救援物資の状況、水道や市営地下鉄の復旧状況、罹災証明の発行、仮設住宅の建設をはじめ多岐にわたった。

そのほかにテレビ、ラジオの中継取材を通しての市民への直接的な「呼びかけ」も行われた。たとえば、1月17日に、消防職員が NHK 神戸放送局へ出向き、1月18日未明には笹山幸俊(かずとし)市長がテレビ出演して、被災した市内の状況や支援の要請などを全国に訴えている。テレビやラジオの中継を通しての呼びかけとしては「おちついて秩序ある行動をとって下さい」「自衛隊が救助に来ています。おちついて避難して下さい」「お互い助け合って下さい、おとしより、障害者の方々に手をかしてあげて下さい」「コープ等大手のスーパーに店を開けるよう要請しています。秩序ある行動をお願いします」「マイカーの自粛をお願いします」「小学校を中心に水を配布しています。助け合って分けてください」などがあった＊29。

1月25日からは「こうべ地震災害対策広報」が発行されていた。取り上げるテーマを被災者が必要とする情報に限定し、電話がほとんど使えない状況を考慮して、一枚で記事を読めばすぐに内容が理解できるように簡潔にまとめ、改めて問い合わせをする必要を無くすなどの工夫が図られた。第1号は、1月20日から発行の検討を開始し、人員不足、印刷所の被災を克服して2300部を印刷、1月25日には避難所を中心にしながら電柱など1000カ所に掲示された＊30。第2号以降は、大量印刷の目途が付き、2〜3日に1回の頻度で発行された。毎号「色」を変えて、新しい号が一目で分かるような工夫がなされたほか、配布先を避難所だけでなく、市内の公共施設、銀行の支店、JR の駅、生活協同組合コープこうべの店舗、コンビニエンスストアなどに拡大した。なお、2月に「広報こうべ地震災害対策特別号」の発行を開始し、4月からは市外避難者への各種広報誌の郵送サービスも始められている。

阪神・淡路大震災では当時、導入され始めていたインターネットと、それを利用した情報発信の模索もなされた。神戸市のホームページは、1994年10月に学術情報ネットワークの神戸市外国語大学（神戸市西区）ホームページのなかで、実験的に開設されていた。発災後、サーバーが無事であったことや、予備電源への切り替え、大阪市と西宮市の間で断線していた専用回線の復旧によって、1月18日午前10時から「市内の被害状況」「火災で焼失した地域の情報」といった情報が発信された。具体的には、神戸市役所の広報課職員が撮影した８ミリビデオ映像に簡単な文章を添付して毎晩深夜に大学に転送し、大学職員とボランティアが毎朝ホームページを更新する作業がなされた。発信の反響は大きく、その後の２週間で、約60カ国から45万件のアクセス、メールにて安否確認、神戸への激励、ボランティアの申し出などが300件程度寄せられている。これは、マスコミを介さないで直接、生の情報のやり取りができる新たなコミュニケーションのツールとしてインターネットの重要性が認識される端緒にもなった。

神戸市は、多様な情報提供（の試み）をしていたところで、デマや誤報への対応にも迫られ続けていた。発災から3日後の1月20日に「昨日から仮設住宅への入居申し込みの受付が一部で始まっている」というデマ情報が流れた＊31。これを受けて神戸市は「緊急のお願い」として、災害対策本部に詰めている記者にデマ情報の打ち消しを依頼することで対応した。また、1月30日に義援金の配分に関して「31日から緊急度の高い順に被災者へ公平に分配する」という誤報があった。その原因は、兵庫県災害対策本部が「義援金の市町への送金日は、31日とする。市町から被災者への配分は、被災状況が確認できるものからできるだけ早期に行う」と発表した内容を、とある記者が取り違えたことによるものとされる。こちらについては神戸市災害対策本部や同市の各区役所に問い合わせが殺到し、多大な混乱が生じたために「31日には義援金の交付はしない」ことと「義援金について市が現在どのような事務をしているのか」「義援金の交付時期はいつか」などの説明もあわせて、新聞、テレビ、ラジオで報道してもらうという対応を取るほかなかった。

当時の神戸市は、今日のホームページやソーシャルメディアのような独自の広報手段を持ち合わせていたわけではなく、デマや誤報の打ち消し、訂正に関してマスコミに協力を依頼するしか方法はなかったのである。他方で、ホワイトボードによる情報提供とラジオやテレビ、広報誌が相応に機能したことや、インターネットの可能性が模索・認識されたことは一定程度の評価が与えられるであろうし、2000年代以降の災害対応の試金石でもあったと言える。

Ⅳ　情報インフラの急速な充実と災害多発時代のなかで

阪神・淡路大震災の発生した1995年頃のパソコンやインターネットのユーザーは、ごく僅かであった＊32。パソコンの普及率は、内閣府のデータによると1995年に15.6%、インターネットの利用率は、総務省のデータによると1995年に3.3%であった。ところが、これらは、その直後から爆発的な普及を見せることになる。総務省のデータに基づくパソコンの普及率は、2002年に58.0%、2011年に83.4%、インターネットの利用率も2002年に60.5%、2011年に93.8%に達した。これに付随して普及したのが、Eメールやソーシャルメディアである。後者の具体例には、Twitter（2006年開始、2008年日本語版サービス開始）、Facebook（2004年開始、2006年一般開放、2008年日本語版公開）、ミクシィ（2004年開始）、ユーストリーム（2007年開始、2010年日本語版提供開始）、ニコニコ動画（2006年開始）、Skype（2006年開始）などがある。

パソコンやインターネットの可能性や利便性は、もはや言を俟たないが、その一方で嘘やデマ、陰謀論やプロパガンダ（政治的な宣伝行為）、誤情報や偽情報、扇情的なゴシップやディープフェイク（人工知能〔AI〕の技術で合成した偽動画）、これらの情報がインターネット上を拡散して現実世界に負の影響をもたらす現象（フェイクニュース）が生じる時代が到来した＊33。つまり2000年代以降の政府は、このような情報インフラの急速な発達・充実の恩恵を受けつつも、瞬時に拡散されるフェイクニュースなどから逃れられなくなったのである。

インターネット時代の到来した2000年代の典型例として、2005年9月初旬に襲来し死者26人の激甚災害となった台風14号と宮崎市の対応が一つの参考になる＊34。台風の接近を前に宮崎市は、2005年9月5日午後の時点で「台風14号接近（又は上陸）に伴う災害情報」の電子掲示板を開設した。こちらは、質問が寄せられると、市からの回答が数分以内に掲示されるといった迅速な対応がみられたほか、時間の経過とともに一般市民による情報サポーター的な存在も現れたという。事態の進展に伴って激しい言葉の応酬も見られたが、掲示板参加者間での窘め合いもあり、不規則発言や罵詈雑言などがほとんど見られなかったとされる。電子掲示板の管理は、宮崎市役所の広報関係担当者3名が専任で当たり、特に災害進行中の9月5日午後以降の丸1日間は、3名の職員がほとんど休養を取る間もなく作業に当たることになった。職員は、同市災害対策本部内に常駐、次々に書き込まれる質問を確認し、すぐに返信できるものは広報担当者の判断で返信し、対応できないものは災対本部内や庁内の関係部署に問い合わせた上で返信した。また、公開が不適切な発言が見られた場合は削除するような対応を取っている。これは、職員の負担量はともかくも電子掲示板（インターネット）が有効に機能したモデルケースと位置づけられている。

さて、2011年3月11日14時46分に宮城県沖を震源とするマグニチュード9.0の東北地方太平洋沖地震（のちに東日本大震災と命名）が発生した。死者・行方不明者は1万8000人を超え、このうちの約9割が津波による犠牲者である。

東日本大震災の発災後に、電話回線が障害あるいは輻輳で利用が困難になるなかにおいて、パケット通信は利用可能なケースが多かった。特にTwitterは、安否確認、災害情報伝達、自動車通行実績情報、避難所の情報の伝達などに幅広く利用された。総務省消防庁のTwitter（@FDMA_JAPAN）は、発災直後に災害情報の発信を開始し、フォロワーが発災前の3万人から22万人に増加したとされる＊35。阪神・淡路大震災より16年を経て、災害情報の伝達手段の多様性と迅速性は、ドラスティックな進化を遂げていたのである。

インターネットやソーシャルメディアの長所が東日本大震災で随所に発揮されたことは動かし難い事実である。しかし、これらは深刻な欠陥も露呈させていた。3月11日に千葉県市原市のコスモ石油千葉製油所の高圧ガス施設でタンク火災が発生した。こちらに関連して、インターネット上では、チェーンメールやTwitterで有害物質に関する誤情報が急速に拡散される事態が生じ、コスモ石油は自社サイトで否定のコメントを出さざるを得なかった。この事例のほかにも「自衛隊が支援物資を募集している」や「埼玉の水道に異物が混入した」をはじめとするチェーンメールやツイートが流されていた＊36。外国人犯罪流言、性犯罪、略奪行為多発、嫌悪の対象となっていた政治家のデマ・流言もTwitterやFacebookなどのソーシャルメディアで多発していた。こうした情報を打ち消すために政府や関係者は、ホームページやソーシャルメディアを活用して、そのつど正確な情報を流布するという対応を迫られたのである＊37。以下では、この具体例として被災地の地方自治体である宮城県気仙沼市と岩手県でソーシャルメディアの導入に至った経緯と実際の対応内容を取り上げる。

まず、宮城県気仙沼市では、同市の市役所が発生の確実視されていた宮城県沖地震やそれに伴う津波を考慮して、諸種の取り組みを事前に講じていた＊38。津波情報については、従来からの携帯電話の連絡網や防災無線に加えて、2010年4月にNTTドコモのエリアメールを導入し、同年7月には同市危機管理課が防災Twitterを開始している＊39。気仙沼市では、毎年6月に全市を挙げて避難訓練を実施していたが、2010年に当時導入したばかりのエリアメールを訓練に取り入れ、同年11月には沿岸漁業者を対象としたエリアメールによる津波避難訓練を実施していた。また、防災Twitterを活用して、定期的に気象情報や警報注意報をツイートしていたほか、地震が発生すれば逐一ツイートするという取り組みを続けていた。

2011年3月11日に東日本大震災が発生すると、気仙沼市危機管理課が入居する庁舎は停電でサーバーが停止し、エリアメールが使用不能になったことに加えて、襲来した津波によって水没した。ここで活用されたのがTwitterである。気仙沼市危機管理課は、消防による防災行政無線や防災FAXで流されてくる情報をもとに避難の呼びかけを実施した。これは、モバイルルーターを使って、ノートパソコンで入力し、電池切れ後は危機管理課の携帯電話からツイートする作業となった。Twitterで発信することの意義は、刻々と変化していく状況をタイムライン（ツイートの履歴）にまとめることにあった＊40。これにより防災行政無線を聞き逃した住民や、津波でスピーカーが破壊されてしまったエリアの住民が状況を確認できるなどの市内向けの効果だけでなく、市外の国民やメディア、各種公共機関に気仙沼市の状況を知ってもらうという効果があったとされる。気仙沼市の防災Twitterのタイムラインは、そのままの形でNHK

のニュースにも取り上げられることになった。気仙沼市のホームページが復旧した後の防災 Twitter は、従来どおり余震などの情報提供として使われ続け、食糧などの物資提供の募集をはじめ用途を拡大して活用されていった＊41。

つづいて、岩手県の取り組みである＊42。同県では、2010年2月に達増（たっそ）拓也知事が Twitter の使用を開始した＊43。その後、2010年4月に県広聴広報課が Twitter の正式運用を開始し、2011年2月に全国の都道府県で初となる Facebook も導入していた＊44。

震災発生から数時間は、盛岡市にある岩手県庁内のネットワークがダウンし、唯一の発信手段は Twitter のみとなった。Twitter では、大津波警報の発令と警戒情報が発信され続けた。発災後の約2日間は、機能を停止した県の公式ホームページに代わって Twitter、Facebook を通しての情報の発信が続けられている。具体的には、自衛隊や消防隊の被災地到着、学校別の避難者数などに関してである。このため岩手県の Twitter のフォロワー数は、震災前は約2500人であったのが、一晩にして倍になり、翌13日に1万人、3月16日には2万人を突破した。Facebook にも震災前に約130人だった「いいね！」数が、一晩にして1000人を超えた。

3月12日昼頃に岩手県の公式ホームページによる情報提供が可能になるも、県のサーバーの処理能力を超えたアクセスが全国から殺到し、閲覧しにくい状況になった。3月14日には岩手県が災害総合窓口を開設したところ、窓口と庁内の電話回線がパンクした。そこで活用されたのがソーシャルメディアである。公式サイト以外の公開先を発信し、ホームページへのアクセス分散が試みられた。また、同時期にインターネット上でデマ情報が氾濫していた。たとえば、受け入れ態勢が整っていない個人からの救援物資を受け付けている、被災地の治安が悪化（略奪行為や武装集団などによる犯罪の発生）しているなどである。これも岩手県は Twitter を通じて、デマ情報の打ち消しを試みている。

これらについて、田島大は「震災で広報手段のほとんどを奪われ、結果として残ったものが SNS であり、被災直後から現場の情報を滞ることなく発信できたことで、クラウドツールとしての底力を実感することにな」＊45ったことや「クラウドツールである SNS を地方公共団体が利用することは、非常時でも止まりにくい広報チャンネルを一つ増やすことであり、万が一の時に地域の内外に情報発信できる手段の確保として有用」であるといった見解を示している。そのほかにも田島は「SNS のアカウントを取得するだけでなく、発信力を確保するために平常時から活用し、一定のフォロワーを獲得しておく必要」性と「非常時に実際に活用するためには、運用する担当者が、発信すべき大切な情報がどこにあるのか把握し、臨機応変に発信できるように使いこなしていくことが大切」であると主張している。

以上の分析からも明らかなとおり、阪神・淡路大震災発災後の1990年代後半から2010年代にかけての情報インフラの充実は、インターネットやソーシャルメディアを通して、不正確な情報の提供・拡散を容易にし得ることに繋がった。他方で政府側もそれを活用して、正確な情報を提供し、一定程度の対応や打ち消しが可能になったことは、それまでの時代とは明らかに異なる特徴である。

東日本大震災の発災以後も災害流言は、ソーシャルメディアを媒介にして随所で拡散されるなど今日的な課題であり続けている。2016年4月の熊本地震では、インターネットで入手した街中を歩くライオンの画像とともに「地震のせいでうちの近くの動物園からライオン放たれたんだが　熊本」というツイートが Twitter に投稿された。これは、リツイートされて拡散し、熊本市の動植物園の職員に100件超の電話応対をさせたとされる。警察は、これの投稿者を数カ月に偽計業務妨害の疑いで逮捕している（のちに不起訴処分(起訴猶予処分)）＊46。

2018年6月の大阪北部地震においては、地震発生後に Twitter で「シマウマ脱走」や「大阪の京セラドームに亀裂」、大阪と京都を結ぶ京阪電車の「(大阪府）枚方市で脱線」という投稿がなされた。各関係者は、デマを否定したほか、大阪府もホームページなどで注意を呼びかけ、松井一郎大阪府知事（当時）が「有事にデマを流して混乱させて喜ぶのは最低」と記者団に語るほどであった＊47。

熊本地震では、Twitter でデマを流し、関係先の業務を妨害した場合に偽計業務妨害で逮捕されることもあり得るという前例が作られたが、こちらの抑止力は未知数である。今日の政府による災害流言への対応の手法や範囲、そしてそれらの複雑性が拡大の一途を辿っていることだけは動かし難い事実であり、その一端は2020年2月以降に本格化した新型コロナウイルス（COVID-19）の問題対応からも垣間見ることができよう。

おわりに

本章では、大正期から近年にかけての政府（地方自治体も含む）は、自然災害の発生後に誘発されがちな人為的危機（デマ・流言、パニックなど）への対応や抱えている課題について、複数の実例をもとに明らかにしてきた。

まず、関東大震災では、民衆の間で災害流言が急速に拡散されたのみならず、政府（警察）も一時的に混乱状態に陥っており、これらの相乗効果で自警団の暴走ならびに朝鮮人虐殺の事態がもたらされた。政府による正確な情報提供は、当時のツールが電信・電話などに限定されていたために容易でなく、結果的に戒厳令の適用と軍隊出動で治安を強圧的に回復させるという今日まで引き継がれるような「反面教師」的な教訓を残したと言わざるを得ない。なお、関東大震災を契機としてラジオの普及が進められたものの、しばらくは効果的な運用が模索され、戦後の伊勢湾台風や新潟地震を経て、ラジオやテレビによる報道手法が確立されることになったわけである。

つづいて、阪神・淡路大震災は、ラジオやテレビの普及している状況下で発生していた。しかしながら発災直後は停電でテレビが使えず、結果的にラジオの有用性が再確認される災害になった。また、秩序維持のために警察官を派遣し、各種の災害流言を打ち消そうと政府、特に被災自治体はマスコミに正確な情報発信を依頼、あるいはそれを通じての呼びかけをせざるを得ないところがあった。同様に、この震災でインターネットを活用して被災地の状況が国内外へと発信され、その有用性が一定程度確認されたことは、災害史に刻印されるべき事象であろう。これらを踏まえると阪神・淡路大震災において政府、特に被災地自治体は、関東大震災以降の教訓・反省をもとに、かつ活用し得る情報インフラや当時の最先端の技術を、いかに融合させて災害流言に対応するかを試行錯誤し続けていたという評価もできる。

インターネットやソーシャルメディアは、急速な普及とともに、災害時の活用可能性が模索され続け、2000年代には一定程度の役割（たとえば2005年9月の台風14号における宮崎市の対応）を担うまでになった。そのようなところで、2011年3月の東日本大震災が発生する。この震災では、インターネットや Twitter などのソーシャルメディアを通して無数のフェイクニュースが拡散された。現実世界だけでなく、仮想空間上で瞬時かつ不特定多数に拡散するという災害流言の新たなリスクが浮き彫りになったのである。他方で政府も Twitter や Facebook の導入を始めており、これらが関係者の当初の想定を超える形で被災者への情報提供、災害流言の打ち消しのためのツールとしての役割を担うに至った。とはいえ、災害流言は東日本大震災後も随所で生じている。情報インフラがさらなる充実を見せている時代のなかで、将来的に政府が罰則の導入・強化なども視野に入れながら、災害流言にどういった対処をしていくかが問われていることは否みようのない事実である。

さて、これまでの分析を踏まえつつ本章の最後に言及しておきたいのは、発災時に情報をめぐって一定の空白期が発生することはやむを得ないにしても、それを克服する過程では迅速性と正確性との間にトレードオフ（両立不可能な関係性）という「葛藤」が常につきまといがちな点である。地方自治体を含めた政府は、正確性を重視すればするほどに、被災者への（マスコミやソーシャルメディアを通しての）情報提供が遅れることは明白である。これによる弊害として不正確な情報、すなわち災害流言の拡散のリスクが高まりかねない。その一方で、政府が迅速性を重視しすぎて不確実な情報を提供した場合は、被災者の間で情報の信頼性が低下し、不正確な情報（災害流言）の拡散の危険性も拡大する。本章で提示可能な教訓は、最適な迅速性と正確性のバランスを見つけることの重要性であった。これが困難になった場合に災害流言とそれに関連した弊害が発生・拡大するが、そのリスクと回避策を平時からいかに念頭に置いておくべきかも軽視してはならない課題である。

加えて、近代以降の情報インフラの充実は、目を見張るものがある。情報提供ツールの多様性の確保は重要な課題であるが、新しいメディアなりの利便性と危険性も付きまとっている。こうした「葛藤」を意識しつつ、政府がリカバリー手法を検討することが今後、より重要度を増してくるであろう。

こちらに関して付言しておくならば、豊富な情報インフラの存在と、それらの利便性や可能性は計り知れないものがある。ただし、送電の停止や広域的な被災（たとえば南海トラフ巨大地震）によっては、全ての情報が喪失へと至るおそれも決してゼロではない。多様なツールが活用できる今日ではあるが、情報の全喪失に直面するような事態への対処を「想定外」としてはならないという、もう一つの「葛藤」が伏在していると考えるのは筆者のみの杞憂なのであろうか。

註

1 小野浩「日本ではなぜ震災後に暴動が起きないのか？——ネットワーク理論からの一考察」『経済セミナー』第664号、2012年、75頁を参照。

2 「人為的危機」の意味について、本章ではひとまず人間の怠慢・過失・不注意などが原因となって起こる災害、いわゆる「人災」（『広辞苑（第六版）』）として位置づける。

3 「「また大地震」 阪神大震災後のデマ「信じた」８割超す 東大研調査」『朝日新聞』1996年5月9日。

4 たとえば、第二次世界大戦の際には日本軍の真珠湾攻撃によって米軍の太平洋艦隊が全滅したといったデマや、応召された軍人たちの間に数多くのデマが蔓延していたとされる。詳細は、G.W.オルポート、L.ポストマン（南博訳）『デマの心理学』岩波書店、1952年、1～40頁に譲る。

5 そのほかにも都市伝説、ゴシップ、風評被害などが発生する（関谷直也「災害流言」田中淳、吉井博明編『災害情報論入門』弘文堂、2008年、234頁）。

6 関谷「災害流言」233頁を参照。

7 オルポートほか『デマの心理学』42頁、荻上チキ「平時の準備が流言・デマ感染を防ぐ」『第三文明』第619号、2011年、78〜79頁を参照。

8 荻上「平時の準備が流言・デマ感染を防ぐ」79頁を参照。

9 以下は、廣井脩「災害流言の社会心理」『建築雑誌』第103巻第1272号、1988年、30〜32頁を参照。

10 中森広道「災害情報論の系譜――「情報パニック」と災害情報研究の展開」田中淳、吉井博明編『災害情報論入門』弘文堂、2008年、30〜31頁を参照。

11 以下は、能島暢呂「被害情報の収集、早期被害想定」公益財団法人ひょうご震災記念21世紀研究機構災害対策全書編集企画委員会編『災害対策全書②応急対応』公益財団法人ひょうご震災記念21世紀研究機構災害対策全書編集企画委員会、2011年、14〜15頁を参照。

12 本震発生3分後に東京湾北部を震源とするマグニチュード7.2、さらにその2分後に山梨県東部を震源とするマグニチュード7.3の余震が発生している。

13 中央防災会議災害教訓の継承に関する専門調査会『1923 関東大震災報告書――第1編』2006年、2〜4頁を参照。

14 中央防災会議災害教訓の継承に関する専門調査会『1923 関東大震災報告書――第2編』2006年、71〜72頁を参照。

15 以下は、中央防災会議災害教訓の継承に関する専門調査会『1923 関東大震災報告書――第2編』73〜76頁、五百旗頭真『大災害の時代――未来の国難に備えて』毎日新聞出版、2016年、54〜60頁を参照。なお、五百旗頭真は３つの大震災を通時的に比較する分析手法を採用しており、その手法ならびに成果を本章では参照した。３つの大震災の総合的な研究として、五百旗頭真監修、御厨貴編著『大震災復興過程の政策比較分析――関東、阪神・淡路、東日本の三大震災の検証』ミネルヴァ書房、2016年がある。

16 こちらの問題についての体系的な研究として、松尾尊兊「関東大震災下の朝鮮人暴動流言に関する二、三の問題」『朝鮮研究』第33号、1964年、松尾章一『関東大震災と戒厳令』吉川弘文館、2003年などをあげておく。

17 本章では、中央防災会議災害教訓の継承に関する専門調査会『1923 関東大震災報告書――第2編』208頁に依拠した。

18 船橋送信所は、朝鮮人暴動の流言を拡げることになった一方で、地震発生直後の被害状況の通報や救援依頼などを支えた。

19『震災彙報』は、1923年10月25日まで、第67号にわたって発行された。

20 以下は、廣井悠「情報と災害史」田中淳・吉井博明編『災害情報論入門』弘文堂、2008年、40〜43頁を参照。なお、空襲などの戦災は別稿を期す。

21 阪神・淡路大震災発災直後のラジオ放送の具体的内容については、川端信正、廣井脩「阪神・淡路大震災とラジオ放送」『災害情報調査研究報告書』第44号、1996年に詳しい。

22 神戸市危機管理室「阪神淡路大震災の教訓を踏まえての広報活動と展望」『消防科学と情報』第76号、2004年、18頁を参照。

23 以下は、五百旗頭『大災害の時代』96～97頁を参照。

24 実際に震災に乗じた窃盗は発生しており、それの取り締まりが課題になってもいた。

25 震災復興研究調査委員会編『阪神・淡路大震災復興誌』第1巻、兵庫県・(財) 21世紀ひょうご創造協会、1997年、742頁。

26 阪神・淡路大震災の被災地では、様々なデマあるいは流言が拡散していた。たとえば、「イラン人や中国人が7、8人のグループで荒らし回っているようだ。武器を持っているかもしれない」という噂が流布したとされる。そのほか「再び大地震が起きる」といった流言が発災当初からささやかれ続けていた。1月23日には強い余震が2回起こったことも影響して「マグニチュード8クラスの大地震が近く近畿を襲う」「京都で大地震が起きる」「今月中に関東で大地震が発生する」との流言が急速に拡散した。1月23日だけで気象庁と大阪管区気象台、京都地方気象台への問い合わせ電話は計約150本にのぼった。このため気象庁は同日夜に報道機関にデマ打ち消しの協力を要請、「気象庁の地震情報を信じて冷静な対処を」と呼びかけた。これらは「流言 不安が生む“外国人窃盗団” 震災報道」『朝日新聞』1995年1月26日を参照。

それから、マスコミの報道が混乱をもたらしたケースもある。具体的には、救援物資を運んで神戸港に入港しようとした自衛隊の艦艇をめぐり「労組の反対で接岸が遅れた」という趣旨の報道が一部新聞などで流れた。こちらは「事実無根だ」とする港湾労働者の組合から抗議を受けた報道機関側が、おわびを掲載したり記事そのものを取り消したりした。詳細は「誤報 「救援艦に反対」独り歩き 震災報道」『朝日新聞』1995年1月31日に譲る。

27 以下の神戸市の対応は、丸一功光「災害時の広報活動について（中）――阪神・淡路大震災での神戸市災害対策本部の動きを踏まえて」『月刊消防』第33巻10号、2011年、71～75頁、神戸市危機管理室「阪神淡路大震災の教訓を踏まえての広報活動と展望」17～19頁を参照。

28 神戸市は、震災前からパブリシティを積極的に行い、オープンな広報を目指していたほか、事件事故等発生時のパブリシティのあり方も毎年研修会を実施していた。発災前年の1994年には「名古屋空港旅客機（中華航空）墜落炎上事故」での対応をテーマに研修を実施していた（桜井誠一「阪神・淡路大震災における広報活動について――その検証と課題」『都市政策』第80号、1995年、43頁)。

29 桜井「阪神・淡路大震災における広報活動について」43～44頁。

30 神戸市広報課は、発刊にあたって「随時発行して避難者に正確な生活関連情報を送り、デマや不正確な情報による混乱を防ぎたい」と話していた。第1号のトップニュースは「一時使用住宅の入居募集　1月27日（金）受け付け開始」で、仮設住宅や公営住宅などの空き家の募集要項のほか、被災状況、笹山幸俊市長の市民に対するメッセージが掲載された。こちらの詳細は「デマ防止へ張り出し広報 阪神大震災で神戸市」『朝日新聞』1995年1月26日を参照。

31「仮設住宅の入居手続き始まると、神戸市にデマ発生 兵庫県南部地震」『朝日新聞』1995年1月21日を参照。1月20日の午前中だけで問い合わせ電話は計500本以上に達したほか、対策本部に訪れた被災市民も約50人いたとされる。

32 以下は、吉次由美「東日本大震災に見る大災害時のソーシャルメディアの役割——ツイッターを中心に」『放送研究と調査』第61巻第7号、2011年、16〜18頁を参照。

33 笹原和俊『フェイクニュースを科学する——拡散するデマ、陰謀論、プロパガンダのしくみ』化学同人、2018年、13頁。

34 以下は、牛山素行「災害情報に対する幻想からの脱却」『地方自治職員研修』第44巻第9号、2011年、68〜69頁を参照。

35 吉村茂浩「東日本大震災における災害情報伝達手段の課題と対策」『消防科学と情報』第113号、2013年、9頁を参照。

36 吉次「東日本大震災に見る大災害時のソーシャルメディアの役割」22頁。

37 荻上チキ『検証 東日本大震災の流言・デマ』光文社、2011年を参照。

38 以下の気仙沼市の取り組みは、著者不詳「減災への活路見出すエリアメールと気仙沼市危機管理課 Twitter」『月刊 LASDEC』第40巻第12号、2010年、著者不詳「気仙沼市／災害における Twitter の活用とエリアメールのあり方——望みをかけた Twitter での避難呼びかけとエリアメールへの期待」『月刊 LASDEC』第41巻第9号、2011年、佐藤佑樹「気仙沼市／自治体が担う防災体制のあり方——防災 Twitter の効果を振り返り、災害情報配信のあり方を考える」『月刊 J-LIS』第2巻第12号、2016年を参照。

39 防災 Twitter 導入当初に気仙沼市の担当者は「防災 Twitter ということもあり特に制約は設けていません。あまり堅苦しくしてしまうと見てもらえないでしょう。『あくまで防災意識の啓発』というところに重きを置いています。（中略）また『ダイレクトメッセージ』に対しても回答するようにしています。（中略）コミュニケーションをとったほうが関心も高くなるでしょう。Twitter が本来持つ“ノリ”は失わないようにしています」（著者不詳「減災への活路見出すエリアメールと気仙沼市危機管理課 Twitter」46頁）と語っている。

40 ツイートの具体的内容は、著者不詳「気仙沼市／災害における Twitter の活用とエリアメールのあり方」6〜7頁に詳しい。

41 これに関連して気仙沼市は、2013年に総務省消防庁の実証実験として気仙沼市災害情報システムを構築している。同システムは、ワンオペレーションで防災行政無線、エリアメール、緊急速報メール、気仙沼災害 FM、ホームページ、Twitter などに情報発信できる機能を備えているほか、弾道ミサイルなどの有事関連情報や津波情報、気象情報など国から自治体へ緊急情報を発信する J-ALERT（全国瞬時警報システム）を受けた場合には、職員の手を介さずに気仙沼市災害情報システムを経由して情報発信がなされることになっている。詳細は、佐藤「気仙沼市／自治体が担う防災体制のあり方」7～8頁を参照。

42 以下は、田島大「岩手県／震災前2,500人だった Twitter フォロワーが3.6万人超に——岩手県における SNS の活用」『月刊 LASDEC』第42巻第3号、2012年を参照。

43「岩手の魅力、つぶやきます 達増知事もツイッター「1日1回は発信」」『朝日新聞』2010年2月2日を参照。

44「「フェイスブック」に県も参加 都道府県初、県の魅力 PR 広聴広報課」『朝日新聞』2011年3月5日を参照。

45 以下は、田島「岩手県／震災前2,500人だった Twitter フォロワーが3.6万人超に」23～24頁。

46「地震直後デマ、不起訴 熊本「ライオン放たれた」投稿」『朝日新聞』2017年3月23日を参照。

47「ツイッターにデマ 「シマウマ脱走」「京セラドームに亀裂」 大阪北部地震」『朝日新聞』2018年6月19日を参照。

第９章　離島問題に見る基礎自治体の国民保護計画への対応

古川 浩司

はじめに

近年、日本国内において国境問題への関心が高まっている。日本政府が領土問題と位置付ける北方領土及び竹島、さらに領土問題は存在しないとする尖閣諸島をめぐる諸問題に関する情報がメディアで取り上げられる頻度も高くなった。そのような中、漫画家のかわぐちかいじ氏が「空母いぶき」という漫画を連載した。この漫画は、20XY年、中国軍が尖閣諸島に上陸すると同時に、与那国島と多良間島を急襲し占領、島民を人質にとって日本政府に尖閣の中国帰属を求めるのに対し、自衛隊が新設の空母艦隊を軸に奪還を目指す設定で、自衛隊が人質を守りつつ領土を奪還するシーンも描かれている*1。

国境・境界地域研究（ボーダー・スタディーズ）を専攻する筆者が国民保護行政について頭を巡らした時に思い浮かんだのは、有人国境離島である与那国島や多良間島の占領が描かれたこの漫画であった。実際の攻撃はないとはいえ、先島諸島を含む南西地域の防衛体制強化のため、2016年1月には第9航空団の新編、2017年7月には南西航空方面隊の新編、2018年3月には本格的な水陸両用作戦機能を備えた水陸機動団の新編、2019年3月には奄美大島や宮古島に警備部隊を配置している*2（図表１）。しかしながら国民保護行政に目を向けると、与那国島を行政区域とする与那国町や多良間島を行政区域とする多良間村でも、上記の漫画の世界を想定したような訓練は実現していない。また、国民保護行政に関する研究もほとんど見られない*3。

「あくまで漫画であるから……」と言われれば、それまでであるが、安全保障の最前線である国境・境界地域こそ本来は脅威の高まりに反応して国民保護行政が推進されるはずであるが、現状では推進されているとは言い難い。なぜこのような現状であるのか。

本論では、以上の問題意識から、離島問題を切り口に、その「危機的課題」としての特性を踏まえつつ、基礎自治体と上位の地方自治体（都道府県）、さらには国家との関係性の中で、国民保護の抱える「葛藤」を論じる。具体的には、

図表1　南西諸島における主要部隊配備状況(イメージ)

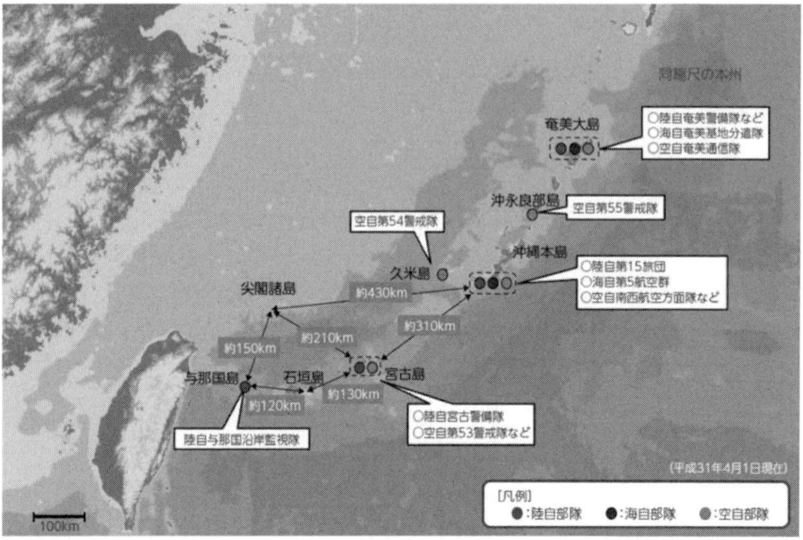

(出所)防衛省編『令和元年版防衛白書』日経印刷、2019年、280頁。

日本の離島の定義を確認し、離島の抱える問題として、人口減少及び市町村合併等に伴う行政のスリム化を中心に説明した上で、それらが離島(特に有人国境離島)を有する基礎自治体における国民保護にどのような影響を与えているかを考察する。そして最後に、「なぜ日本の離島でも国民保護行政が進んでいないのか」という問いに対する筆者なりの回答を提起したい。

Ⅰ　日本の離島の抱える問題とは

1　日本の離島とは

日本の離島とはどのように定義されているのであろうか。国土交通省は海上保安庁のデータをもとに、日本は6852の島嶼から構成されるとする。このうち、本州、北海道、四国、九州及び沖縄本島を除いた6847が離島とされている。離島はまた416の有人島と6432の無人島に分類され、有人島はさらに304の法対象の島と112の法対象外の島に分類される。さらに法対象の島は、離島振興法、奄美群島振興開発特別措置法、小笠原諸島振興開発特別措置法、沖縄振興特別措置法、有人国境離島法に分類される(図表2)。

これらのうち、離島振興法は、1953(昭和28)年7月に可決・成立し、公布さ

図表2 日本の島嶼の構成（2019年4月1日現在）

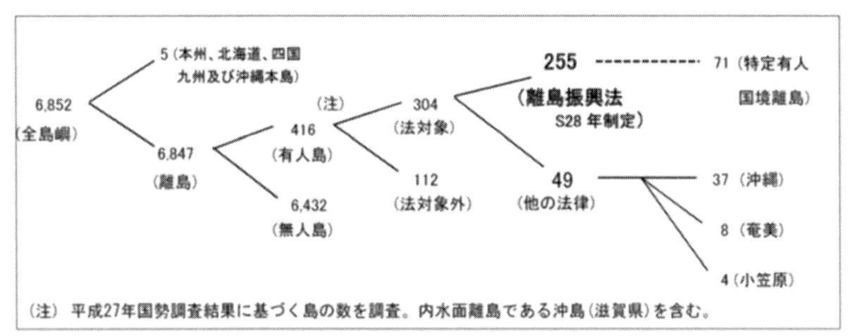

（備考）その他の法律：有人国境離島法（平成 28 年制定）
沖縄振興特別措置法（平成 14 年制定（旧法昭和 46 年制定、平成 14 年失効））。
奄美群島振興開発特別措置法（昭和 29 年制定）。
小笠原諸島振興開発特別措置法（昭和 44 年制定）。

（出典）海上保安庁「海上保安の現況」（昭和62年9月）のデータを利用。

（出所）国土交通省「平成30年度に離島の振興に関して講じた施策～離島振興対策分科会報告～」、2頁。

図表3 離島振興法の変遷

法の対象期間	改正法の内容
昭和 38～47 年度	●延長の際の改正 ①期間のみの単純延長 ●期間中の改正 ①特別な助成の対象として、教育施設、保育所及び消防施設の追加
昭和 48～57 年度	●延長の際の改正 ①離島の医療確保について、国及び都道府県の責任の明記
昭和 58～平成 4 年度	●延長の際の改正 ①臨時行政調査会の答申に沿って、期限を迎える法律の廃止等が議論される中、離島振興法を延長
平成 5～14 年度	●延長の際の改正 ①目的条項に、離島の果たす国家的役割を明記 ②離島振興計画に含む事項の追加・見直し ③地方債、資金の確保等に関する配慮規定の新たな追加 ④新たな租税措置に関する規定の追加（租税特別措置法、地方税法）等
平成 15～24 年度	●延長の際の改正 ①目的条項に、離島の自立的発展を促進することを明記 ②国による離島振興基本方針策定及び都道県による離島振興計画策定への制度変更 ③ソフト事業を含む非公共事業に対する国の助成措置を明記　等
平成 25～令和 4 年度	●延長の際の改正 ①目的条項に、離島における定住の促進を明記 ②基本理念及び国の責務の明記 ③離島振興基本方針に含む事項の追加 ④離島活性化交付金等事業計画の制度創設　等

（出所）国土交通省、前掲報告書、25頁。

れた法律で、文字通り離島の振興を目的としている。同法は、その後、7回の改正・延長を経て、最新の改正法は2013（平成25）年4月より施行され2023（令和4）年3月31日までの時限立法となっている（図表３）＊4。

次に、奄美群島振興開発特別措置法（以下、奄振法）は、1953年の米国からの奄美返還に伴い、1954（昭和29）年6月に制定された奄美群島復興特別措置法を起源とする。同法は、5年間の時限立法であるが、5年毎に延長され、1964年に奄美群島振興特別措置法と改称された後、1974年に現在の名称となった。最近では、第186回国会において2019年3月改正法が可決・成立し、同年4月から施行され、有効期限が5年延長（2024年3月31日まで）されている。また、小笠原諸島振興開発特別措置法（以下、小笠原法）は、1968年の米国からの小笠原返還に伴い、1969（昭和44）年12月に制定された小笠原諸島復興特別措置法を起源とする。同法は、5年間の時限立法であるが、5年毎に延長され、1979年3月に小笠原諸島振興特別措置法と改称された後、1989年3月に現在の名称となった。最近では、奄振法と同時に2019年3月改正法が可決・成立し、同年4月から施行され、有効期限が5年延長（2024年3月31日まで）されている＊5。

沖縄振興特別措置法（以下、沖振法）は、1972（昭和47）年の米国からの沖縄返還に伴い、同年5月に施行された沖縄振興開発特別措置法を起源とする。同法は、10年間の時限立法で、2度の延長の後、2002（平成14）年に廃止されたが、その代わりに、同年3月に新たに沖振法が制定された＊6。なお、同法の有効期限は10年（2012年3月31日まで）とされていたが、2012（平成24）年3月に「沖縄振興特別措置法の一部を改正する法律案」及び「沖縄県における駐留軍用地の返還に伴う特別措置に関する法律の一部を改正する法律案」が国会で可決・成立し、同年4月より施行された。その結果、法律の期限が10年延長（2022年3月31日まで）されるとともに、県の主体性をより尊重し、財政・税制面を中心とした国の支援策を更に拡充する内容の法改正が行われている（図表４）。

この他、2016（平成28）年に、有人国境離島地域の保全及び特定有人国境離島地域に係る地域社会の維持に関する特別措置法（以下、有人国境離島法）が制定されている。同法は、日本の領海、排他的経済水域等の保全等に寄与することを目的としている。なお、同法において有人国境離島地域は「①自然的経済的社会的観点から一体をなすと認められる二以上の離島で構成される地域内の現に日本国民が居住する離島で構成される地域、②領海基線を有する離島であって現に日本国民が居住するものの地域」と定義されている。その上で、有人国境離島地域のうち、継続的な居住が可能となる環境の整備を図ることがその地域社会を維持する上で特に必要と認められるものが「特定有人国境離島地

図表4 沖縄の特殊事情と沖縄振興の仕組み

沖縄の特殊事情と沖縄振興の仕組み

◆沖縄の特殊事情

・歴史的事情　先の大戦における苛烈な戦禍。その後、四半世紀(27年間)に及ぶ米軍の占領・統治。

・地理的事情　本土から遠隔。広大な海域（東西1,000km、南北400km）に多数(約160)の離島。

・社会的事情　国土面積0.6%の県土に在日米軍専用施設・区域の70.3%が集中。脆弱な地域経済。など

◆国の責務としての沖縄振興

○沖縄振興特別措置法
（全会一致の特別立法）
○沖縄振興基本方針
（内閣総理大臣が策定）
○沖縄振興計画
（沖縄振興基本方針に基づき、
沖縄県知事が策定）

・必置の特命担当大臣
・内閣府沖縄担当部局
（政策統括官、沖縄振興局）
・国の総合的な出先機関
（沖縄総合事務局）
・全閣僚等から成る協議の場
（沖縄政策協議会）
・国会における特別委員会
（沖縄及び北方問題に関する特別委員会）　など

・沖縄振興予算の内閣府への一括計上
・沖縄独自の一括交付金制度
・他に例を見ない高率補助（9/10等）
・各種特区制度、優遇税制
・沖縄振興開発金融公庫
など

◆沖縄振興計画による振興策

本土復帰
1972年(昭和47年)　1982年(昭和57年)　1992年(平成4年)　2002年(平成14年)　2012年(平成24年)　現在

＜第1次計画＞　＜第2次計画＞　＜第3次計画＞　＜第4次計画＞　＜現行計画＞
※県において策定

主として「本土との格差是正」　主として「民間主導の自立型経済の構築」

内閣府沖縄担当部局予算額（累計）：12．8兆円（令和元年度まで）

現行法の期限は2022年(令和4年)3月

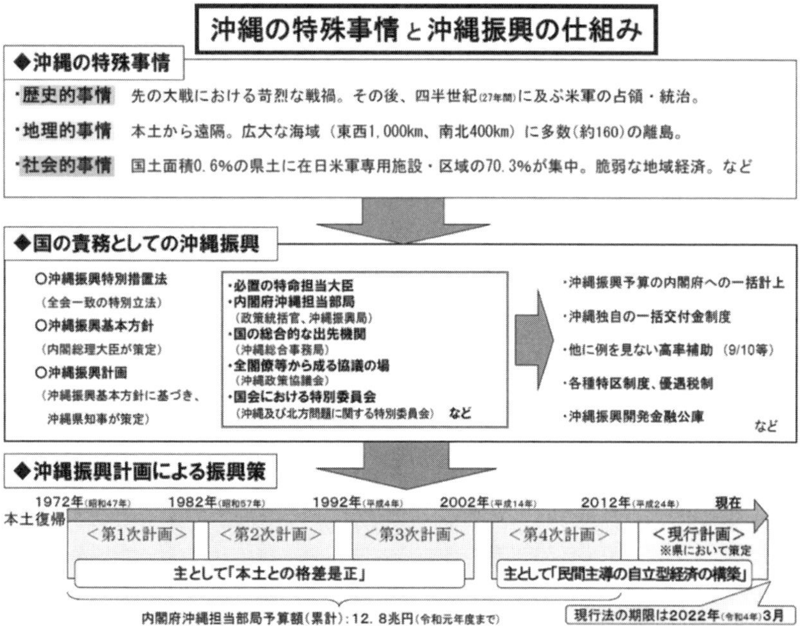

（出所）「沖縄振興の仕組みについて（第33回沖縄振興審議会（2019年6月14日）配布資料）」（内閣府：https://www8.cao.go.jp/okinawa/siryou/singikai/sinkousingikai/33/3306.pdf）、2頁を一部修正。

域」と定義されている。そして同法では、国の責務や両地域に係る施策などが規定されている（図表５）。

ここで注目すべきなのは、日本の島嶼の構成では離島に分類されていない沖縄本島が有人国境離島地域に含まれている点である。したがって、沖縄県は県内41市町村が有人国境離島地域となるため、日本の有人国境離島地域（29地域・148島）を含む自治体は13都道県97市町村となる（図表６）＊7。ただし、奄美群島、小笠原諸島、沖縄諸島及び大東列島、宮古列島、八重山列島などは特定有人国境離島地域に含まれていない。これは、先述したように、奄美群島が奄振法、小笠原諸島が小笠原法、沖縄の離島が沖振法の対象とされ、同様の補助を既に受けているとされているためである＊8。また、北方領土、竹島及び尖閣諸島は有人国境離島地域になっていないことを指摘しておきたい。北方領土と竹島は他国の実効支配、尖閣諸島は日本が実効支配しているものの無人島

図表5 有人国境離島地域及び特定有人国境離島地域に係る施策の概要

国の責務

国は、有人国境離島地域の保全及び特定有人国境離島地域に係る地域社会の維持のため必要な施策を策定し、及び実施する責務を有する。

基本方針・計画

○ 内閣総理大臣は、有人国境離島地域の保全及び特定有人国境離島地域に係る地域社会の維持に関する基本的な方針を定めるものとする。
○ 特定有人国境離島地域をその区域に含む都道県は、基本方針に基づき、当該特定有人国境離島地域について、その地域社会の維持に関する計画を定めるよう努めるものとする。

有人国境離島地域に係る施策

<保全>
一 国は、国の行政機関の施設の設置に努める。
二 国は、土地の買取り等に努める。
三 国及び地方公共団体は、港湾等の整備に努める。
四 国及び地方公共団体は、外国船舶による不法入国等の違法行為の防止に努める。
五 国及び地方公共団体は、広域の見地からの連携が図られるよう配慮する。

<その他>
○ 啓発活動

特定有人国境離島地域に係る施策

保全に関する施策に加え、国及び地方公共団体は、以下に掲げる事項について適切な配慮をする。
<地域社会の維持>
一 国内一般旅客定期航路事業等に係る運賃等の低廉化（特別の配慮）
二 国内定期航空運送事業に係る運賃の低廉化（特別の配慮）
三 生活又は事業活動に必要な物資の費用の負担の軽減
四 雇用機会の拡充等
五 安定的な漁業経営の確保等
※ 必要な財政上の措置等を講ずるものとする。

（出所）「有人国境離島法」
（内閣府：https://www8.cao.go.jp/ocean/kokkyouritou/yuujin/pdf/houritsu.pdf）

であるからである。そのため、石垣市国民保護計画は尖閣諸島には住民がいないという前提で策定されている＊9。

2 離島の抱える諸問題

（1）人口減少

前節でみたように、日本の離島地域に対しては様々な施策が行われてきている。にもかかわらず、人口減少が著しい。離島地域の人口は、法が制定された直後の1955（昭和30）年には約98 万人であったが、2015（平成27）年には約38万人まで減少している。なお、上記期間の日本の人口の推移をみると、全国の人口は約4割増加しているのに対し、離島の人口は5割以上減少している（図表7）。2005（平成17）年から2015（平成27）年までの10 年間で見ても、人口は17.4%減となっており他の条件不利地域と比べても減少幅が大きい。また、1960（昭和35）年の人口構成は若年層の人口が多いピラミッド型を維持していたが、少子高齢化及び若年層を中心とする人口流出の結果、2015（平成27）年は高齢者が多い逆ピラミッド型になっている＊10。

図表6 有人国境離島地域

（原図）内閣府総合海洋政策推進事務局作成。ただし国境線は日本政府の主張によるもので、現在本地図の北方四島はロシア、竹島は韓国の支配下にあり、有人国境離島地域には含まれない。
（出所）古川浩司「ボーダーリズムが問いかけるもの」（岩下明裕編著『ボーダーリズム─観光で地域をつくる』北海道大学出版会、2017年所収）、172頁。

図表7　1955(昭和30)年の人口を100とした場合の全国及び離島の人口の推移

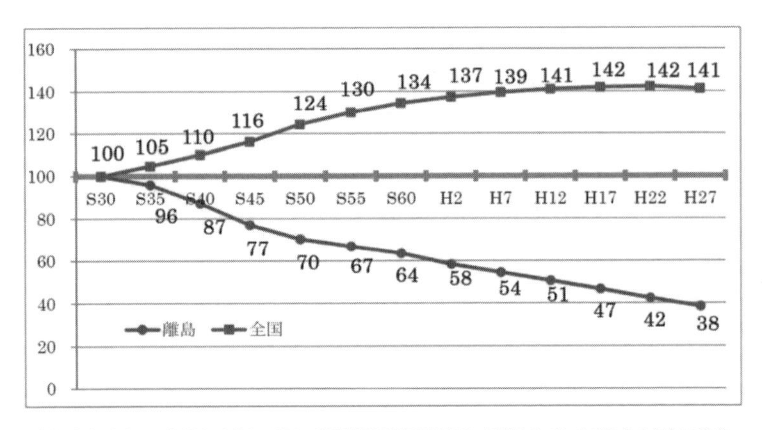

（備考）離島地域は平成 30 年 4 月 1 日現在、離島振興対策実施地域に指定されている 255 島を対象に算出。
（出典）全国の人口については総務省「国勢調査」（昭和 30 年～平成 27 年分）のデータを利用。離島地域は、国土交通省の離島の定義に基づき、国勢調査の結果を使用し算出した。

（出所）国土交通省、前掲報告書、27頁。

その結果、離島の就業者数は、第１次産業が1985（昭和60）年から2015（平成27）年にかけて約３分の１となっている＊11。なお、特に有人国境離島地域では暫定水域における外国漁船による資源の乱獲がその流れを加速化させている。例えば、日韓漁業協定に基づき設定されている暫定水域には日韓両国の漁船が出入り可能であるにもかかわらず、実際にこの暫定水域に入域して漁業を行うほとんどが韓国漁船である。というのも、韓国側の乱獲や漁具の投げ捨てなどに加え、日本国内における燃油の高騰により日本の漁業者にとっては採算が合わなくなっているからである。同様のことは日中漁業協定に基づき設定されている五島列島近海の暫定措置水域や共同水域でも起きており、これらの水域には中国の虎網漁船が一方的に多数押し寄せる状況が続いている。この他、2013年に締結された日台民間漁業取決めによる問題もある。日本と台湾（中華民国）との間には現在は国交がないが、尖閣諸島問題における中国への牽制から首相官邸が主導したと言われるこの取決めにより、日本漁船はこれまで台湾漁船が入ってこなかった水域に入ることに及び腰になりつつある。というのも、日台の漁法や保険制度の相違により、日本の漁業者にとってリスクが高くなってしまったからである＊12。

このように、日本国内の離島を有する自治体の人口は、石垣市や小笠原村といった数少ない例外もあるとは言え＊13、概して人口減少が顕著に進行している。

（２）行政のスリム化

（１）で説明したように、離島では概して全国でも人口減少に直面している一方で、国民保護に係る施策を含めた行政の担い手も不足しつつある。それを推進したのはいわゆる「平成の大合併」である。市町村の合併の特例等に関する法律（新合併特例法）が2005年3月末までは総事業費のおよそ3分の1の地元負担で大型公共事業が可能になる合併特例債といった潤沢なアメが用意された。同時にその半面では、2001年度から2007年度にかけて市町村への交付税配分額が累計で約3兆円削減された。その結果、1999年3月末に3232あった市町村の総数（北方領土にある６村を除く）が2013年1月には1719となり、46.9％減少した＊14（なお、2019年12月現在は1718である＊15）。

また、総務省の取りまとめによると、2005年度から進めた集中改革プランにより、市町村（政令指定都市を除き、特別区を含む）はそのもとで2009年度までの5年間に職員定員数の9.9％、実数にして10万人余りを削減した。その結果、市町村の現場から慢性的な人員不足と過重勤務を嘆く声が聞かれるようになった＊16。

合併による行政のスリム化が行われた離島を有する市町村がある一方、合併を選択しなかった市町村も交付税の配分の減少によって行政のスリム化を余儀なくされたのである。その結果、離島を有する自治体の国民保護行政の執行に少なからず影響を与えている。

Ⅱ　有人国境離島を有する基礎自治体における国民保護行政の現状

離島における国民保護行政を考える上で、有人離島を有する自治体が国民保護計画を策定しているか否かという問題がある。都道府県においては2005（平成17）年3月に消防庁が作成した「都道府県国民保護モデル計画」提示を受け、2005年度中に全都道府県が策定を完了した。一方、市町村においては2006（平成18）年1月に作成された「市町村国民保護モデル計画」提示後、未作成市町村は2012（平成24）年4月に11、2013（平成25）年4月に10、2014（平成26）年4月に7、同年12月に6、2017（平成29）年4月に4であったが、2017年度に沖縄県与那国町及び伊平屋村で策定された結果、未作成の市町村は新潟県加茂市と沖縄県読谷村のみとなっている＊17。なお、加茂市も読谷村も有人離島のある自治体ではないが、読谷村は有人国境離島地域である。

次に、国民保護計画に基づく訓練の頻度は都道府県レベルで異なり、2018（平成30）年度末現在、福井県・徳島県が2005（平成17）年度より12回実施しているのに対し、宮城県、群馬県、石川県、和歌山県、島根県、広島県、高知県は2回に留まっている。なお、離島を有する都道県では、徳島県（12回）、愛媛県（9回）、山形県・東京都（7回）、福岡県・宮崎県（6回）、静岡県・愛知県・三重県・滋賀県・大分県（5回）、新潟県・兵庫県・長崎県・熊本県・鹿児島県・沖縄県（4回）、北海道・岡山県・山口県、香川県（3回）、宮城県・石川県・島根県・広島県・高知県（2回）となっている＊18。また市町村レベルでは筆者が調査した有人国境離島を有する自治体をはじめほとんど行われていないのが現状である。なお、国民の保護に関する基本指針の中で、市町村は複数の「避難実施要領のパターン」を作成するよう努めることとされているが、2017（平成29）年4月現在の未作成率は全国で55%となっている＊19。

ところで筆者は先述したようにこれまで日本の有人国境離島地域を有する自治体においてヒアリング調査を実施してきた。ここからはこれまでのヒアリングも踏まえて特に有人国境離島を有する自治体における国民保護行政の現状を論じたい。

まず国民保護計画に関しては、作成が遅れていた沖縄県八重山地域の3市町村においても、2011年2月に竹富町国民保護計画、2013年3月に石垣市国民保護計画、そして先述したように2017年5月には与那国町国民保護計画が策定された。しかし、国民保護計画が近年策定された自治体を除けば、その後の行政機構の変更をはじめ内外の状況が変容しているにもかかわらず修正していない自治体が多い。ただし、長崎県五島市は2015年2月、長崎県壱岐市は2016年4月、長崎県対馬市は2017年2月、沖縄県宮古島市は2019年2月に修正している＊20。また「避難実施要領のパターン」、すなわち国民保護避難実施マニュアルを作成している自治体は壱岐市（2016年3月作成）と宮古島市（2019年3月作成）のみである＊21。さらに国民保護計画に基づく訓練の実施に関しては、2015年10月の平成17年度長崎県国民保護図上訓練（2015年10月実施）および令和元年度長崎県国民保護図上訓練（2019年11月実施）に参加した五島市、平成18年度長崎県国民保護図上訓練（2016年10月実施）に参加した新上五島町、平成18年度島根県国民保護訓練（2006年11月実施）に参加した隠岐４市町村、弾道ミサイル落下を想定した訓練（2017年9月実施）および平成29年度島根県国民保護図上訓練（2017年12月実施）に参加した隠岐の島町、平成30年度島根県国民保護図上訓練（2018年10月実施）に参加した西ノ島町、平成20年度宗谷支庁管内国民保護図上訓練（2008年11月実施）に参加した礼文町・利尻町・利尻富士町の事例にとどまっている＊22。

Ⅲ　何が課題で、なぜ進まないのか

前章で説明した現状に対し、課題は大きく（１）人口減少に起因する課題、（２）行政のスリム化に起因する課題、（３）国民保護法制に内在する課題に分けることができる。

１　人口減少

先述した通り、全国と比べて離島の人口は大幅な減少傾向にあることが、行政の担い手不足を招いている。例えば、有人国境離島を有する自治体の消防団の構成をまとめたところ、実員が条例定数をかなり下回っている自治体がほとんどである（図表８）。また、与那国町では全消防団員が役場職員である。武力攻撃事態あるいは緊急対処事態が認定された際に、役場職員としての責務を果たしながら、消防団員として職責も果たすことは可能なのであろうか。もともと消防団員に占める地方公務員の割合は自治体によって異なり、与那国町のような自治体は他に見られないが、消防団員に占める地方公務員の割合が高くなればなるほど与那国町と同様の問題が生じることは大いに予想される。

図表8 有人国境離島を有する主な基礎自治体における消防団の構成
（2018年4月1日現在）

（人）		条例定数	実員	地方公務員
沖縄県	与那国町	23	22	22
	竹富町	159	148	3
	石垣市	100	78	4
	多良間村	25	25	12
	宮古島市	170	162	59
長崎県	対馬市	1600	1507	165
	壱岐市	1020	963	83
	五島市	1540	1339	151
	新上五島町	920	871	127
	小値賀町	156	144	44
島根県	隠岐の島町	525	483	70
	海士町	117	113	26
	西ノ島町	208	175	33
	知夫村	75	75	21

東京都	小笠原村	93	54	8
北海道	礼文町 利尻町 利尻富士町 奥尻町 焼尻島(羽幌町) 天売島(羽幌町)	150 130 130 85 45 50	145 112 119 74 36 45	0 4 0 1 12 5

(出所)「あなたの街の消防団」(総務省消防庁：https://www.fdma.go.jp/relocation/syobodan/search/)ウェブサイト内資料をもとに筆者作成。

2　行政のスリム化

先述したように、行政のスリム化による慢性的な人員不足と過重勤務を嘆く声が聞かれるようになって久しい。そのため、行政需要のない事務は後回しにされがちであると考えられる。すなわち、武力攻撃事態あるいは緊急対処事態が全く発生していないことも自治体の動きを鈍らせているのではないだろうか。というのも、台風や地震等に伴う自然災害はこれまで何度も発生しているのに対し、武力攻撃事態あるいは緊急対処事態は国民保護法制定後には起きていないからである。そのため需要のない国民保護行政に関する事務は後回しにされてしていると考えられる。これに関連して特に町村レベルの場合は窓口となる総務課が他の多くの所掌事務も抱えていることから国民保護に関する施策に手を付けられないことも指摘できる＊23。なお、ヒアリングを行った市町村からは「地域防災計画と比べて、国民保護計画では想定されるケースが多すぎる」という回答が多く聞かれた。「行政需要がないにもかかわらず、考えるべきことが多すぎて計画策定以外に手が付かない」自治体がほとんどではないであろうか。

また、防災の対応主体が市町村（自治事務）であるのに対し、国民保護は法定受託事務であることも市町村の対応に影響を与えているものと思われる。当然、国防は国の専管事項であるから、このことは国民保護行政を自治事務にすべきであるということを意味しないが、それゆえに国がより積極的に都道府県や市町村の想定を手助けすべく情報を提供する必要もあるのではないだろうか。

3　国民保護法制

国民保護法制に内在する課題として、第一に、想定する上で与えられている情報だけでは不十分であることがあげられる。例えば、消防庁が2006（平成18）年1月に作成した「市町村国民保護モデル計画」の巻末資料には、弾道ミサイル攻撃、ゲリラ・特殊部隊による攻撃（比較的時間的な余裕がある場合・昼間の都市部における突発的な攻撃の場合の避難・都市部における化学剤を用いた攻撃の場合・原子力発電所への攻撃の場合の対応・石油コンビナートに対する破壊攻撃の場合）、着上陸侵攻（離島からの避難の場合）＊24、2011（平成23）年10月に作成した『「避難実施要領のパターン」作成の手引き』には「爆発物が発見され、避難施設に徒歩で避難する事案」と「石油コンビナートが攻撃を受けてバスで非難する事案」を事例としてあげている＊25。このうち弾道ミサイル攻撃に関しては攻撃による被害想定が可能でない限り、地下壕や頑強なコンクリート施設がない離島においては避難しても攻撃の被害に遭うと考えられる。また、ゲリラ・特殊部隊による攻撃も想定されるケースを示すことにより相手に攻撃目標を示すことにもなりかねない。さらに着上陸侵攻に至っては、交通手段が不足していることから全島避難を行う場合の想定も必要となる＊26。この他、「島国であるわが国を占領するには、侵攻国は海上・航空優勢を得て、海から地上部隊を上陸、空から空挺部隊などを降着陸させることとなる＊27」という『防衛白書』にある前提が正しければ、着上陸侵攻時には既に当該自治体の機能が海や空からの攻撃により停止していることも考えられる。

第二に、国民保護法制定時から指摘されているにも関わらず、今なお手が付けられていない問題があることである。例えば、武力攻撃事態対処法第2条では、武力攻撃事態等を終結させるためにその推移に応じて実施する措置と武力攻撃から国民の生命、身体及び財産を保護するため、又は武力攻撃が国民生活および国民経済に影響を及ぼす場合において当該影響が最小となるようにするために武力攻撃事態等の推移に応じて実施する次に掲げる措置が規定されている。このうち、前者（武力攻撃の排除）は自衛隊の武力行使、米軍の円滑化及び外交上の措置等が想定されているが、後者（国民保護措置）の救助の主体は明確ではない。例えば、自衛隊の国民保護の実施に係る基本的考え方（防衛省国民保護計画）では、「①武力攻撃事態等においては、我が国に対する武力攻撃の排除措置に全力を尽くし、もって我が国に対する被害を極小化することが基本的任務である。②主たる任務である我が国に対する武力攻撃の排除措置に支障を生じない範囲で、可能な限り国民保護を実施することを基本とする。」とされている。単純な誤解を恐れず言えば、実際に起きてみないとどのように対処すべきかがわからないのである。

おわりに

本論では「離島問題に見る基礎自治体の国民保護計画への対応」と題し、離島問題を切り口に、その「危機的課題」としての特性を踏まえつつ、基礎自治体と上位の地方自治体、さらには国家との関係性の中で、国民保護の抱える「葛藤」を論じてきた。その結果、離島を有する自治体は人口減少、行政のスリム化により、国が期待するような国民保護行政の実現が困難になっていることを明らかにした。また、それは国民保護法制に内在することを指摘した。すなわち、法律上の問題に加え、特に町村レベルにおいては実務上の問題もあげた。この点は市町村や都道府県を問わず、あるいは有人国境離島地域を有する自治体であるか否かを問わず、それ以外の自治体にも共通して言えるかもしれない。また、市町村は都道府県に依存し、都道府県は国に依存しようにもどうしようもないことも背景として考えられよう。

そもそも人口が減少して無人化すれば、国民保護の必要がなくなるので良いのではないかという意見も考えられる。しかしながら、有人国境離島法の制定の背景にもあるように、6,852の島から構成される日本では、人が住むことによって領土保全が果たされてきた。そのため、人が住まなくなり、国民保護の必要性がなくなれば済む問題ではない。

国民保護に関する対処は冒頭でも述べたように、防衛省・自衛隊に依存しきれない部分を補うために都道府県や市町村においても推進が求められている。そのため推進することそれ自体に関しては国民保護計画を策定していない自治体を除けば各自治体において異論はないと思われる。しかしながら、想定すべき点が多すぎることに加え、行政需要がないために必ずしも十分に進展しているとは言えない。

なお、国民保護に関して想定すべき範囲が広すぎる点に関しては、法案作成時に起因する問題も指摘した。したがって、現行法の改定も含め、その運用を再考することが上記の問題の解決策として考えられる。しかし、現状では災害対策法制と同様に、事後対処、すなわち、実際に何かが起きない限り、運用も含めた法律の修正は困難であると思われる。したがって、最後に国民保護それ自体に対する考え方の転換の必要性を指摘して本論を締めくくりたい。

註

1 かわぐちかいじ（惠谷治監修）「空母いぶき」（『ビックコミック』小学館、2014年24号～2019年24号)。なお、与那国駐屯地の隊長（当時）の塩満大吾氏も購読していたという（刀祢館正明「続・南の国境をたどって」『朝日新聞』2017年3月1日夕刊）。

2 防衛省編、前掲書、277頁。

3 数少ない例としては、佐道明広「南西諸島防衛強化問題の課題―法体制整備・国民保護・自衛隊配備問題を中心に―」（『社会科学研究』第33巻第2号、2013年、7～32頁）、中林啓修「先島諸島をめぐる武力攻撃事態と国民保護法制の現代的課題－島外への避難と自治体の役割に焦点を当てて―」（『国際安全保障』第46巻第1号、2018年、88～106頁）がある。このうち、佐道論文では国民保護の取り組みの必要性が述べられているのに対し、中林論文では先島諸島での島外避難のケーススタディをもとに現状の国民保護制度の実行可能性が検討されている。

4 なお、離島振興法に基づく離島振興対策実施地域の詳細は、「離島振興対策実施地域一覧」（国土交通省：http://www.mlit.go.jp/common/001290708.pdf）を参照されたい。

5「改正奄振法が成立」（『奄美新聞』2019年3月29日：http://amamishimbun.co.jp/2019/03/29/17217/）。なお、奄振法及び小笠原法の改正法の詳細は、「奄美群島振興開発特別措置法及び小笠原諸島振興開発特別措置法の一部を改正する法律（第112回奄美群島振興開発審議会（2019年4月25日）配布資料」（国土交通省：http://wwwmlit.gojplcommon/001287866.pdf）を参照されたい。

6 沖縄振興開発特別措置法及び同法に基づく施策の評価したものとして、百瀬恵夫・前泊博盛『検証「沖縄問題」』（東洋経済新報社、2002年）がある。加えて、2002年に制定された沖縄振興特別措置法及び同法に基づく施策の評価したものとして、牧野浩隆『バランスある解決を求めて』（文進印刷、2010年）、島袋純『「沖縄振興体制」を問う』（法律文化社、2014年）などがある。

7 詳細は「有人国境離島地域の保全及び特定有人国境離島地域に係る地域社会の維持に関する基本的な方針」（内閣府：http://www.cao.go.jp/ocean/kokkyouritou/yuujin/pdf/h29_kihonhoushin.pdf）、19～22頁を参照されたい。

8 古川、前掲論文、173頁。このような法体系になっている背景として、1952年に発効したサンフランシスコ平和条約に基づき日本の領土が確定したことにより、1953年に離島振興法が制定された後、奄美群島、小笠原諸島、沖縄が返還されたことがあげられる。

9 詳細は「石垣市国民保護計画」（石垣市役所：http://www.city.ishigaki.okinawa.jp/home/soumubu/bousai/pdf/kokuminhogo/01.pdf）を参照されたい。

10 国土交通省、前掲報告書、27頁。なお、長崎県五島市は1955（昭和30）年に91,973人だった人口が2015（平成27）年には37,327人、同様に長崎県対馬市もピーク時の1960（昭和35）年に69,556人であった人口が2010（平成27）年には31,457人まで減少している（特集「礼文セミナー2019」（『JIBSN レポート第17号』：http://borderlands.or.jp/jibsn/report/JIBSN17.pdf）、28～55頁）。

11 国土交通省、前掲報告書、33頁。

12 詳細は、特集「JIBSN 五島セミナー2013」（『JIBSN レポート第６号』：http://src-ho

kudai-ac.jp/jibsn/report/JIBSN6.pdf）14～18頁、佐々木貴文「「日台民間漁業取決め」締結とそれによる尖閣諸島周辺海域での日本および台湾漁船の漁場利用変化」（『漁業経済研究』第60巻1号、2016年、43～62頁）を参照されたい。

13 国勢調査によれば、石垣市の人口は1955年の38,481人から2015年の47,660人に、小笠原村の人口は復帰後の1970年の782人から2015年の3,022人に増加している。

14 小原隆治「平和委大合併と地域コミュニティのゆくえ」（室崎益輝・幸田雅治編著『市町村合併による防災力空洞化―東日本大震災で露呈した弊害―』ミネルヴァ書房、2013年所収）、215～216頁を参照。

15 詳細は「市区町村数を調べる」（政府統計の総合窓口：https://www.e-stat.go.jp/municipalities/number-of-municipalities）を参照されたい。

16 小原、前掲論文、221頁。なお、小原は、この問題点が、東日本大震災が発生して間もなくの自治体の対応や、その後の復旧・復興活動にも少なからず否定的な影響を及ぼしていると指摘している（同上）。

17 野口壮弘「J アラートを活用した情報伝達について（平成29年10月25日）」（日本防火・危機管理促進協会平成29年度第4回「地方公共団体の危機管理に関する研究会」配布資料：http://www.boukakiki.or.jp/crisis_management/pdf_1/171025_noguchi.pdf）、52～53頁を参照。なお、与那国町国民保護計画および伊平屋村国民保護計画は閲覧可能である（「与那国町国民保護計画」（与那国町：https://www.town.yonaguni.okinawa.jp/docs/2018041100144/hogokeikaku.html）・「伊平屋村国民保護計画」（伊平屋村：http://www.vill.iheya.okinawa.jp/UserFiles/File/伊平屋村国民保護計画.pdf））。また、加茂市と読谷村は2019年4月1日現在も未策定である（「国民保護に関する計画の策定状況」（内閣官房国民保護ポータルサイト http://www.kokuminhogo.go.jp/pdf/R01keikakujoukyou.pdf））。

18 その他詳細は「平成30年度 国民保護に係る訓練の成果等について」（内閣官房国民保護ポータルサイト：http://www.kokuminhogo.go.jp/news/assets/fa3a8fbdec5380b378b3e8c225acd0ba207b5fc9.pdf）、1頁を参照されたい。

19 野口、前掲資料、57頁。

20 詳細は「五島市国民保護計画」（五島市役所：http://www.city.goto.nagasaki.jp/contents/living/pdf/100.pdf）、「壱岐市国民保護計画」（壱岐市役所：https://www.city.iki.nagasaki.jp/material/files/group/2/zenpen.pdf）、「対馬市国民保護計画」（対馬市役所：http://www.city.tsushima.nagasaki.jp/policy/images/hogo_keikaku/201704.pdf）、「宮古島市国民保護計画」（宮古島市役所 https://www.city.miyakojima.lg.jp/kurashi/bousaijouhou/files/01honpen.pdf）を参照されたい。

21 詳細は「国民保護避難実施マニュアル」（壱岐市役所：https://www.city.iki.nagasaki.jp/material/files/group/6/kokuminghogo.pdf）、「宮古島市国民保護計画【避難実施要領のパターン】」（宮古島市役所 https://www.city.miyakojima.lg.jp/kurashi/bousajjouhou/files/hinanjissi.pdf を参照されたい。

22 詳細は「平成17年度長崎県国民保護図上訓練を実施しました。」(長崎県庁：https://www.pref.nagasaki.jp/sb/guard/approach_pref/kunren_1.html)、「平成18年度長崎県国民保護図上訓練を実施しました」(同上、https://www.pref.nagasaki.jp/sb/guard/approach_pref/kunren_2.html)、「令和元年度長崎県国民保護図上訓練の実施について」(同上、https://www.pref.nagasaki.jp/press-contents/410493/)、「島根県国民保護計画に参加」(航空自衛隊美保基地:https://www.mod.go.jp/asdf/miho/topics_simane_kokuminhogokunren.html)、「隠岐の島町で弾道ミサイル落下を想定した訓練を実施しました」(島根県庁：https://www.pref.shimane.lg.jp/bousai_info/bousa/kikikanri/kokuminhogo/okinosima.html)、「平成29年度島根県国民保護訓練の実施について」(同上、https://www.pref.shimane.lg.jp/bousai_info/bousai/bousai/kokumin_hogo/29kokuminn.html)、「平成30年度島根県国民保護訓練の実施について」(同上、:https://www.pref.shimane.lg.jp/bousai_info/bousai/bousai/kokumin_hogo/30kokuminn.html)、「宗谷支庁管内国民保護図上訓練の実施結果について」(北海道庁：http://www.pref.hokkaido.lg.jp/sm/ktk/g-sng/2008kunrenkekka.pdf) を参照されたい。

23 都道府県レベルの地方自治体の危機管理体制に関しては、第4章を参照されたい。なお、本章で考察した市町村に関しては、独立した課として設置（1町：竹富町防災危機管理課)、総務部内に「課」や「室」として設置（3市：壱岐市危機管理課、宮古島市防災危機管理課、石垣市防災危機管理室)、総務課内に「室」として設置（3市町：隠岐の島町危機管理室、対馬市地域安全防災室、新上五島町消防防災室)、総務課内に担当を設置（12市町村：礼文町、利尻富士町、利尻町、奥尻町、羽幌町、小笠原村、海士町、西ノ島町、知夫村、五島市、小値賀町、与那国町)、総務財政課内に担当を設置（1村：多良間村）となっている。

24 「市町村国民保護モデル計画」(消防庁：http://www.fdma.go.jp/html/intro/form/pdf/kokuminhogo_unyou/kokuminhogo_unyou_main/sityouson_KokuminHogo.pdf)

25 『「避難実施要領のパターン」作成の手引き』(消防庁：http://www.fdma.go.jp/html/intro/form/pdf/kokuminhogo_unyou/kokuminhogo_unyou_main/hinan_tebiki_2310.pdf)

26 先島諸島の島外避難に関する事例研究として、中林、前掲論文があるが、実際の検討は見られない。

27 防衛省編、前掲書、288頁。

第10章　弾道ミサイル攻撃と民間事業者の対応

芦沢　崇

はじめに

北朝鮮による核・ミサイル開発は朝鮮戦争休戦後から本格的に着手されたとされており、特に1980年代以降は顕著に国際問題化されてきた。北朝鮮が日本海に向けてはじめて準中距離弾道ミサイル「ノドン」の発射実験を行ったのが1993年、米国本土まで届くとされる大陸間弾道ミサイル「テポドン」の実験は1998年。その後、４つある武力攻撃事態のうち１つに「弾道ミサイル攻撃」を指定した国民保護法が成立したのは2004年であった。その後も北朝鮮は約10年間、核・ミサイル開発を進め、ミサイル発射実験も繰り返し行ってきた。この間、全国各地で実施された国民保護訓練で弾道ミサイル攻撃シナリオが採用されることはなく、民間事業者の危機管理においても同シナリオが真剣に議論されることはなかった。

転機となったのは、2017年8月。北朝鮮は中距離弾道ミサイル「火星12」を発射し、弾道が北海道上空を通過後、襟裳岬の東方約 1,180km の太平洋上に落下した。この時、弾道ミサイルが日本に飛来する可能性があるとして、全国瞬時警報システム（通称：Ｊアラート）による緊急情報が北海道から北関東まで広い地域に一斉に発報された。仮に、弾道が渡島半島のどこかに着弾するコースであれば、Ｊアラート発信から5分程度の猶予しかなかった。続いて、北朝鮮は同年9月、6回目の核爆発実験を実施し、大陸間弾道ミサイル搭載用の水爆実験を完全に成功させたと発表した。後日、防衛大臣は北朝鮮の核実験がTNT 火薬換算 で約160kt（キロトン）との評価を示した。これは、広島型原子爆弾（リトルボーイ）が TNT 換算で15kt、長崎型原子爆弾（ファットマン）が21ktであったことと比較すると、北朝鮮の核兵器は少なくとも、広島型原子爆弾の10倍超、長崎型原爆の約8倍の核爆発能力を備えているということを意味することとなり、北朝鮮による具体的・現実的な弾道ミサイル攻撃リスクが一斉に認識され、国・自治体・民間事業者等において各種検討・対策が開始される契機となった。

こうして2017年以降、民間事業者の危機管理においても弾道ミサイル攻撃リスクへの対応の必要性が盛んに取り上げられ、様々な検討・施策実施がなされてきた。しかし、これまで扱ってこなかった新種のリスクに対して情報が不足しており、やや不十分な理解に基づく見解を示す民間事業者の責任者・担当者が多く見られた。例えば「着弾したら(核弾頭だろうが通常弾頭だろうが)終わり」「すべての弾頭には核が積まれている」といった誤解が多く、これらは最終的に「一民間事業者に出来ることは何もない」「何をしても無駄」というネガティブな結論を導いていた。

北朝鮮による核・ミサイル攻撃のリスクについはて1980年代以降繰り返し警鐘を鳴らされており、はじめて日本海にノドンが撃ち込まれた1993年から20年以上発射実験が繰り返され、国民保護法成立から10年以上も経つなかでリスクが高まり続けてきたにもかかわらず、なぜ多くの民間事業者の危機管理セクションにはこのような誤解が存在し、具体的かつ充分な対策が進んでこなかったのか。この疑問が本稿の出発点である。民間事業者が弾道ミサイル攻撃リスクに対して取るべき対策を整理するなかで、何が課題でなぜ進まないのか、その背景となる行政側の対応も含めて探ることを目的としたい。

Ⅰ　弾道ミサイル攻撃リスクに対する民間事業者の責務等

まず、民間事業者におけるリスク対応を全般的に覆う義務規定として、「善管注意義務（善良な管理者の注意義務)」がある。会社法第330条で定められており、役員は会社に対して、一般的・客観的に要求される水準の注意をもって事業活動を行う義務を負っており、民間事業者において行われるリスク対応全般についても当然この義務に含まれる。

さらに、大会社の役員の会議体である取締役会は、同法施行規則第100条にて「損失危険回避体制（損失の危険の管理に関する規程その他の体制)」を構築することとされており、発生する可能性があるリスクの特定やモニタリング、発生時対応等を推進する責任がある。

人命安全面に焦点を絞れば、民間事業者の使用者はその労働者に対して「安全配慮義務（労働契約法第5条)」を負っており、あらゆる危険から労働者の生命・身体を保護するよう取り組まなければならない。判例＊1によれば、民間事業者が安全配慮義務を尽くしていたかどうかは「教育を施した管理者の配置」「避難訓練等の実施」「対応マニュアルの適否」「初動期の情報収集」「本社の指揮等」などから判断される。民間事業者においてその労働者に人的被害が発生したとき、上記義務を尽くしていないと裁判所が判断した場合は厳しく裁かれる。「大規模ハザードだからやむを得ない」という論理は通用せず、具体的な活動が法令上求められている。

翻って、2017年当時の日本国内の民間事業者による弾道ミサイル攻撃リスクへの対応状況はどうだったのか。

リスク対策.com 社等による会員事業者向けアンケート調査（2017年5月、有効回答数265）によれば、多くの民間事業者が朝鮮半島有事に関する日本国内拠点や韓国拠点への影響に危機感を抱いているが、具体的な対応が定まっていなかった。また、NTT レゾナント社による同様の調査（2017年8月、有効回答数1,364）によれば、事業者規模に関わらず、約80〜90%の民間事業者はＪアラートの通知時の対応が必要と考えているが、実際に行動要領を定めているのは大規模事業者であっても約24%、策定中を含めても約60%に過ぎなかった。

図表1 半島有事における

韓国現地法人の対応（左）　Jアラート発報時の対処要領（右）

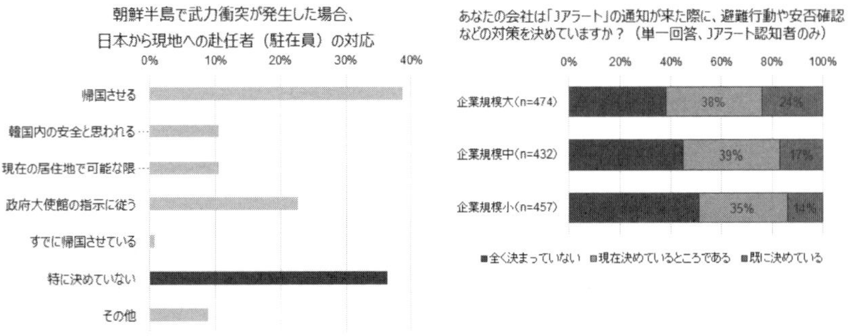

出典：リスク対策.com、アクサ・アシスタンス・ジャパン株式会社「朝鮮半島の情勢に伴う国内・韓国における従業員らの安全対策に関するアンケート（2017年5月）」（左）、NTTレゾナント株式会社「企業の防災意識と取り組みに関する調査（2017年8月28日）」（右）

上記からは、リスクを認識してはいるが、対応は進んでいない（何をしたらよいかわからない）という実態が見えてくる。時代とともに、民間事業者による危機管理において、「想定外」「不可抗力」を主張できるエリアは狭まってきている。阪神・淡路大震災や東日本大震災クラスの災害でさえ、もはや想定外ではなく備えるべきリスクとされている（現に首都直下型地震やや南海トラフ巨大地震の被害想定が一般に広く公表され、各種周知活動も進んでいる）。そんなさなか、過去20年に渡って脅威が存在し続け、国内法令が整備されてから10年以上も経過していることを踏まえると、日本国内の民間事業者にとっての弾道ミサイル攻撃リスクは明らかに予見可能であり、想定内のインシデントとして事案管理（Incident Management）の対象であるとの指摘をせざるを得ない。そのような状況で民間事業者が同リスクに対して無策、あるいは不十分な策のまま被害を出してしまった場合、株主、従業員、取引先、近隣住民、行政等ステークホルダーから善管注意義務や損失危険回避、安全配慮義務等の法令違反を問われる可能性がある。

Ⅱ　事案管理の対象としての弾道ミサイル攻撃リスク

実際に弾道ミサイル攻撃があった場合に、具体的にどのような事象が発生し、民間事業者の立場でどのような影響があるのか、まず被害想定を検討することが重要となる。その大前提として、北朝鮮が保有する弾道ミサイルや日本のミサイル防衛システム等について概観する。なお、以下はすべて公開情報から収集・整理が可能なものである。

1　北朝鮮が保有する弾道ミサイル

北朝鮮は長年に渡るミサイル開発により、多くの弾道ミサイルの開発に成功している。弾道ミサイルはその射程距離 によって概ね４種類に分類されるが、北朝鮮はいくつかのミサイルについては実戦配備、もしくはそれに近いところまで開発が完了しているとみられている。

図表2 弾道ミサイルの分類と北朝鮮が保有するミサイル

分類	射程距離	北朝鮮の該当ミサイル
短距離弾道ミサイル SRBM *Short-Range Ballistic Missile*	1000km未満	スカッドB トクサ 等
準中距離弾道ミサイル MRBM *Medium-Range Ballistic Missile*	1,000~3,000km	スカッドER ノドン 北極星1号（KN-11） 等
中距離弾道ミサイル IRBM *Intermediate-Range Ballistic Missile*	3,000~5,500km	ムスダン 火星12（KN-17） テポドン1号 等
大陸間弾道ミサイルICBM *Intercontinental Ballistic Missile*	5,500km以上 ※通常は10,000km以上	テポドン2号 火星14（KN-20） KN-08 等

出典：筆者作成。なお、ミサイル射程距離は分析機関によって若干異なる。下線字は日本攻撃時に使用される可能性が高いもの。

上記のうち、日本攻撃時に使用される可能性があるのは準中距離弾道ミサイル「スカッド ER（射程約1,000kmで、九州、中国・四国が射程圏内）」や「ノドン（改良型は射程約1,500kmで、沖縄から北海道までほぼ全土が射程圏内）」、中距離弾道ミサイル「ムスダン（射程約2,500～4,000kmで、北海道から沖縄まで全て射程圏内）」などが想定される。

なお、大陸間弾道ミサイル「テポドン2号」や「火星14」、中距離弾道ミサイル「火星12」といった米国などを攻撃対象とした長距離射程弾が何らかの理由（事故等）で日本列島上に着弾してしまうリスクについて指摘する声もあるが、弾道は慣性の法則で飛翔しており、基本的にはそのような可能性は低いと考えられている。

2　想定しておくべき着弾シナリオ

北朝鮮は、周辺国の反対を押し切り、核実験・ミサイル発射実験を繰り返し、緊張を高めている。ただし、事故や偶発的事態を除けば、北朝鮮から攻撃を仕掛ける可能性は極めて低く、半島有事に発展するのは「①米国の対朝攻撃」「②南北衝突の拡大」「③北朝鮮内部の急変事態」の３パターンに絞られる。つまり、単発のミサイル実験はさておき、本格的に弾道ミサイル群が日本に飛来するということは、すでに有事（戦争状態）と認識すべきである。半島有事に発展した場合、北朝鮮は航空兵力としての弾道ミサイルを使った攻撃を行うだろう。韓国、米国本土、米国グアム・ハワイ等の軍事アセット、そして日本国内が主な攻撃ターゲットになる。弾道ミサイル群が日本に飛来し、日米両軍の迎撃網をくぐり抜けてきた弾頭が最終的に国内に着弾する。弾頭の種類については、着弾、あるいは迎撃による空中爆発をするまでは不明であることから、最悪のシナリオ、すなわち核弾頭の想定をしておく必要がある。

2018年3月のいわゆる南北合意、同年6月の米朝首脳会談以降、一時的に融和

図表3 日本国内への着弾シナリオ（例）

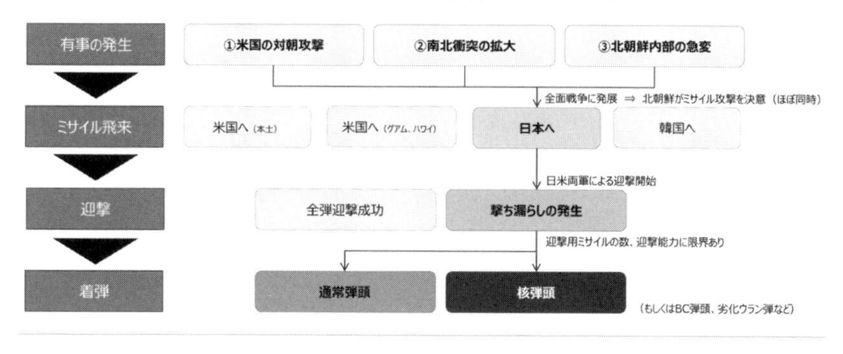

出典:筆者作成

モードが広がり2018年中の核実験・弾道ミサイル発射は行われなかった。しかし、2019年2月の二回目の米朝首脳会談で両国の主張の隔たりが大きく非核化に関する合意文書が締結されなかったことを受け、2019年5月以降、複数回の発射実験を再開させている。この間、北朝鮮は開発作業を粛々と進めていたとされ、核兵器の小型化・弾頭化の実現に至っているとみられること、日本全域を射程に収める弾道ミサイルを数百発実戦配備していること、発射台付き車両や潜水艦を用いて奇襲的に弾道ミサイル攻撃をできる能力及び複数の弾道ミサイルを同時に発射する能力を保有していることなどから、北朝鮮の核・ミサイル能力に本質的な変化は生じておらず、弾道ミサイル攻撃リスクは低減していないと評価すべきである。

3　日本の弾道ミサイル防衛

2019年12月現在、弾道ミサイル攻撃に対する日本の防衛システム（BMD）は二段構えの迎撃体制となっている。弾道ミサイルは、打ち上げ直後から、①ブースト段階、②ミッドコース段階、③ターミナル段階という３つの段階を経て着弾に至る。日本の BMD では、このうち②ミッドコース段階において海上配備型迎撃ミサイル SM-3 による迎撃、③ターミナル段階において地対空誘導弾ペトリオット PAC-3 による迎撃を想定している。

図表4 日本の弾道ミサイル防衛（Ballistic Missile Defense：BMD）

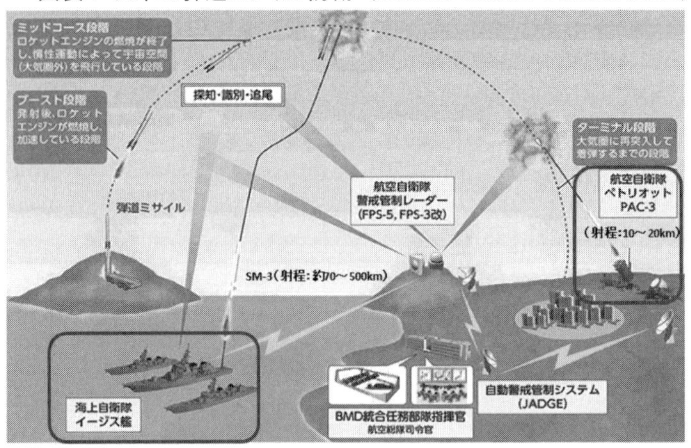

出典：防衛省「平成28年版防衛白書」（2017年）
http://www.mod.go.jp/j/publication/wp/wp2016/html/n3123000.html#zuhyo03010207 をもとに筆者加工）

これら迎撃システムは、必ずしも、いついかなる時でも万全の迎撃を誇るわけではない。日本海配備のイージス艦や地上配備の PAC-3 が一度に迎撃できる数を超える弾数が飛来した場合やいわゆる飽和攻撃があった場合は、残念ながら撃ち漏らしが発生してしまうとみられている。また、ロフテッド軌道と呼ばれる高高度から撃ち下ろす方法が採られた場合、多弾頭弾＊2やイスカンデル型の滑空弾頭＊3を使用された場合は、海上配備の SM-3 による迎撃やターミナル段階における PAC-3 による迎撃は不確実性が増すとみられている。これらの課題に対する新技術開発等の対策も進められてはいるが、当面は現状の二段階の BMD と米軍との連携で防ぐ状況が続くことになる。

民間事業者の危機管理担当者としては、上述の通り迎撃は100％ではないということ、また、例え迎撃に成功したとしても、それがターミナル段階であった場合、PAC-3 の射程は約20㎞なので、通常弾頭であればその破片、核弾頭であれば放射性物質などが飛散し、人命や自社資産に被害が出る可能性があるということを認識しておかなければならない。

4　攻撃対象の予測

「ミサイルが我が社に突っ込んだらどうすべきか」という民間事業者の声をしばしば聞く。実際、弾道ミサイル攻撃時に予想される着弾地点を予測することはほとんど不可能であり、直前にならなければわからない。さらに、発射された後であっても、現状の技術では着弾地点をピンポイントで指し示すことができるわけではなく、大まかな警戒エリアが判明するにすぎない。実際に2017年8月に火星12が発射された際も、Ｊアラートが発信された地域は北海道から北関東までの非常に広いエリアだったことは前述の通りである。そもそも自社が北朝鮮からピンポイントで狙われる蓋然性、個別特異な事情があるのかどうか、一度冷静になって考えてほしい。

「弾道ミサイルがどこに着弾するかを予測することはほとんど不可能であり、直前にならなければわからない」ということを前提にしつつも、以下にあくまでも一般的な攻撃対象を例示する。北朝鮮のミサイル攻撃能力において半数必中界（CEP）は約２㎞とされており＊4、自社アセット近隣にこれら目標がある場合は巻き込まれリスクがあると認識すべきである。

図表5 代表的な攻撃対象(例)

◆代表的な対戦力目標(counter-force-targets)
※在日米軍基地

No	施設名称	備考
1	横田基地	在日米軍司令部。在日空軍司令部。第374空輸航空団、第730航空機動中隊等。
2	座間基地	在日米陸軍司令部
3	横須賀基地	第7艦隊空母打撃群母港
4	厚木基地	空母艦載機など
5	佐世保基地	第7艦隊強襲揚陸艦
6	嘉手納基地	第18航空団等。
7	三沢基地	米空軍第35戦闘航空団等。
8	岩国飛行場	山口県岩国
9	キャンプ・コートニー	第3海兵遠征軍司令部等

◆代表的な対価値目標(counter-value-targets)

No	施設名称	備考
1	人口密集地	東名阪・新宿などの大規模ターミナル駅等
2	首都および県庁等の政治・行政の中心	国会議事堂・霞ケ関、新宿、横浜、大阪、名古屋など
3	重要な交通・通信の中心地	東名阪など
4	製造業・工業・技術・金融の中心地	東京など
5	石油精製所・発電所・化学プラント	京浜、京葉その他各地区の工業地域
6	主要な港湾・空港	東名阪の港湾、空港及びその代替港として指定されている港湾機能

出典: FEMA, Are You Ready?: An In-depth Guide to Citiz Preparedness (Auguts 2014), p.165をもとに著者加工(左)、Bennett Ramberg, "North Korea's Other Nuclear Threat: Why We Have More to Fear than Just Bombs," Foreign Affairs (August 28, 2017) をもとに筆者加工(右)

5 危険情報の伝達

武力攻撃事態(着上陸侵攻やミサイル攻撃、航空攻撃等)による大きな危険が差し迫っている場合、国は、① Em-Net ＊5、② J アラート、③防災行政無線＊6の3つの手段を用いて国民に危険情報を伝達することになっている。このうち、弾道ミサイル攻撃時に主に使用されるのは② J アラートである。J アラート(弾道ミサイル情報)は、政府から危険情報が発信されたのち、市町村の防災行政無線等が自動的に起動し、屋外スピーカー等から警報が流れるほか、携帯電話にエリアメール・緊急速報メールが配信される。弾道ミサイル発射検知から数分以内という極めて短時間に危険情報を広く伝達しなければならないケースにおいては、現時点で最も迅速な伝達手段である。

その他 Em-Net による伝達先には報道・放送機関も含まれており、テレビ・ラジオ等を通じた緊急放送も間に合う可能性が高い。

民間事業者の危機管理担当者としては、平日の日中においては、テレビ・ラジオ、エリアメール・緊急速報メール等により施設の警備・ファシリティ部門(いわゆる警備センターや防災センター等)に危険情報が確実に入るようにしておき、そこから館内放送などで迅速な安全行動の指示などができるような準備を構築しておく必要がある。これは、沿岸部など津波到達予想時間が極めて短い地域における津波避難行動の徹底に近いものがある。また、外出・休暇中の社員、それから休日・夜間時における対策として、とにかく従業員に対して、Ｊアラートによる情報を確実に受信できるよう、所有している携帯電話・スマートフォンがＪアラート作動時にエリアメール・緊急速報メールを受信できるかの設定確認を徹底させるなどの取り組みが必要である。

6　着弾時の被害想定

民間事業者としては、着弾時の周辺の被害状況、また自社人員・資産への影響が具体的にどれぐらいあるのか、被害想定の検討を行うことが必須となることは前述したとおりである。

着弾した弾頭が通常弾頭だった場合の被害は、第一は爆発（爆風、破片等）による直接被害である。この爆発範囲は当該弾頭に積まれている爆薬量がTNT 爆薬換算で何kt相当になるのかによって、その爆発規模がある程度予測される。また、爆風による飛散物など何らかの影響がある範囲は、直接爆発圏よりも広範囲に渡る。例えばノドンの場合、ペイロード（＝弾頭自身の重量以外に積むことができる積載量）は0.7kt～1.2kt程度とされており、仮に1.2ktとすると、最大1,000m程度離れた場所までは爆風等、何らかの影響があるとされている＊7。さらに、「弾道ミサイルが飛来し、着弾した」という事実をもって政経中枢や一般社会に不安感を与え一種のパニック状況を作り出す意図は想定される。

他方、弾頭に核兵器が積まれていた場合、つまり核爆発による被害・影響は極めて甚大なものとなる。具体的な影響は、熱線、爆風と衝撃、放射線によるものに大別される。さらに放射線は早期（初期放射線）と晩期（残留放射線）によるものに大別され、従来、核爆発の影響はこの４つと考えられてきたが、最近では５番目の効果として電磁パルス（EMP）効果＊8が指摘されている。これら５つの影響は、核爆発した高度によってその出力規模に大きな違いが出る。核弾頭だった場合は、極めて深刻な人的・物的被害と経済・インフラ機能への甚大な影響が出る。この際の被害・影響は、これまで民間事業者が重点的に取り組んできた大規模地震の被害想定（過酷事象シナリオ）と重なる部分が多いが、局地的にはそれを上回るシビアな状況が想定される。

図表6 核弾頭着弾時の被害・影響

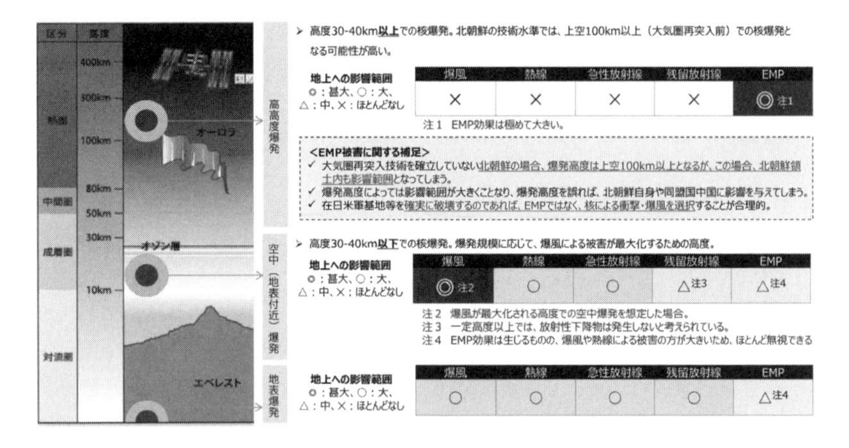

左図の出典：JAXA「宇宙環境利用ガイドブック」，
http://www.jaxa.jp/projects/pr/brochure/pdf/08/kids_03.pdf#page=3、その他は筆者作成

Ⅲ　何が課題で、なぜ進まないのか

弾道ミサイル攻撃発生直後、民間事業者は、人命安全の確保を第一に「安否確認」「対策本部立ち上げ」「被害情報の収集」等を速やかに開始しつつダメージの極小化を図り、その後、事業の復旧に向けた各種取り組み（重要事業継続のための代替・継続戦略）を発動していくことになる。この一連の対応の流れは、事案管理という大きな側面で捉えれば、どのような事象であろうと大きな違いはない。例えば、通常弾頭の拠点への直撃あるいは近隣への着弾については火災・爆発時の対応と基本的には同じ構図であり、核弾頭であった場合の周辺インフラへの壊滅的な被害というのも大規模地震対策の中の「過酷事象」につながるものがある。このように、弾道ミサイル攻撃と同様、突発的に発生する大規模地震等の対応事項と比較すると、その多くの部分が重なり合うことがわかる。

よって、大規模地震対策やシステム障害対策などこれまで蓄積してきた既存の仕組みの上に新たに弾道ミサイル攻撃時の想定を付け加えていくことで、一からこの事象に特化した重厚な対応マニュアル類を整備したり今すぐ大規模な設備投資をしたりすることなく、最低限の備えを構築することは可能であると思われた。しかし、多くの民間事業者においてそうはならなかったことは繰り

返し述べている通りである。

弾道ミサイル攻撃が発生した場合においても、民間事業者としての対応手順は基本的には共通であり、これをもとにあらゆる被害影響度を極小化させるべきである。しかし、それだけでは弾道ミサイル攻撃、特に弾頭が核弾頭だった場合の対策としては不十分であることもまた現実である。それでは、従来から日本企業が重点的に対策に取り組んできた防災対策と比較して、弾道ミサイル攻撃発生時に個別に留意しなければならない点としてどのようなものがあるのか。別の言い方をすれば、既存の消防計画や大規模地震対策からどの部分を弾道ミサイル想定として上積みしなければならないのか。著者は、民間事業者にはこの部分が明確に見えていないからこそ、既存の防災対策からの上積みができていないのではないかと見ている。以下、いくつか、多くの民間事業者の現場で見られる具体的な事例をもとに見ていく。

1　Ｊアラート発信時の安全確保要領の周知不足

まず、多くの民間事業者では、Ｊアラート発信直後、どのように身の安全を守るのか具体的に記された「安全確保」要領の作成、社内周知、行動の習慣付け（練度向上）が不十分であることが多い。「対策を実施している」としている民間事業者でさえ、内閣官房作成の簡易リーフレットをもとに社内レターを通知するのみがほとんどであり、諸外国事例の研究や自社へのカスタマイズ等の取組みはほとんど見られない。自衛消防隊用の対処マニュアルを作成したり演習を実施したりする例は極めて稀である。この状況を、万が一の際の指揮者への教育がされていない、有事対応マニュアルに行動要領が落とし込まれていない、対応訓練が実施されていないなどと司法が認定すれば、事業者としての安全配慮義務違反と判断される可能性がある。

行政側では、広く一般国民向けに内閣官房国民保護ポータルサイトによる制度解説、簡易リーフレットの公開などを通して情報提供、普及啓発を行ってはいるが、諸外国政府等が自国民向けに公開しているものに比べて内容はごく厳選的であることに加えて、一般事業所向けの記述はない。地方自治体のホームページにおいても、多くは内閣官房ポータルサイトと同内容を掲載するかリンク貼り付けをするのみがほとんどである。

国民・民間事業者への具体的な安全確保に関する情報・指示が不足していることについては、万が一Ｊアラートが発信された際に具体的にどう動くべきか、生死を分けるポイントは何なのかについて具体的な情報・指示を出すことによる不都合は常識的には考えられないため、国民保護に関する広報企画全般を統

図表7 弾道ミサイル落下時の行動について

出典：内閣官房、http://www.kokuminhogo.go.jp/pdf/290421koudou2.pdf

括する国（内閣官房）の研究・整理の不足、あるいは広報の仕方の問題（情報としてはあるが、対外発信内容を絞っている）が問題となっていると考えられる。本来、人命安全にかかることは現場を預かる自治体側も重要責務の１つではあるが、国民保護関連は法定受託事務として国の方針に従わざるを得ないため、自治体側で独自に研究やアレンジ等をするインセンティブも人員の余裕もないことも、問題の１つとなっていると考えられる。例えば、以下の実際にミサイル攻撃・火砲攻撃を経験している国、冷戦期間中に旧ソ連の弾道ミサイル攻撃の脅威の最前線にあった国等の機関が発行・指示している内容等を収集・整理するだけでも十分参考になると思われる。

図表8 各国政府機関の発信内容（安全確保要領）

国	記　述（抜　粋）
米国	攻撃の警告が出された場合、できるだけ早く屋内に避難し、可能であれば地面に伏せ、指示があるまでその場に留まってください。〔1〕
	放射線から身を守る3つの要因は、距離を取ること・隠れること・時間を取ること。（中略）家屋やオフィスビルの地下は、1階よりも保護性が高いでしょう。高層ビルでは、真ん中の層が良いでしょう。フラットな屋根は放射線粒子が滞留するので、最上階や、低層階にある屋根に隣接している階は良い選択ではない。〔2〕
	●もし影響がある地域にいるのなら、できるだけ早く建物の中に入りましょう。 ○数分で複数階建てのビルや地下フロアに安全に行けるようであれば、すぐに移動してください。 ○全ての窓とドアを閉め、地下か、建物の中央に行ってください。 ○車に乗っている場合は、すぐに建物を見つけて、中に入ってください。車はあなたを放射線から守ってくれません。〔3〕

韓国	国民は以下のとおり行動します。→空襲警報が鳴ったら・・・ ○地下待避所等、安全な場所へ速やかに待避します。高層の建物では地下室又は下層階へ速やかに待避しなくてはいけません。 ○NBC攻撃に備えた防毒マスク等の個人保護用装備品と簡単な生活必需品・物資等を持って待避しなくてはいけません。〔4〕 - - - - - - - - - - NBC警報が鳴れば・・・(中略) ○核兵器による攻撃がある時は、地下待避所に速やかに待避し、待避できなかった場合には核爆発と反対方向にうつ伏せになり、目と耳を塞いで核の爆風が完全に止んだ後に起きあがります。〔5〕 - - - - - - - - - - 国民は以下のとおり行動します。→核攻撃前には地下待避施設に待避します。 ○地下鉄、トンネル、建物地下、洞窟等、地下待避施設に速やかに待避します。〔6〕
イスラエル	・サイレンを聞いた場合の対応 ①緊急サイレンであることの確認、②火器類等の使用停止、③窓やドアの閉鎖、④防護スペースへの移動、⑤テープ類による隙間の封鎖、⑥ガスマスクの装着、⑦ラジオ又はテレビの聴取 ・シェルターがない場合の防護スペースの確保の方策 ①部屋の選択(適度の広さを有し、外壁との接点が可能な限り少ない、一つのドアと窓しかない、爆風に弱い大きな窓がないという条件を満たす部屋を選択) ②窓の補強・密封(一定の厚みのプラスチックの粘着シート等により窓の補強や密封を行い、防護を強化) ③ドアの密閉(ドアの隙間や鍵穴にテープを貼付、ドアと床の隙間に濡れたタオルを敷く)〔7〕
カナダ	②職場での措置 ○業務を中止し、職員、来訪者に建物内に留まるよう指示する ○ドア、窓、その他外部への開放部を全て閉め施錠する ○空調、換気装置その他の機械装置を全て停止、目張りする ○化学物質による緊急事態の場合は、2階以上の部屋に入る。多数の人が入れる会議室、大型倉庫等が望ましい ○目張りが困難な装置を有する部屋は避ける〔8〕
ドイツ	①外出時の場合 ○最も近い建物を見つける、○風向きに対し垂直に移動・酸素マスク・ハンカチを使用して呼吸 ②車で移動中の場合 ○換気設備を止めて窓を閉める(中略)、○最も近い建物まで車で走って外出時における指針に従う ③屋内にいる場合 ○屋内に留まる、○危険に晒されている通行人を一時的に屋内に避難させる(中略)、○換気扇並びに空調設備を止めて窓枠を目張りする、○地下室や可能な限り外窓のない閉鎖された屋内の部屋を確保〔9〕

出典:筆者作成

〔1〕 FEMA, "Are You Ready? An In-depth Guide to Citizen Preparedness", 22 August 2004, p.167.
〔2〕 前掲、FEMA, "Are You Ready?", p.166.

〔3〕 FEMA, “Improvised Nuclear Device Response and Recovery, Communicating in the Immediate Aftermath”, June 2013, p.13
〔4〕 韓国行政安全部「戦争・テロ・災難発生時国民行動要領（日本語訳）」2006年6月、5頁
〔5〕 前掲、韓国行政安全部、5〜6頁
〔6〕 前掲、韓国行政安全部、12頁
〔7〕 総務省消防庁国民保護室「イスラエルにおける国民保護制度及びミサイル・ロケット攻撃への対応」、2007年3月5日、18頁
〔8〕 総務省消防庁国民保護室「国民保護における避難施設の機能に関する検討会報告書」、2008年7月、50頁
〔9〕 前掲、総務省消防庁国民保護室「国民保護における避難施設の機能に関する検討会報告書」、51〜52頁

2　着弾後の具体的な初動オペレーションが不明確

次に、着弾後、事業所内での「残留か避難か」、具体的にどのようにオペレーションすべきか定まっていない民間事業者が多い。政府や所在自治体の国民保護計画を読み解き、事業所内の自衛消防組織あるいは本社災対組織のプロトコールとして「行政からの指示あるまで、館内待機が原則」であることを落とし込んでいる民間事業者は少ない。さらに、そこまで出来たとしても、さらにその先、「館内待機が原則として、どれぐらいの期間、待機していればよいのか？」「そもそも行政からの待機指示・解除指示は、どこから、どのような手段で伝達されるのか？」といった具体論で行き詰ってしまい、計画策定が進まない例が見られる。行政からの指示等を適切に受け取ることができず万が一人的被害を出してしまった場合、民間事業者の安全配慮義務を構成する要素の1つ、「初動期の情報収集」が適切ではなかったと判断される可能性がある＊9。

これに対して行政側は、各地の国民保護訓練において国⇔都道府県⇔市町村間の住民避難に関する手続きの流れは繰り返し検証しているが、弾道ミサイル想定での一般事業所への避難指示における公式かつ統一的なガイドライン等は示してはおらず、訓練において大規模商業施設や公共交通機関などではなくいわゆる「一般事業者」を参加させてその動きを検証させる等の例は見られない。

そもそも行政による国民保護計画あるいは国民保護訓練のなかで、「住民等」の想定は「（自宅等にいるであろう）一般市民」であることがほとんどであり、民間事業者向けの広報・指示・支援はほとんど考慮されていない。民間事業者は言うまでもなく一般市民の集合体であり、マスで網をかけて対策を講じるという意味においても、また、自助・共助・公助の適正なバランス確保という観点からも非常に重要なファクターと考えるべきである。しかし、現行の国民保護法の運用上の課題としては、この視点が脆弱である。

国民・民間事業者への緊急伝達の手段・内容等が明らかにされていないことについては、明らかに、国がすべてのオペレーションを指示するという国民保護法上の体系が影響していると考えられる。同法の趣旨は、武力攻撃事態等は自然災害と異なり、どこで何が起きているか自治体側では把握しづらく、よってどのように市民を留まらせる・動かす・ケアするかの判断が難しいため、国が情報を集約して国の判断・責任で対処する仕組みを構築することとしている。しかし、事態覚知から数分以内に着弾、被害発生する弾道ミサイル攻撃の被害の態様は、突発的な自然災害のそれと酷似しており、災対法の枠組みで自治体に即応性・自主性と権限を渡して地域特性に合ったそれぞれの具体的な方法論を構築させるべきではなかろうか。避難の指示、警戒区域の設定、それらの解除等、名目上は国の指示によるとしてその流れをひたすら繰り返すだけの現状の国民保護訓練からは、「では、周辺の一般事業所への指示内容、伝達方法はどうするか？」といった具体的・現場的な課題の提示と解決の方向性の議論は生まれない。

また、2018年3月の南北合意以降、国は全国各地で予定されていた弾道ミサイル攻撃想定での国民保護訓練を一斉に取りやめた。融和モードにいくかどうかという国際環境に対して、国内で弾道ミサイル想定での訓練を展開し続けることが影響を与えるかもしれないという外交的・政治的判断のもとそのような方針変更をしたと考えられるが、前述の通り、この間北朝鮮による核・ミサイルリスクは低減しておらず、むしろ粛々と開発が進められた結果リスクは増大している。外交・政治的な判断を担う主体と、（自然災害対策のように）外的状況がどのようなものであろうと計画的に訓練等による練度向上を図り続ける実務主体が両方とも国である点は、時として、政権の考え方・指示一つにより現場での安全の取組みに影響を与えてしまうというリスクをはらんでいる。

3　追加備蓄品の検討の不足

続いて、弾道ミサイル想定で、追加で備蓄すべき有事対応物資の項目・数量がよくわからないという例が多くみられる。事業所は多くの避難対象（市民）が集約されている場所と認識すると、大量の人員が残留できるだけのロジスティクスの対応は重要な観点である。大規模事業者や対策が進んでいる事業者であれば、地震や感染症を想定した一般的な有事対応物資の備蓄が存在する。しかし、弾道ミサイル攻撃想定で必要となる物資の品目、数量がわからず、その結果調達にまで至らない事業者がほとんどである（想定があいまいなものに対して予算執行を許す財務・調達部門はいない）。一部の対策先進事業者が各種情報を自力で調査して調達に着手した例もあるが、極めて稀なケースである。

行政側においても、国の各種会議の報告書などに一部提言などはあるが、国・自治体において民間事業者向けの具体的なガイドライン等の提供事例はない。

民間事業者への備蓄品に関する情報・指示が不足していることについては、具体的なポイントを民間事業者に情報提供することによる不都合はないため、単なる行政側の研究・整理の不足、あるいは広報の仕方が問題となっていると考えられる。本テーマにおいても、以下の各国・機関の発信内容を参考に基本的な整理を行う必要がある。

図表9 各国政府機関の発信内容（備蓄品）

国	記　述　（抜　粋）
日本	地震などの災害に対する日頃からの備えとして、避難しなければならないときに持ち出す非常持ち出し品や、数日間を自足できるようにするための備蓄品が各行政機関により紹介されていますが、これらの備えは、武力攻撃やテロなどが発生し避難をしなければならないなどの場合においても大いに役立つものと考えられます。〔10〕
	攻撃の手段として化学剤、生物剤、核物質が用いられた場合には、皮膚の露出を極力抑えるために、手袋、帽子、ゴーグル、雨ガッパ等を着用するとともに、マスクや折りたたんだハンカチ・タオル等を口及び鼻にあてて避難することが必要となる場合がありますので、これらについても備えておくことが大切です。〔11〕
	一時的な避難（退避）の際についても、短時間ではあっても、簡易トイレや飲料水等、自然災害発生時に必要となる物資の備蓄の中で有効なものがある。また、国民保護における避難施設として、マスクや目張りを行うためのガムテープ等の備蓄が必要である。また、避難施設が孤立するおそれも考慮し、各施設の屋内にこれらの物資を備蓄することが望ましい。〔12〕
	避難施設に必要となる機能（除染機能） ○入口で除染するスペースの確保、○中性洗剤・スポンジやガーゼ、○汚染物を収納する袋・着替え、○放射線を洗浄する水・汚染された水を入れるタンク〔13〕
	（1）除染 ①着替え…衣服が化学剤等に汚染している場合、直ちに着替える必要がある。その場合、全身を覆うことができるような長袖長ズボンが有用である。 ②水…避難施設に入る前には、頭や顔、手などに付着した化学剤等を洗い流す必要がある。なお、入口に水道施設がない場合には、ホースの使用が有用である。 ③ビニール袋…汚染物を入れるための袋として、また、不透明で大きなサイズのものであれば、簡易の着替えにもなり、有用である。 ④マジックペン…汚染物を収容した袋や容器であることを示すため有用となる。 （2）気密性の向上等 ①ガムテープ…窓の隙間をふさぐ等に活用できる。幅の広いダックテープ等は立体的な窓の隙間をふさぐ際に、ガムテープよりも効率よく貼ることができる。 ②マスク…感染を防ぐようにマスクを用意しておく。化学剤の吸入を防ぐ防毒マスクの用意も望ましい。〔14〕
	≪備蓄又は調達する資材の例≫

	・N（核物質）用の防塵マスク、線量計・線量率計（サーベイメータ等）、放射線防護衣、手袋、ブーツ、ゴーグル（鉛入りガラス使用） ・B（生物剤）用の感染症予防用マスク、消毒用噴霧器、消毒液（薬） ・C（化学剤）用のガスマスク、ガス検知器、化学防護衣、化学防護服〔15〕
米国	あなたが核放射線にさらされていると思われる場合： ○衣服と靴を交換する、○露出していた衣類をビニール袋に入れる、○その袋を密閉して邪魔にならない場所に置く、○（可能であれば）シャワーを浴びるなどしてよく洗浄する〔16〕
	1．災害時の緊急用キットにはどのように用意すればよいのか？ ・少なくとも12～24時間、または当局が退去することが安全であることを伝達するまでの間は避難場所に留まる必要があります。 ・バッテリーやハンドクランクで作動するラジオ、懐中電灯、食料、水、薬品を少なくとも1日以上、可能であれば持てる分だけ用意してください。〔17〕
韓国	NBC戦に備えた物品 （イ）防毒マスク又はハンカチ・マスク、（ロ）防護服又はビニール服・雨着、（ハ）防毒長靴と手袋又はゴム長靴と手袋、（ニ）解毒剤・皮膚除毒剤又は石鹸・合成洗剤、（ホ）十分な接着テープ（窓枠、扉のすきまの密閉用）〔18〕
	NBC戦に備えた物品がない場合における、簡単に代替できる物資の活用方法 防毒マスク→　手ぬぐい（水に濡らし鼻と口を塞ぎ呼吸器を保護）、ビニール袋（ビニール袋をかぶり腰で結び外部の空気流入を遮断する。ビニール袋内の残った酸素を考えて移動する）、マスク・ティッシュ（マスクを着用したりティッシュ等を何重か重ね水に濡らしたりして鼻、口を塞ぎ応急措置） 護衣、保護頭巾→　ビニール雨着・防水衣類等（雨具を頭までかぶりベルトで腰をきつく結び外部の汚染空気の流入遮断） 防毒手袋・長靴→　ゴム用品（ゴム手袋・長靴を着用し皮膚の露出を防止）〔19〕
フランス	有毒雲や原子力事故、暴風雨、洪水等の緊急事態が発生すると、内務省は拡声器を利用して住民に屋内退避を勧告する。（中略） 住民が家庭に備蓄しておくべき物資として以下のものがある。 ○ラジオ及び懐中電灯、○水、○毛布、○粘着テープとはさみ（開いているものを密閉するため）、○ぼろ布（換気設備を密閉するため）、○救急箱と常備薬、○バケツとプラスチック容器（給排水設備が使用不能に備えて）〔20〕

出典：筆者作成

〔10〕内閣官房「武力攻撃やテロなどから身を守るために」、18頁
〔11〕前掲、内閣官房，19頁
〔12〕前掲、総務省消防庁国民保護室「国民保護における避難施設の機能に関する検討会報告書」、53頁
〔13〕総務省消防庁国民保護室・国民保護運用室「核攻撃（放射性物質を用いた攻撃を含む）」国民保護における避難施設の機能に関する検討会第2回会合資料2-1（2007年12月13日）、6頁
〔14〕前掲、総務省消防庁国民保護室「国民保護における避難施設の機能に関する検討会報告書」、43～44頁
〔15〕東京都「東京都国民保護計画 平成18年3月（平成27年3月変更）」、59頁
〔16〕前掲、FEMA，"Are You Ready?"、142頁
〔17〕前掲、FEMA，"Improvised Nuclear Device Response and Recovery, Communicating in

the Immediate Aftermath"、46頁
〔18〕前掲、韓国行政安全部、13頁
〔19〕前掲、韓国行政安全部、14頁
〔20〕前掲、総務省消防庁国民保護室「国民保護における避難施設の機能に関する検討会報告書」、52頁

4 既存のBCPに何を足し、何をすべきかわからない

最後に、既存の事業継続計画（Business Continuity Plan: BCP）に何を足し、何をしなければならないのかがよくわからないという声も多い。弾道ミサイルが国内に着弾した時点で国による事態認定が行われると考えられので、有事（戦争状態）であると認識すべきである。では、戦時下において民間事業者の活動はどのように制約されるのか。BCP を確定したい企業にとっては、まず国・自治体がどのような措置（指示含む）を民間事業者に講じるのか、その全体像を見極めたうえでないと事業をどのように復旧・継続させるのかの検討ができない（想定を組むこと自体が不可能）との思いもある。国民保護法における「国民の協力」については、法の中ですでにいくつかの類型が明らかになっている。例えば「救援への協力（第80条）」、「物資の提供（第81条）」、「土地・施設の提供（第82条）」などである。

図表10 国民保護法における「国民の協力」

第80条（救援への協力）	都道府県知事又は都道府県の職員は、救援を行うため必要があると認めるときは、当該救援を必要とする避難住民等及びその近隣の者に対し、当該救援に必要な援助について協力を要請することができる。
第81条（物資の提供）	都道府県知事は、救援を行うため必要があると認めるときは、救援の実施に必要な物資であって生産、集荷、販売、配給、保管又は輸送を業とする者が取り扱うものについて、その所有者に対し、当該特定物資の売渡しを要請することができる。
第82条（土地・施設の提供）	都道府県知事は、避難住民等に収容施設を供与し、又は避難住民等に対する医療の提供を行うことを目的とした臨時の施設を開設するため、土地、家屋又は物資（を使用する必要があると認めるときは、当該土地等の所有者及び占有者の同意を得て、当該土地等を使用することができる。

出典:筆者作成

しかしながら、これら措置の具体的な対象、期限、規模、代替補償の仕組み等についての情報は現時点では公開されていない。また、このような直接的・局所的な措置だけではなく、例えば国内・国外の移動制限はどうなるのか、通

信・インフラの使用に制限はかかるのか、そもそも事業活動そのものが認められるのかといった、マクロな（ある意味、国民保護法の範ちゅうを超えた）戦時下における民間事業者の経済活動への統制内容についての一端を示すものは現状では見当たらない。諸外国を除くと、我が国におけるケースとしては戦前にまで遡る必要がある。

開戦から概ね一週間程度の時間軸の中で、国・自治体が民間事業者に講じる措置のうち現時点で明らかになっているもの、あるいは現時点では明らかにされてはいないものの講じられる可能性がある措置等を列挙し、これらを踏まえた民間事業者の BCP 方針・戦略を固めたいところであるが、現状では国・自治体側での研究・整理が進むことを待っている状態といえる。そして、それらの研究・整理が進んだとして、それを民間事業者に対して広く公開してくれるかどうかは別問題であり、他の項で触れたとおり、あまり期待はできないと言わざるを得ない。国としては、有事における個別具体的な私権制限につながることを公表することは、国外からも国内からも大きな反響を呼ぶことになり、あえてそのような政治的なリスクを冒す必要はないと判断するのが自然であろう。ここにも、外交・政治的な判断を担う主体と、民間事業者を含む現場の安全の取組みを支援するための実務企画を淡々と進めるべき主体が両方とも国であるという弊害があるといえるのかもしれない。

おわりに

北朝鮮による核・ミサイルの脅威は一貫して漸増してきた。にもかかわらず、民間事業者において弾道ミサイル攻撃リスクが真剣に議論されることはなく、2017年8月に火星12が我が国上空を通過してはじめて蜂の巣をつついたような騒ぎになり、現在でさえ同リスクに対する危機管理セクションの担当者の誤解・知識不足、具体的なオペレーションの検討の不足等がみられる状況は本質的には変わっていない。本稿では、この状況の根本的な原因の一端を「行政側」の法体系（制度）や事業所支援のレベル（運用）に求めた。すなわち、第4項で触れた通り、国の法定受託事務のなかで自治体側が独自の研究やアレンジを行うインセンティブや人員の余裕がなく、一般事業所向けの情報支援（具体的な避難指示等の伝達方法や追加備蓄等に関する専門的な情報提供、検討支援）が極めて手薄である状況を指摘した。民間事業者は法令上、安全配慮に関する取り組みを行うことが義務付けられているとともに、そもそも損失を回避して利益を出すことが企業経済活動の根本思想である。よって、適切・十分なリスク関連情報を提供すれば、事業者としての合理的な判断（リスク判断）の結果として、発生可能性・事業活動への影響度の双方が高まる弾道ミサイル攻撃リスクに対しては適切な対策を講じる方向に自然と進むはずであるとの、ある種、性善説によって論を進めてきた。その意味では、この点については、あえて民間事業者を支援・保護すべき役割の行政側の要因に引き付けた論の構成となっており、民間事業者の内的要因に深く分析を施したものではないということを重要な注意事項として補足しておきたい。

しかしながら、あえて、引き続き行政側の制度・運用を見つめていくならば、１つ大きな「葛藤」の存在を指摘したい。それは、市民や民間事業者の支援・保護を含む国民保護業務の実務・企画の推進主体は、このまま国（内閣官房及び総務省消防庁）にあってセントラルから統制し続けるべきなのか、それとも最も支援・保護対象に近い現場自治体にその機能があるべきなのかである。あるいは国の組織内の別の組織ということも考えられる。2018年3月のいわゆる南北合意後に一斉に全国各地での弾道ミサイル攻撃想定での国民保護訓練が取りやめになった例のように、実務推進の司令塔（主体）が、政権中枢、つまり外交・政治的な判断を常に行う場所にあまりにも近いことがよいのかどうかという問題提起であり、災対法とは真逆の、国をピラミッドの頂点とする国民保護法の体系そのものの是非にもつながる議論である。防災と同じアプローチをとるべきか否か、国民保護の実務推進の主体を地方（各自治体）にすべきか否か、これらは明らかに簡単には選択しえない、また絶対の正解も存在しえない二律背反テーマであり、大きな制度上の「葛藤」である。

どのようなリスクであろうと、リスクマネジメントの一般原則を適用することができる。すなわち、リスク・脅威に対する正しい評価と関係者の理解を確保し、事前のリスクコミュニケーションと、万が一有事発生の際の被害極小化策を用意することによって備えることである。前段の「リスク・脅威に対する正しい評価」とはいわゆるリスクアセスメント活動であり、弾道ミサイル攻撃リスクを冷静にアセスメントするのであれば、少なくとも2017年以降、同リスクは低減しておらず対策増強の必要性もなくなっていない。よって、国民保護行政としては、本来は市民・民間事業者に対して運動のドライブをかけ続けなければならなかった。しかしながら、実態としてはそうはなっていない状況を本稿では述べてきた。危機管理の実務家としては、今後、国民保護の現場では政治的状況・配慮に影響されすぎることなく、市民、特に今後は民間事業者の対策を支援・指導するための実務を淡々と進めることができる体制を確立しなければならないという方向で議論、施策検討が進むことを期待したい。

註

1 七十七銀行女川支店判決（仙台地裁平成26.2.25）、日和幼稚園判決（仙台地裁平成25.9.17）ほか

2 多弾頭弾（MIRV：Multiple Independently-targetable Reentry Vehicle）と呼ばれる搭載方式の場合は週末段階での迎撃が困難になるとされているが、現状北朝鮮はこの搭載方式を可能とする技術レベルには達していないとの見方がされている。

3 高高度に打ち上げたミサイルから分離させた弾頭を超音速で地上の目標に落下させるもので、高速で対空火器に迎撃されにくく、射程が長いという特徴がある。

4 公開資料からは、北朝鮮による弾道ミサイル攻撃実験の着弾誤差を確認することはできない。しかし、2016年9月5日、北朝鮮が西岸・黄州（ファンジュ）付近から弾道ミサイル3発（スカッド ER と推定）を発射した際、防衛省は、「（これら弾道ミサイルは）同時に発射され、いずれも約1,000km飛翔した上で、ほぼ同じ地点に落下したと推定」されると評価していることから、スカッド ER には一定の精度があると考えられる。同様に、2017年3月6日、北朝鮮は4発のスカッド ER の連続発射実験を実施した。

5 行政用専用回線（LGWAN）を用いて、国と全国の都道府県・市町村が必要な情報を送受するシステム。メールと異なり、メッセージを強制的に相手側に送信して迅速・確実に情報を伝達できるとされる（出典：内閣官房「国民保護関連資料」 http://www.fdma.go.jp/html/data/tuchi1806/pdf/180630-2siryou1.pdf）。

6 内閣府（防災担当）が整備する「中央防災無線網」。地上マイクロ回線、衛星通信回線、有線回線により官邸や中央省庁等、指定公共機関、都道府県庁、首都圏５政令市（横浜市、川崎市、千葉市、さいたま市、相模原市）を結んでいる（出典：内閣府「中央防災無線網～大規模災害発生における基幹通信ネットワーク～ CAO's Disaster Prevention Radio Communication System」 http://www.bousai.go.jp/taisaku/musenmou/pdf/pamphlet.pdf）。
各自治体は、この情報をもとに災害時に無線等を利用して住民に情報を伝達する。自治体職員を介するため、Ｊアラート等と比較して時間がかかるとされる。

7 米国国土安全保障省の資料によれば、屋外で爆発時に安全の観点から対象の間に置かれるべき一定の距離（離隔距離）について、TNT 爆薬換算量0.45kt（中型乗用車に積載されるクラス）の場合は約730m、1.8kt（SUV やピックアップトラック）の場合は約1,200mに及ぶとされていることから、1.2ktの場合はその中間の1,000m程度と推測。

8 電磁パルス（EMP）はパルス状の電磁気を指し、一般に EMP 効果といった場合は100GHz 以下の周波数・波長の電磁気を指す。EMP 効果はそもそも自然界にも存在しているもの（太陽嵐や雷サージなど）であり、珍しいものではない。高度30～40km以下の空中爆発あるいは地表爆発の場合、EMP 効果は生じるものの爆風や熱線による被害の方が大きいため、ほとんど無視できる。

9 核爆発時、退避場所にどれぐらい待機すべきかについては、救助隊が来るまで、もしくは当局から移動指示が出るまでが基本となる。これに関連し、米国 FEMA は２週間

で死の灰は1/100になると国民向けに広報しており、かつては日本政府も２週間程度の備蓄を推奨している時期もあった。しかし、民間事業者に一律に2週間分の備蓄を強いることは現実的ではなく、総務省資料などでは、残留放射線の累積線量７時間ごとに1/10ずつ減衰するという「７の法則」に従って屋内・地下施設に２日間（49時間）退避することにより放射線量が当初の数値から1/100に減衰するとしている。これらから、２～３日分の備蓄がまずは現実的な最低限のラインと考えるのが妥当である。

第11章　重要インフラに対する破壊的サイバー攻撃とその対処
―「サービス障害」アプローチと「武力攻撃」アプローチ

川口　貴久*

はじめに

サイバー攻撃等を端緒として、国家・社会がクライシスに陥ることが懸念されている。様々なクライシスが想定されるが、もっとも国民生活に影響を与える事態は、サイバー攻撃によって電力、水、通信、運輸等の重要インフラ事業者が提供するサービスが停止する事態であろう。

日本を始めとする多くの工業先進国で重要インフラサービスを提供するのは民間事業者である。従って、平時のリスク・マネジメントや有事のクライシス・マネジメントは第一義的には民間事業者による「自助」が期待されている。

しかし、業界横断やサプライチェーン全体といった「共助」による取組、さらには一定レベル以上のクライシスについては「公助」による取組が検討されている。なぜなら、重要インフラは公共性・公益性が高く、またサービス停止の原因が一企業の対応範疇を超える可能性があるからである。

本稿は、重要インフラに対するサイバー攻撃のうち、一定以上の影響や被害をもたらすものへの対処、特に政府対応の現状を明らかにする。具体的には、日本で現在進行形で検討中の重要インフラへのサイバー攻撃対処を２つのアプローチとして詳述するものである。１つは、サイバーセキュリティ基本法の枠内で重要インフラに発生した障害を「重要インフラサービス障害」(以下、「サービス障害」とする）と位置づけ、障害の深刻度に応じて対応するアプローチである。もう１つは一定条件下のサイバー攻撃を「武力攻撃」と捉え、論理的には国民保護法制下の対処を可能とするアプローチである。いずれのアプローチも一定の「閾値」を設定し、閾値以上のクライシスに政府として対処するアプローチといえる*1。

本稿はまず、日本における「重要インフラ」の定義と枠組みを確認し、実際に発生した重要インフラへのサイバー攻撃と被害例を紹介する。その上で、「サービス障害」アプローチおよび「武力攻撃」アプローチの概要とこれまでの経緯を振り返る。その上で、２つのアプローチを比較検討しながら、現状を明らかにする。

I　重要インフラへのサイバー攻撃

1　重要インフラとは？

日本では、国民生活にとって重要な産業分野や事業者を指定し、「重要インフラ」「指定公共機関」等と呼ぶ。ただし、日本における特定・指定は想定するハザードやリスク毎に異なる＊2。

例えば、地震等の自然災害については災害対策基本法で「指定公共機関」を「独立行政法人、日本銀行、日本赤十字社、日本放送協会その他の公共的機関及び電気、ガス、輸送、通信その他の公益的事業を営む法人で、内閣総理大臣が指定するもの」（同法第二条五）と定めている。また新型インフルエンザ等の感染症対応については、新型インフルエンザ等対策特別措置法で「指定公共機関」を「独立行政法人、日本銀行、日本赤十字社、日本放送協会その他の公共的機関及び医療、医薬品、医療機器又は再生医療等製品の製造又は販売、電気又はガスの供給、輸送、通信その他の公益的事業を営む法人で、政令で定めるもの」（同法第二条六）とし、100超の事業者が指定されている。

本書の焦点である「国民保護」も同様である。武力攻撃事態等や緊急対処事態を想定し、同じく100超の指定公共機関が明示されている。事態対処法では「指定公共機関」を「独立行政法人、日本銀行、日本赤十字社、日本放送協会その他の公共的機関及び電気、ガス、輸送、通信その他の公益的事業を営む法人で、政令で定めるもの」（同法第二条七）と定め、最後の「政令で定める」以外は災害対策基本法中の指定公共機関と同じ定義である。しかし、実際には外国からの攻撃と住民避難を念頭に、海運、航空等の輸送関係事業者が指定公共機関として指定されているのが特徴である。

サイバーセキュリティ分野＊3では、サイバーセキュリティ基本法＊4で「重要社会基盤事業者」が明示され、「国民生活及び経済活動の基盤であって、その機能が停止し、又は低下した場合に国民生活又は経済活動に多大な影響を及ぼすおそれが生ずるものに関する事業を行う者」（同法第三条）と定義されている。具体的には、2019年12月現在、日本では情報通信、金融、航空、空港、鉄道、電力、ガス、政府・行政サービス、医療、水道、物流、化学、クレジット、石油の14分野＊5である。

「重要社会基盤事業者」は一般的に用いられる「重要インフラ」と同義であるが、「重要インフラ」という言葉はサイバーセキュリティ基本法の成立（2014

年11月）よりも早い。遅くとも2000年12月の「重要インフラのサイバーテロ対策に係る特別行動計画」では、情報通信、金融、航空、鉄道、電力、ガス、政府・行政サービスの７分野が「重要インフラ」と位置付けられ*6、2005年の「重要インフラの情報セキュリティ対策に係る行動計画」における「重要インフラ」の定義は既に現状の「重要社会基盤事業者」の定義とほぼ同様となった*7。

サイバーセキュリティに関する重要インフラは主要国と比較してもほぼ共通である。日本では14分野、米国で16分野、英国で13分野、EU で７分野が指定され、数としては異なるものの、その内容はほぼ共通である（図表１）。

ただし、その指定の経緯は異なる。例えば、日本では情報セキュリティ対策推進会議や内閣官房情報セキュリティセンターが中心となり、サイバーテロや情報セキュリティの観点で重要インフラを検討した。一方、米国は9.11テロ直後、より広範な国土安全保障の文脈で重要インフラを再検討し、大統領政策指令（Presidential Policy Directive: PPD）21号（2013 年2 月12 日）では従来の重要インフラをサイバーセキュリティの観点で再確認したものである。

2　重要インフラに対するサイバー攻撃　～電力インフラの事例～

こうした重要インフラ機能が長期間かつ広範囲にわたり停止した場合、それらの多くは国家的クライシスとなる。そして、実際に重要インフラはサイバー攻撃のリスクに晒されている。

2011年3月の東日本大震災に伴う計画停電、2018年9月の北海道胆振東部地震や2019年9月の停電15号が引き起こした広域停電からも明らかなように、電力は重要インフラの中でも「最重要」の一つである。電力は他の重要インフラが機能する前提であり、これが停止すれば他の重要インフラもサービス提供を維持することが難しい。そこで、本稿では電力インフラに対するサイバー攻撃例を紹介する。

実際にサイバー攻撃を端緒とする広域停電を経験したのはウクライナである。2015年12月23日、ウクライナ西部のヴァーノ＝フランキーウシク（Ivano-Frankivsk）等で、約140万世帯で停電が発生し、22万5,000人に影響が生じた。ウクライナの国家レベルCSIRT（Computer Security Incident Response Team）はサイバー攻撃に起因するとの認識を示し、原因は「BlackEnergy」と呼ばれるマルウェアだと考えられている。約１年後の2016年12月17日、ウクライナの首都キエフ北部でサイバー攻撃が起因とみられる停電が発生した。原因となるマルウェアは「CrashOverRide」または「Industroyer」と呼ばれている。

図表1　サイバーセキュリティに関する重要インフラの主要国比較

日本14分野	米国16分野	英国13分野	EU 7分野
情報通信	Information Technology	communications	Digital Infrastructure (IXPs, DNS service providers, TLD name registries)
	Communication		
金融	Financial Services	finance	Banking
クレジット			Financial market infrastructures
航空	Transportation Systems	transport	Transport (Air transport, Rail transport, Water transport, Road transport)
空港			
鉄道			
物流			
ガス	Energy	Energy	Energy (Electricity, Oil, Gas)
石油			
電力			
	Dams		
	Nuclear Reactors, Materials, and Waste	civil nuclear	
水道	Water and Wastewater Systems	Water	Drinking water supply and distribution
政府・行政サービス（地方公共団体を含む）	Government Facilities	government	
	Emergency Services	emergency services	
医療	Healthcare and Public Health	Health	Health sector
化学	chemicals	chemicals	
	Critical Manufacturing		
	Commercial Facilities		
	Defense Industrial Base	defence	
		Space	
	Food and Agriculture	Food	

出典：サイバーセキュリティ戦略本部「重要インフラの情報セキュリティ対策に係る第4次行動計画」（2017年4月18日策定、2018年7月25日更新）； Presidential Policy Directive 21: Critical Infrastructure Security and Resilience (February 12, 2013); Cyber Security of UK Infrastructure, POSTNOTE, No.554 (May 2017) ; The Directive on Security of Network and Information Systems (2016, European Commission)を基に筆者作成。日米英欧の対応するセクターは正確な対比や一致ではなく、便宜上のものであり、さらに順序を変更している。

2015年の事案では攻撃者は電力会社社員の使う端末上の電力制御に関するID とパスワードを盗みだし、正規の通信経路で不正操作を実行したが、2016年の場合、マルウェア自体が変電所や回路遮断機を直接操作・制御するものであった＊8。

米国でもサイバー攻撃による停電ないしその準備活動が確認された。米国国土安全保障省（DHS）傘下のサイバーセキュリティ・インフラストラクチャセキュリティ庁（Cybersecurity and Infrastructure Security Agency: CISA）は遅くとも2016年3月以降、「ロシア政府のサイバー攻撃アクター」が電力、原子力等の重要インフラを標的としたことを公表した＊9。攻撃者は電力会社と関係のあるサードパーティー・ベンダーの管理下にあるネットワークに侵入し、これを踏み台に電力会社の（インターネットとは隔離された）クローズド・ネットワークに侵入した。米『ウォール・ストリート・ジャーナル』紙によれば、攻撃者は「公益企業と信頼関係にあるベンダーがソフトウェアの更新や設備状況の診断、その他のサービスを実施するために特別なアクセス権」を悪用した。同紙によれば、この類の活動は中小の電力を中心に「数百単位の被害者」が存在し、DHS 産業用制御システム・セキュリティの最高責任者ホーマー（Jonathan Homer）氏は、2017年時点で「彼らはスイッチを入れたり切ったりできるポイントまで達していた」と述べた＊10。

この活動は実際の停電を引き起こしていない。しかし、小規模ながら、米国では別のサイバー攻撃による停電が確認された。北米電力信頼度協議会（North American Electric Reliability Corporation: NERC）が2019年9月4日に公開した資料および報道（環境・エネルギー専門誌 E&E News）によれば、2019年3月5日、サイバー攻撃によって米国西部の電力管理センターと発電所で停電が生じた。これは大規模停電や５分以上の停電には至らなかったものの、米国の電力網に対するサイバー攻撃で初めて停電を引き起こしたものである＊11。

サイバー攻撃による停電は時間的にも地理的にも限定的であるものの、実際に発生している。サービス障害や停電は局所的であっても、影響がカスケード状に拡大し、（これらはサイバー攻撃が原因ではないが）米国東北部・カナダ東部の広域停電（2003年8月14日）やアルゼンチン等の広域停電（2019年6月26日）のように数千万人単位に影響をもたらすことがある。

Ⅱ　「サービス障害」アプローチ

このように重要インフラに対するサイバー攻撃は実際に顕在化し、社会に大きな影響をもたらしている場合がある。そのため、重要インフラに対する破壊的サイバー攻撃への対処が急務となっており、実際に態勢整備が現在進行形で進んでいる。

日本におけるサイバー攻撃を端緒とする国家的クライシスへの第一の対応アプローチは、一定条件下のサイバー攻撃等の結果を「サービス障害」と捉え、一定の深刻度をもたらすものを「公助」の対象として対処とするアプローチである。

1　「行動計画」下の重要インフラ防護と「サービス障害」

前述のとおり、2015年1月施行のサイバーセキュリティ基本法はサイバーセキュリティの基本的な考え方、政府の役割、官民連携の在り方等を示すものである。同法は「重要社会基盤事業者」（≒重要インフラ事業者）を定義し、その役割・責務を明らかにした。ただし、具体的な重要インフラ対策や取組は「重要インフラの情報セキュリティ対策に係る行動計画」で示されている。現在の「行動計画」は「第４次行動計画」（2017年4月18日策定、2018年7月25日改定）であり、その前身の「重要インフラのサイバーテロ対策に係る特別行動計画」も含めれば第５次行動計画ともいえる（図表２）。

「行動計画」では、指針や関係法令の改善等を通じた「安全基準等の整備及び浸透」、官民間や民間間における「情報共有体制の強化」、演習等を通じた「障害対応体制の強化」、手順書や要点の整備を通じた「リスクマネジメント及び対処態勢の整備」、経営層への啓発、人材育成、国際連携等の「防護基盤の強化」を掲げている。

そもそも「行動計画」は、「サービス障害」の発生を極小化し、万が一、それが発生した場合には早期に復旧することを目的の一つとしている。

この「サービス障害」とは、重要インフラが提供する特定のサービスについて、許容不可能なレベルの支障が発生した状態を指す（図表３）。「行動計画」は、重要インフラ分野別に具体的な①サービス名称、②サービス障害の例、③法令やガイドラインで維持すべきサービスレベルを列挙し、「サービス障害」を特定している。

図表2 重要インフラに関する行動計画の概要

年月	名　称	概要（行動計画および計画下の取組）	分野数
2000年12月	「重要インフラのサイバーテロ対策に係る特別行動計画」	＊情報セキュリティ対策推進会議決定。 ＊サイバーテロ等を念頭においた重要インフラ防護計画。 ＊重要インフラ分野として情報通信、金融、航空、鉄道、電力、ガス、政府・行政サービスが指定。	7
2005年12月	「重要インフラの情報セキュリティ対策に係る行動計画」	＊情報セキュリティ政策会議決定。 ＊「安全基準等の整備及び浸透」「情報共有体制の強化」「相互依存性解析」「分野横断的演習」が4つの柱。本行動計画下で、重要インフラ各分野で、情報共有・分析機能であるセプター（CEPTOAR）の創設・整備が進む。 ＊重要インフラ分野として医療、水道、物流を追加。	10
2009年2月	「重要インフラの情報セキュリティ対策に係る第2次行動計画」	＊情報セキュリティ政策会議決定。 ＊第1次行動計画の4つの柱に加えて「環境変化への対応」。 ＊東日本大震災における重要インフラ被害をふまえて「第2次行動計画改定版」（2012年4月）を決定。	10
2014年5月	「重要インフラの情報セキュリティ対策に係る第3次行動計画」	＊情報セキュリティ政策会議決定。 ＊「サイバーセキュリティ戦略」（2013年3月）をふまえて、「安全基準等の整備及び浸透」「情報共有体制の強化」「障害対応体制の強化」「リスクマネジメント」「防護基盤の強化」の5つの柱を掲げる。 ＊「3次行動計画改訂版」（2015年5月）を決定。 ＊重要インフラ分野として化学、石油、クレジットを追加。	13
2017年4月	「重要インフラの情報セキュリティ対策に係る第4次行動計画」	＊サイバーセキュリティ政策本部決定。 ＊「サイバーセキュリティ戦略」（2018年7月）をふまえて、「第4次行動計画改定版」（同月）を決定。 ＊第四次行動計画下で、「サイバー攻撃による重要インフラサービス障害等の深刻度評価基準（初版）」を決定。 ＊重要インフラ分野として空港を追加。	14

出典：各種公開資料をもとに筆者作成。「分野数」は指定された重要インフラセクターの数を示す。

図表3 重要インフラサービス障害の考え方

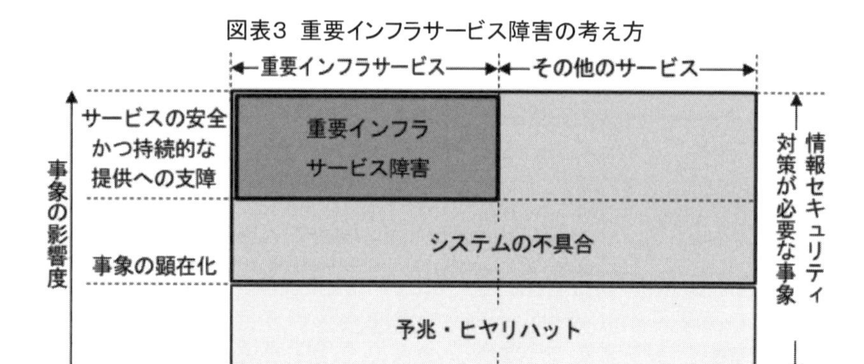

出典:サイバーセキュリティ戦略本部「重要インフラの情報セキュリティ対策に係る第4次行動計画」(2017年4月18日策定、2018年7月25日更新)、44頁より抜粋。

2 「サービス障害」の「深刻度評価」

そして、「サービス障害」の程度や影響度を可視化しようとする試みが、第四次行動計画下で検討が進んだ「深刻度評価」である。政府は2018年7月、「サイバー攻撃による重要インフラサービス障害等の深刻度評価基準 初版」を公開した＊12。

「深刻度評価」とは、サイバー攻撃に起因する「サービス障害」が発生した場合、深刻度を評価・公表することで、①関係主体の共通理解の構築、②政府対応の判断基準、③官民情報共有の基準とすることを目的とする。NISC 重要インフラ専門調査会における議論の経緯から推察すると、深刻度評価は、米国オバマ政権下で2016年7月に公開された「サイバーインシデント深刻度判断基準(Cyber Incident Severity Schema: CISS)」や国際原子力機構(IAEA)等が策定した「国際原子力・放射線事象評価尺度(The International Nuclear and Radiological Event Scale: INES)」を参考にしている＊13。

具体的に「深刻度評価」とはサイバー攻撃に起因するサービス障害をレベル0～4の5段階で評価するものである。その際、サービス障害を「サービスの持続性への影響」「サービスに関する安全性への影響(施設・設備への安全性を含む)」「その他」の3つの観点でそれぞれ独立に評価し、その最も高い値(レベル0～4)をサービス障害全体の深刻度とする(図表4)。

「サービスの持続性への影響」とは、サービスの停止や支障がどの程度広範囲に及ぶか、どの程度長期化するかが構成要素である。また同時多発性も考慮されることから、2017年に世界中で猛威をふるったランサムウェア(身代金要

図表4 重要インフラサービス障害の「深刻度評価」

<深刻度表>

深刻度	重要インフラサービス障害等による国民社会への影響			
	①サービスの持続性への影響	②サービスに関する安全性への影響	③その他	サービスの継続又はサービスに関する安全性に…
レベル4（危機）				著しく深刻な影響が発生
レベル3（高）				大きな影響が発生
レベル2（中）				一定の影響が発生
レベル1（低）				ほぼ影響なし
レベル0（なし）				影響なし

<深刻度評価の観点と指標>

評価の観点	評価の指標	概要
サービスの持続性への影響	• 提供支障（範囲・時間・代替性等） • 同時多発性	サイバー攻撃によって生じたサービス障害の範囲・時間の程度、サービスの代替性の有無等を評価する。また、サイバー攻撃の特性として、サービス障害が同時多発的に発生した場合、深刻度の評価に反映させる。
サービスに関する安全性への影響（施設・設備への安全性を含む）	• 人的・物的被害（人数・被害額等） • 住民避難等（範囲等） • 環境影響（現状回復費用・範囲等） • 同時多発性	サイバー攻撃によって生じたサービス障害の人的・物的被害、住民避難、環境への影響の程度等を評価する。また、サイバー攻撃の特性として、サービス障害が同時多発的に発生した場合、深刻度の評価に反映させる。
その他	• サービスに対する信頼性低下	サービスの持続性、安全性のほか、情報漏えいによるものを含め、サイバー攻撃によって生じたサービス提供者やサービスに対する信頼の低下の程度等を評価する。

出典：内閣官房内閣サイバーセキュリティセンター（NISC）「サイバー攻撃による重要インフラサービス障害等の深刻度評価基準（初版）」（2018年7月25日）より作成。

求型ウイルス）「WannaCry」や「NotPetya」等やその他の「未知の脆弱性」を悪用した世界規模での同時多発サイバー攻撃が念頭にあるのではないかと考えられる。

「サービスに関する安全性への影響」とは、サービス障害の影響がサイバー空間に留まらず、どれ程、現実空間（フィジカル空間）に及ぶか焦点である。具体的には人的・物的被害、住民避難の要否、環境被害の有無が考慮事項である。

例えば、2010年頃、イランの原子力関連施設を中心に猛威をふるったマルウェア「Stuxnet」は、実際の機器（遠心分離機）を損傷せしめた。こうしたリスクを「深刻度評価」は射程に入れているのだろう。また、自民党サイバーセキュリティ対策本部本部長・高市早苗氏が指摘したように、(既存の重要インフラのうち)「航空」「鉄道」「医療」業界・施設へのサイバー攻撃やサービス障害は「ただちに国民の命に関わる」(2018年12月5日)場合もある。

「その他」はサービスやサービス提供事業者に関する信頼等も含めた幅広い定義である。ここで注視すべきは、サービスの持続性や安全性に加えて、情報漏洩が明示されている点である。これは、2015年の日本年金機構による情報漏洩が念頭に置かれている可能性がある。もちろん、情報漏洩はサービスの持続性に直結する。例えば、重要インフラ事業者が情報漏洩の恐れを念頭に被害拡大防止措置を講じた場合、そうした措置が重要インフラサービスの縮小や停止に繋がる可能性があるからである*14。

3 「サービス障害」アプローチの現状と評価

深刻度評価に基づく「サービス障害」発生時の対応は現在進行形の取組であるが、2019年12月時点では暫定的に以下のとおり評価できる。

第一に、深刻度評価は有事後の(事後的)評価であり、有事における評価ではない。2018年公開の「深刻度評価初版」自身も、あくまで取組の「第一段階」として、サービスが国民社会に与えた影響全体の深刻さを「事後に」評価するための基準であると明言している*15。つまり、現状では何らかのサービス障害が発生した場合、リアルタイムでの評価ではなく、事態収束後の数日から数週間後(場合によってはもっと後)に事態を評価する仕組みである。政府は今後、同基準を事案が発生した時点での国民社会への影響の予測的評価に活用する、としているが、実際、サイバー攻撃等を端緒とした障害の影響をリアルタイムで正確に予測・評価することは極めて難しい。

第二に、評価された深刻度に基づく政府対応は未確定である。多くの重要インフラ事業者は、発生したサービス障害の様態やレベルに応じて、コンティンジェンシープランや事業継続計画(BCP)等を策定、演習等を通じて検証を図っている*16。しかし、深刻度の高い場合、実際に政府がどのような対応をとるかは定かではない。前述のとおり、深刻度評価の目的の一つは「政府対応の判断基準」であり、過去、政府による障害解消への貢献や対抗措置に検討が報じられたこともある*17。だが、現時点で、政府が対抗措置を講じるにしても、その措置は「政治・経済・技術・法律・外交その他の取り得る全ての有効な手段と能力」(サイバーセキュリティ戦略)が含まれるのか、後述する自衛権行使との関係は明らかではない。

Ⅲ 「武力攻撃」アプローチ

サイバー攻撃を端緒とする国家的クライシスへの第二の対応アプローチは、一定条件下のサイバー攻撃を「武力攻撃」と捉え、論理的には国民保護法制下の対処を可能とするアプローチである。

1　サイバー攻撃と武力攻撃に関する日本政府の基本的な立場

このアプローチは、「国際連合憲章を含む国際法がサイバー空間において適用可能である（applicable in cyberspace）」ことを前提とする。日本政府はＧ７伊勢志摩サミット（2016年5月）等で米国、他の価値を共有する国々（有志国）と上記の前提を確認している。

そして日本政府は、実質的に『タリン・マニュアル（Tallinn Manual）』の考え方に基づいて、武力攻撃とサイバー攻撃の関係性を整理している。『タリン・マニュアル』とは2013年3月公開の『サイバー戦に適用される国際法に関するタリン・マニュアル』とその続編である2017年2月公開の『サイバー活動に適用される国際法に関するタリン・マニュアル2.0』から構成される。

『タリン・マニュアル』は北大西洋条約機構（NATO）加盟国の研究者・軍人・政策形成者等が作成した文書で、NATO や関連機関の公式文書ではない。しかし、日米欧を中心にこれをサイバー戦争およびサイバー活動の実質的な規範集とみなす見方もある。

『タリン・マニュアル』の考え方を簡略化して示すと、一定のサイバー攻撃（サイバー攻撃単独で行われる場合）はその「規模」と「影響」の観点で、特にキネティックな武力攻撃（サイバー以外による手段）と同様の効果をもたらすか否かを含めで判断され、武力攻撃と認定される場合がある＊18。

2　何が「武力攻撃」相当のサイバー攻撃なのか？

日本政府は当初、２つのサイバー攻撃を想定し、武力攻撃との関係を整理した。１つは、サイバー攻撃が通常の武力攻撃と一体化して行われる場合である。実際の軍事行動に先立ち、または軍事行動と一体化して、サイバー攻撃が用いられることに疑いの余地はない。こうした通常兵器による軍事行動とサイバー攻撃の一体化を、慶應義塾大学の土屋大洋は「CCC（Cyber-Conventional Combination）」と呼ぶ＊19。日本政府は既に2013年時点で、自衛権との関係でも「一般論として申し上げれば、武力攻撃の一環としてサイバー攻撃が行われた場合には自衛権を発動して対処することが可能」としている＊20。

もう１つは、伝統的な軍事行動と連動せず、サイバー攻撃がそれ単独で行われる場合である。日本政府は2016年10月、「サイバー攻撃のみの場合」についても、「実際に物理的な損傷に至る重大な攻撃かどうか」等を含めて、状況によっては武力攻撃に該当し、自衛権発動の要件となりうることを確認している＊21。しかし、具体的に「どのようなサイバー攻撃が武力攻撃相当となりうるか」「集団的および個別的自衛権の要件となりうるか」は究極的にはケースバイケースである、と国際法学者や政策実務者は考え＊22、前述のとおり日本政府の国会答弁もこれを基調している。

それでもなお、どのようなサイバー攻撃が武力攻撃に相当するかの日本政府の認識が示唆される場面もある。日米安全保障協議委員会（SCC、いわゆる「２＋２」）が「（日本に対する）サイバー攻撃は一定条件下で、日米安全保障条約第5条の適用対象となりうる」＊23ことを確認した直後の2019年4月26日、岩屋毅防衛大臣は記者からの質問に応える中で、かつて米国が例示した要件（原発のメルトダウンを引き起こす、人口密集地域上流のダムを決壊させる、航空機の墜落に繋がるようなサイバー攻撃は武力攻撃となりうるとの例示）を「参考にしていきたい」と述べた＊24。岩屋防衛相は明示していないものの、前述の例示は米オバマ政権国務省の法律顧問コー（Harold Hongju Koh）による見解を参照している可能性が高い＊25。

こうした状況をふまえると、重要インフラに対するサイバー攻撃が物理的損壊をもたらす場合、それは武力攻撃とみなされる可能性がある。

３　「武力攻撃」相当のサイバー攻撃への対処と国民保護

国民保護法・事態対処法等でいう「武力攻撃事態等」はサイバー攻撃を明示的に扱っていない。例示されているのは、着上陸侵攻、弾道ミサイル攻撃、ゲリラ・特殊部隊による攻撃、航空攻撃の４類型である。しかし、これまでの政府答弁を踏まえると、一定のサイバー攻撃は「武力攻撃」を構成しうるため、その場合、国民保護法・事態対処法の枠内での対処が可能と考えられる。

その際、このアプローチには以下の論点または課題がある。

第一に、国民保護法制下の「避難」「救援」「対処」という枠組みとの整合である。武力攻撃相当のサイバー攻撃は、何らかの物理的損傷を含む可能性が高いことをふまえると、住民避難や救援といった対応が必要となるかもしれない。

問題は、自然災害対処と国民保護の決定的な違いである「対処」の要否にある。国民保護法制下では、実力組織である自衛隊が脅威に対処し、これを排除することが期待されている。それゆえ、サイバー攻撃はその他の武力攻撃と同様に「対処」が可能か否かという問題が残る。結論からいえば、現在、「対処」についても能力獲得と態勢整備が進んでいる。

安倍政権は2018年12月18日、「平成31年度以降に係る防衛計画の大綱」（新防衛大綱）を閣議決定し、大綱はサイバー空間については「有事において、我が国への攻撃に際して当該攻撃に用いられる**相手方によるサイバー空間の利用を妨げる能力**等、サイバー防衛能力」（下線強調は引用者）を抜本的に強化する、としている。上記の「我が国への攻撃」とは、（a）「有事において」との限定があること、（b）岩屋防衛相の国会答弁から＊26、武力攻撃を指すことが明らかであり、「妨げる能力」とは武力攻撃相当のサイバー攻撃に対する対処能力であるといえる。これは、北朝鮮の弾道ミサイル等の脅威が差し迫っている場合、その策源地に対して先制行動を行う「敵地攻撃能力」「敵地反撃能力」に近い能力を含む＊27。

第二に、武力攻撃相当のサイバー攻撃の発信源を特定すること、すなわち「アトリビューション問題」である＊28。サイバー攻撃に限らず、有事には、政府が「武力攻撃事態であること、武力攻撃予測事態であること又は存立危機事態であることの認定及び当該認定の前提となった事実」（事態対処法第9条2の一のイ）を把握することが求められる。そもそも、「武力攻撃」とは「我が国に対する**外部からの組織的**、計画的な武力の行使」であり、武力攻撃事態等の認定および前提事実の把握は、攻撃の発信源の特定を含意している。弾道ミサイルであれば、直ちにその攻撃の発信源を特定しやすいが、サイバー攻撃は攻撃に用いられたサーバ、端末、通信経路、攻撃者の国籍、攻撃の責任を負うべき政府が国境をまたがり、偽装が容易であるため、発信源の特定が難しい。現実的には、一定のサイバー攻撃はまず「緊急対処事態＊29」として対処し、一定の時間とリソースをかけ、武力攻撃事態と認定する他ないのではないかと考えられる。

第三に、自衛隊の役割、特に重要インフラ防衛における役割である。自衛隊のサイバー関連部隊の任務・役割は、防衛省・自衛隊のネットワークを防衛することであり、その他政府のネットワークや重要インフラを含めた民間企業の情報資産やネットワークを防衛することではない。重要インフラに対して、武力攻撃に相当するサイバー攻撃が行われた場合、前述のとおり自衛隊は「妨げる能力」を行使する可能性があるものの、重要インフラのサイバー防衛自体は自衛隊任務の範疇外である＊30。

Ⅳ　２つのアプローチの比較検討

ここまで、重要インフラに対する破壊的サイバー攻撃への対処として、現在検討が進んでいる２つのアプローチを詳述した。本節では２つのアプローチの相違点および共通点をまとめる。

〈相違点〉

２つのアプローチは異なる法的枠組下で検討中の取組であり、当然、取組を推進する所管官庁、対象とするサイバー攻撃、政府による対処対象となる閾値等は異なる（図表５）。その中でも特筆すべきは、２つのアプローチの「対象となるサイバー攻撃の定義・閾値（基準）」「サイバー攻撃の影響評価・判断」である。

図表5 2つのアプローチの比較

分類	「重要インフラサービス障害」アプローチ	「武力攻撃」アプローチ
法的枠組	サイバーセキュリティ基本法等	事態対処法等
推進組織体	NISC（内閣官房）、重要インフラ所管省庁、情報セキュリティ関係省庁、防災関係府省庁、情報セキュリティ関係機関等	内閣官房、防衛省、外務省
対象となるサイバー攻撃の定義・閾値（基準）	「重要インフラサービス障害」をもたらすサイバー攻撃 ＊国民生活への影響から判断（「結果」に焦点を当てて判断）。 ＊「行動計画」で重要インフラ分野別に重要インフラサービス名称、サービス障害例、許容可能レベルが明示されている。	「武力攻撃」相当のサイバー攻撃 ＊サイバー攻撃がもたらす規模と影響に加えて、攻撃者の存在から判断（「原因」と「結果」に焦点を当てて判断）。 ＊ごく一部の「参考」は指摘されるが、基本的にはケースバイケースで判断
サイバー攻撃の影響評価・判断	「深刻度評価」に基づく評価・判断（ただし現状では事後的評価のみ）	武力攻撃事態等は政府による事態認定（高度な政治的判断）
判断後の政府対応	現状では不明	国民保護法制下での住民等の「避難」「救援」、脅威への「対処」

出典：筆者作成

「サービス障害」アプローチは、サイバー攻撃を端緒しながらも、その詳細（原因、攻撃者）を問うておらず、国民生活への影響（結果）に焦点を当てている。また、「行動計画」の中で、重要インフラ分野別に具体的なサービス名称とサービス障害例、法令やガイドラインで維持すべきサービスレベルを列挙し、ポジリスト形式で「サービス障害」を特定している。

他方、「武力攻撃」アプローチはサイバー攻撃がもたらす規模や影響（結果）に焦点を当てつつ、その攻撃者の特定（原因）を必要とする。また「武力攻撃」アプローチの閾値はわずかな「参考」は指摘されているものの、基本的にはケースバイケースである。前述のとおり、何が武力攻撃相当のサイバー攻撃かについては国際法学者でも見解が異なり、個別のサイバー攻撃事案を判断しても結論は異なる。従って、実際の武力攻撃の認定は法律解釈ではなく、政治的判断が求められるであろう。

こうした違いを踏まえると、「武力攻撃」アプローチによる対処は、「サービス障害」と比べて、ハードルが高いといえる。制度や手続き上のハードルに係わらず、そもそも「武力攻撃」が発生する蓋然性は、「サービス障害」よりもはるかに低い。

〈共通点〉

２つのアプローチは全く異なるものであるにも関わらず、いずれも共通の考え方に立脚し、共通の課題を抱える。いずれのアプローチもサイバー攻撃がもたらす被害・影響について一定の閾値を定め、閾値以上を「サービス障害」「武力攻撃」と定め、政府が対抗措置を含めた対処に乗り出すという考え方である。

共通の課題は、第一に閾値以上の被害・影響を評価・認定するプロセスである。「サービス障害」アプローチの「深刻度評価」は現状、あくまでも事後的評価であって、リアルタイムでの予測的評価ではない。また、「武力攻撃」アプローチに不可欠なサイバー攻撃の発信源の特定（アトリビューション）と事態認定は現実には困難なプロセスである。

第二に、「サービス障害」「武力攻撃」と認められた場合の政府による措置である。深刻な「サービス障害」が発生した場合、政府には障害解消への貢献やサイバー攻撃源の排除が期待されるものの、その具体的内容や方法は明らかになっていない。「武力攻撃」相当の場合、自衛隊は「妨げる能力」の行使を含めた対処に乗り出すと考えられるが、現状では能力整備の段階にある。

おわりに　２つのアプローチの相互補完性

現在、重要インフラの機能を停止させるような列度の高いサイバー攻撃に対して、「公助」のクライシス・マネジメントとして２つの取組が進んでいる。これらは、上記の破壊的サイバー攻撃を「サービス障害」および「武力攻撃」と捉え、政府を含めた対処・対応を構築するものである。

いずれのアプローチも一定の「閾値」以上と判断された場合には、政府としての対処を検討するものである。しかし、いずれのアプローチも現状では、①サイバー攻撃の影響評価・判断、②「閾値」超の場合の具体的対処に課題がある。

また本稿が触れていないのは、２つのアプローチの相互補完性・関係性である。２つのアプローチはそれぞれ別に検討が進んでいるようだが、国家・社会全体のクライシス・マネジメントとしてみた場合、両者は相互補完的に機能する必要がある。

事実、ある一定条件の重要インフラへのサイバー攻撃は、２つのアプローチの対象となる可能性がある。例えば、深刻度の高い「サービス障害」のうち、「サービスに関する安全性への影響」が深刻なものと「武力攻撃」相当のサイバー攻撃は実質的に同じような事象を指す可能性がある。その場合、２つのアプローチがどのように機能し、相互作用や連携が生じるかは分からない。

従って、今後は２つのアプローチそれぞれが機能することに加えて、２つのアプローチが相互補完的に機能するような制度設計や運用が求められる。後者の検討については、今後の課題としたい。

＊本稿の見解は個人に帰属するもので、いかなるグループ、法人、組織を代表するものではない。

註

1　このアプローチはあくまでも有事におけるクライシス・マネジメントであり、そのクライシスは国民生活にとって決定的に甚大なものである。従って、比較的小規模の事案（インシデント）や平時の取組については本稿の射程外である。

2　本稿では、自然災害（災害対策基本法）、感染症（新型インフルエンザ等対策特別措置法）、武力攻撃事態等（国民保護・事態対処法）、サイバー攻撃等（サイバーセキュリティ基本法）を扱うが、これら以外では「重要インフラの緊急点検に関する関係閣僚会議」（2018年9月21日内閣総理大臣決裁）においても「重要インフラ」用語の使用が確認できる。「緊急点検」は「①ブラックアウトのリスク・被害を極小化する必要がある電力供給に係る重要インフラ」「②電力喪失等を原因とする致命的な機能障害を回避する必要がある重要インフラ」「③自然災害時に人命を守るために機能を確保する必要がある重要インフラ」を明示している。

3 後述する「重要インフラの情報セキュリティ対策に係る行動計画」では、「重要インフラ防護」の目的として、「機能保証の考え方を踏まえ、自然災害やサイバー攻撃等に起因する重要インフラサービス障害の発生を可能な限り減らす（下線強調は引用者）」と掲げ、厳密には自然災害もスコープに入るが、実質的にはサイバー攻撃やシステム障害を主なスコープとしている。

4 2014年11月成立、2015年1月施行。2016年4月、2018年12月に改正案成立。

5 重要インフラ所管官庁は、金融庁（1）、総務省（2）、厚生労働省（2）、経済産業省（5）、国土交通省（4）の5省庁（括弧内は所管する重要インフラセクターの数）。なお、左記に加えて、関係機関として「情報セキュリティ関係省庁」（総務、経産等）、「事案対処省庁」（警察、防衛等）、「防災関係府省庁」（内閣府等）、「情報セキュリティ関係機関」（NICT、IPA、JPCERT 等）、「サイバー空間関係事業者」（各種ベンダー等）が指定されている。

6 情報セキュリティ対策推進会議「重要インフラのサイバーテロ対策に係る特別行動計画」（2000年12月15日）、2頁。

7 同行動計画では、重要インフラとは「他に代替することが著しく困難なサービスを提供する事業が形成する国民生活及び社会経済活動の基盤であり、その機能が停止、低下又は利用不可能な状態に陥った場合に、わが国の国民生活又は社会経済活動に多大なる影響を及ぼすおそれが生じるもの」とされている。情報セキュリティ政策会議「重要インフラの情報セキュリティ対策に係る行動計画」（2005年12月13日）、1頁。

8 詳細は、独立行政法人情報処理推進機構（IPA）「2015年ウクライナ大規模停電」および「2016年ウクライナマルウェアによる停電」制御システムのセキュリティリスク分析ガイド補足資料：「制御システム関連のサイバーインシデント事例」シリーズ（最終更新日：2019年8月2日）
https://www.ipa.go.jp/security/controlsystem/incident.html

9 “Russian Government Cyber Activity Targeting Energy and Other Critical Infrastructure Sectors,” Alert (TA18-074A), Cybersecurity and Infrastructure Security Agency (March 15, 2018)
https://www.us-cert.gov/ncas/alerts/TA18-074A

10 Rebecca Smith, “Russian Hackers Reach U.S. Utility Control Rooms, Homeland Security Officials Say: Blackouts could have been caused after the networks of trusted vendors were easily penetrated,” Wall Street Journal (July 23, 2018);「ロシアのハッカー、米電力制御システムに侵入」『ウォール・ストリート・ジャーナル日本版』（2018年7月24日）

11 原因は、設備のファイアウォール（F/W）の欠陥によって、「認証されていない攻撃者」が何度も何度もF/Wを再起動し、事実上これを破壊することができた。F/Wは、発電サイトと設備のコントロールセンター間を流れるデータの交通管制（traffic cops）の役割を果たしたため、オペレータと発電設備の一部との接続が失われた。NERC、米エネルギー省等は被害にあった事業者名等の詳細を公開していない。North American Electric Reliability Corporation, "Lesson Learned: Risks Posed by Firewall Firmware Vulnerabilities" (September 4, 2019)
https://www.eenews.net/assets/2019/09/06/document_ew_02.pdf
Blake Sobczak, "Report reveals play-by-play of first U.S. grid cyberattack," E&E News (September 6, 2019) https://www.eenews.net/stories/1061111289

12 内閣官房内閣サイバーセキュリティセンター（NISC）「サイバー攻撃による重要インフラサービス障害等の深刻度評価基準（初版）」（2018年7月25日）

13 「重要インフラサービス障害に係る深刻度判断基準の例について」重要インフラ専門調査会第10回会合 資料9（2017年3月16日）、2頁。

14 本稿では詳細に立ち入らないが、情報漏洩やマルウェア感染等の被害拡大防止措置の例として、インターネット接続の遮断、内部ネットワークやシステムの遮断・分離、特定のアプリケーションや端末の利用停止が想定される。こうした措置を講じた場合、障害や被害が拡大・深刻化することを防ぐことができるかもしれないが、重要なサービスの提供に支障がでる恐れがある。

15 NISC「サイバー攻撃による重要インフラサービス障害等の深刻度評価基準（初版）」。

16 サイバー攻撃等を端緒とするシステム障害やサービス障害への対応は主に、第一に、IT サイドを中心とする「インシデント対応」、第二に、事業部門等を含めたサービス維持や復旧に関する「事業継続対応」に大別される。川口貴久「サイバー攻撃発生時の「インシデント対応」と「事業継続対応」」『経団連タイムズ』No.3385（2018年11月9日） http://www.keidanren.or.jp/journal/times/2018/1115_11.html

17 「サイバー攻撃に対抗措置　政府検討：電力や鉄道被害時、20年までの法整備めざす」『日本経済新聞』（2017年5月17日）；「政府、サイバー被害の深刻度指標　対抗措置の判断基準に」『日本経済新聞』（2018年4月4日）。

18 Michael N. Schmitt, eds., *Tallinn Manual 2.0 on the International Law Applicable to Cyber Operation* (Cambridge: Cambridge University Press, 2017), pp.340-341；黒崎将広「規則71　武力攻撃に対する自衛」、中谷和弘・河野桂子・黒崎将広『サイバー攻撃の国際法：タリン・マニュアル2.0の解説』（信山社、2018年）、77頁。

19 土屋大洋『サイバーテロ』文春新書、2012年、37頁。

20 第185回国会 参議院予算委員会 第1号での安倍晋三内閣総理大臣答弁（2013年10月23日）

21 第192回国会衆議院内閣委員会第 3 号での澤博行防衛大臣政務官答弁（2016年10月21日）。また、直近でも、「武力攻撃」相当のサイバー攻撃に対する自衛権発動やその要件等を通常の「武力攻撃」と同様に解釈すると明示している。第198回国会本会議第24号における安倍総理および岩屋防衛相答弁（2019年5月16日）。

22 詳細は Schmitt, *Tallinn Manual 2.0 on the International Law Applicable to Cyber Operation*, pp.339-348；黒崎将広「規則71　武力攻撃に対する自衛」、中谷・河野・黒崎『サイバー攻撃の国際法』、77～79頁。

23 なお、北大西洋条約機構（NATO）は2014年9月5日に、太平洋安全保障条約（ANZUS）は2011年9月15日に同主旨（一定以上のサイバー攻撃は集団的自衛権行使の対象となる点）を確認している。

24 防衛大臣記者会見（2019年4月26日）。
https://www.mod.go.jp/j/press/kisha/2019/04/26a.html

25 Remarks by Harold Hongju Koh, Legal Advisor U.S. Department of State, "International Law in Cyberspace," USCYBERCOM Inter-Agency Legal Conference, Ft. Meade, MD (September 18, 2012).

26 第198回国会衆議院安全保障委員会第7号（2019年4月9日）で、岩屋防衛相は「相手方が武力攻撃においてサイバー空間を利用する能力を妨げる能力というものを確保しなければいけない」と答弁している。

27 川口貴久「日本のサイバー戦略における『前方防衛』とは何か？ 新防衛大綱の「妨げる能力」を中心に」第4回 サイバーセキュリティ法制学会（2019年11月23日）。

28 アトリビューションの詳細は、Thomas Rid and Ben Buchanan, "Attributing Cyber Attacks," *The Journal of Strategic Studies*, Vol.38, No.1-2, 2015, pp.4-37.（トマス・リッド、ベン・ブキャナン（土屋大洋訳）「サイバー攻撃を行うのは誰か」『戦略研究』第18号（2016年5月）、59～98頁。）

29 緊急対処事態とは、「武力攻撃の手段に準ずる手段を用いて多数の人を殺傷する行為が発生した事態又は当該行為が発生する明白な危険が切迫していると認められるに至った事態（後日対処基本方針において武力攻撃事態であることの認定が行われることとなる事態を含む。）で、国家として緊急に対処することが必要なもの」を指す。具体的には、原子力発電所、石油コンビナート等の「危険性を内在する物質を有する施設等に対する攻撃が行われる事態」や大規模集客施設やターミナル駅等の「多数の人が集合する施設及び大量輸送機関等に対する攻撃が行われる事態等」が例示されている。

30 他方、米国サイバー軍（United States Cyber Command: USCYBERCOM）は民間セクターの重要インフラ防衛もその任務の範疇である。

第12章　オリンピックテロ・シミュレーションから考える国民保護の陥穽

本多 倫彬

はじめに

オリンピックは、テロリストにとって魅力的なイベントである。脆弱なターゲットが多数存在する上に要人も集まり、また実行犯が外国人の場合、自らを目立たなくすることも可能だ。国際世論に対する訴求力の期待値も大きい。仮にテロに失敗した場合でさえも、大きく報道されることが見込まれる。同様に開催国の威信や、オリンピックの体現する国際協調の精神や自由の価値そのものにまでダメージを与えることもできる。近年のオリンピックでテロ対策の必要性が叫ばれてきた所以である。

開催する側からすればテロ警戒と対処の強化が必要なことは今更指摘するまでもない。実際に2020年に予定されていた東京オリンピックでもまた、後段でみるようにテロ対策に力を入れてきた。それでは開催されるたびにテロ対策が強化され続けるオリンピックは、テロリストの目にどのように映るのだろうか。これほどまでにテロ対策の必要性が叫ばれ、強固な対策がなされていることの明らかな状況下において、それでもオリンピックをテロの好機と考えるとすると、テロリスト側にとってその魅力、言い換えればテロの目標とは何なのだろうか。また、強固な防衛の存在を前提にテロの成功を希求するとき、具体的なテロの様態はどのようなものになるのだろうか。

本章では以上の問いを、2020年東京オリンピック・パラリンピック（以下、2020東京五輪）テロに焦点を当てて実施したシミュレーションを紐解きつつ考えてみたい。本章の核となる関心は、防衛側（この場合、日本政府）と攻撃側（テロリスト）の希求するもののずれと、またそのずれを生み出す制度・運用上の葛藤である。その上で、この葛藤の検討から露わになる国民保護の陥穽を検討する。

Ⅰ　2020東京五輪に向けたテロ対策の概況

最初に、東京五輪に向けたテロ対策を概観する。とくに日本政府を初めとする関係機関がいかなるテロを想定したのかをみてみたい。

そもそも2010年代に頻発した国際テロの趨勢を踏まえて日本政府は、テロ対策に力を入れてきた。とくに日本人が犠牲となったバングラデシュのダッカ・レストラン襲撃人質テロ事件（2016年）や、アルジェリア・イナメナスのプラント施設襲撃事件（2012年）などを踏まえて、日本が狙われることを前提に考えることが強調されてきた＊1。官邸に設置されてきた国際組織犯罪等・国際テロ対策推進本部（本部長：内閣官房長官）は、2017年に「2020年東京オリンピック競技大会・東京パラリンピック競技大会等を見据えたテロ対策推進要綱＊2」を公表した。そこで示された認識は、イスラム過激派組織やホームグロウン・テロリストによる一般市民やイベントを狙ったテロの頻発する中、2020東京五輪でのテロが強く懸念されるというものであり、そのために政府一丸となってテロ対策を速やかに実行する必要性を謳った。

同時に、やはり官邸に設置される東京オリンピック競技大会・東京パラリンピック競技大会推進本部（本部長：五輪担当大臣）には、内閣危機管理監のもとに省庁横断のセキュリティ幹事会が設置され、テロ対策のみならず自然災害やサイバーセキュリティ、観客等の安全確保に焦点を当てて検討を進めてきた。同幹事会は「2020年東京オリンピック競技大会・東京パラリンピック競技大会に向けたセキュリティ基本戦略＊3」（2017年3月21日）を策定した。警察庁に設置された「セキュリティ情報センター」が海外治安機関とも連携してテロに備えて情報収集を強化するとともに、開催期間中には官邸に24時間態勢で情報集約、関係機関への情報提供にあたる「セキュリティ調整センター」を設置することも決定された。

こうして国レベルの対策が進められるのと並行して、開催都市である東京都は、2018年3月に「東京2020大会の安全・安心の確保のための対処要領（第一版）」を公表した。同年中に実施された訓練や検証を踏まえて、第二版が１年後に公表されている＊4。同要領は、大会期間中に発生する各種事象に対し、都市運営に影響を及ぼしうる事案を４つの対応レベルに分類した。テロはその最も烈度が高く、都全体や大会運営に著しい影響を及ぼすCRISISと位置付けられている。また、想定するリスクについて、「リスクシナリオの検討」を行って、それぞれの事象に対応する主体を明確化しようとする。それにより、「都政運営・大会継続に悪影響を及ぼす原因事象を抽出」しようとする試みである。

具体的な「シナリオ」として提示されるものは、競技会場、大規模商業施設、駅、繁華街におけるテロなどであり、その上で関係部局が対処すべきことを列挙するスタイルとなっている。それは、テロの対象となり得る施設や場所を管轄する組織の所管をまとめ上げたものとなる。国民保護法との関係では、都が最も重大と位置付けるテロ（CRISIS）事案が緊急対処事態（武力攻撃の手段に準ずる手段を用いて多数の人を殺傷する行為が発生した事態または当該行為が発生する明白な危険が切迫していると認められるに至った事態）に相当することになる。それで具体的にテロは、どのように検討されているのだろうか。同対処要領には、テロの様態やシナリオについて検討された形跡は特に存在しない。ただし、発生した（テロ）事案について緊急対処事態認定が国によって行われた場合には、「都対策本部の指示に従い、関係機関と連携し、観客等に対し東京都国民保護計画に記載の措置（堅牢な建物への避難や、指定された要避難地域からの避難など）を速やかに実施する。特に、競技会場や開設した一時的な避難場所が要避難地域に指定された場合は、あらかじめ指定している別の候補地を運用するなどして、観客等の安全を確保する*5」とされている。

こうしたやり方についてある都庁職員は「結局、自分たちがやるべきことをやるだけであって、彼ら（オリンピック・パラリンピック準備局）は何をするわけでもない*6」と揶揄する。各担当部局からすれば、東京五輪だからといって特別な対応を行うというよりも、いつも通り決定されていることを粛々と自分達がやるという理解とみられる。

II　2020東京五輪テロシナリオ

前述のとおり、「五輪セキュリティ基本戦略」や「五輪テロ対策推進要綱」では、情報収集・集約・分析の強化が謳われた。それは、実際に2020東京五輪を標的にテロを起こす蓋然性（がいぜんせい）の高い組織とその動向を探り、その侵入を防ぐこと、さらにテロリストの狙いや目標を分析する試みとなる。国内外の過激派など潜在的テロリストの動向を探ることで、彼らがオリンピックをどのように狙うのかを検討する体制ともいえる*7。しかし、2019年末時点でそうした試みは少なくとも五輪テロ対策計画上は明確に位置づけられず、ただ爆発物や自動車での無差別殺人、サイバー攻撃、あるいは感染症蔓延や自然災害、さらには迷子まで、起こり得る事象が羅列され、それぞれの所管部所・関係部局が列挙されている*8。

それではテロ（リスク）シナリオの検討とはどのようにするものか。シナリオ検討の発想に立つ試みのスタートには、実際にテロリスト側の立場に立ってテロ計画を考えるものがある。それは「ある場所で爆弾テロをする」といった手段の話にとどまるものではない。テロリストはいったい何を達成することを目標に、テロを計画するのかから考えるものになる。

テロを計画する側にとってテロ計画とは、いかにしてテロを防ごうと動く側を出し抜き、自らの目的を達成するのか、一種の駆け引き（ゲーム）である。そこで、模擬的にテロリストを構成し、守ろうとする側とのシミュレーションを通じた演習が、テロ対策にも有効とされる。その１つが、レッドチーム（テロリスト・攻撃側）と、ブルーチーム（政府・防衛側）に分かれて行うゲームである。以下では、2020東京五輪テロをテーマに、実際にレッドチーム形式にて実施されたゲーム（2018年11月、キヤノングローバル戦略研究所開催）を検証して、テロ計画を考えてみたい。

１　シナリオを導く要素と日本を取り巻く状況

2020東京五輪に関しては、多くのテロ・シナリオが想定できる。実際のところ、思いつくままに列挙すればそれなりの「シナリオ」は策定できよう。しかし、それに基づいて教訓や含意を引き出すには、蓋然性が高いシナリオの策定が求められる。

現実の施策と照らして検討をするために、シミュレーションでは、上述した各種テロ対策文書、たとえばテロ対策推進要綱でとくに懸念されている脅威を中核に考えている。つまり様々な文書等で警戒が呼びかけられ、対処の必要性が謳われている施設や場所で、いかなるテロが企図されるのか、である。

テロ対策推進要綱で示されるのは、イスラム国を筆頭にしたイスラム過激派組織によるテロと、それらと共鳴するホームグロウン・テロリストによるテロの脅威である。ホームグロウン・テロリストについては、過激思想への共鳴の他にも、社会に対する不満と疎外感を強めた者が、なかば社会に対する復讐を企図して行う事件が日本国内外で散見される。実際に日本国内で進んできた所得格差の拡大、訪日外国人の多様化と増加、それらによる外国人排斥感情の増大などは、こうした個人を養成する要因としても指摘されてきた。また、2020東京五輪を経済の起爆剤とし、莫大な投入を行う政財界のイニシアティブに対して批判的な意見も国内には存在している。反資本主義・反帝国主義を掲げたかつての極左過激派集団の活動は下火となっている一方で、過激な行動は、反原発活動などでも発生している。

また、2018年には、北朝鮮の工作員が日本国内に一般市民として潜伏し、本国の指示や有事には破壊工作等を実施することが喧伝され、広く話題となった。実際に2014年のクリミア危機の際に露わになったように、周辺国が宣戦布告なきままにサイバー攻撃などと合わせて工作員等を送り込み、破壊工作等、非正規戦を仕掛けることも引き続き懸念されてはいる。

これらを踏まえて、2020東京五輪を狙うテロリストとして、イスラム過激派組織、北朝鮮工作員、ローンウルフを設定し、以下の初期設定を作成した。これを踏まえてレッドチーム（テロリスト）、ブルーチーム（政府機関〔日本政府、東京都・五輪委員会〕）はテロの目標・ねらい、防衛にあたる考え方と重点ポイントをそれぞれ検討した後、相手の出方を探りつつ対応行動の検討を行った。なお、以下のシミュレーションはすべて架空のものである。

2　各チームの目標とテロ準備・防止計画の検討＊9

（1）　2020年東京五輪開催前の様相（架空の状況設定）

フィリピン・ミンダナオでは、2010年代からイスラム過激派の活動の過激化・大規模化が進み、ドゥテルテ政権との抗争を繰り広げてきた。米国・日本を含めた東・東南アジア諸国はフィリピン政府への支援を表明し、国家警察や国軍に対する訓練や装備の供与を進めてきた。しかしイスラム過激派の根絶は困難なまま膠着状態となっている。

北朝鮮はミサイル・核兵器の能力を高め、2018年には大陸間弾道ミサイル（ICBM）の発射実験に成功するなど、事実上の核保有国となった。同時に同国は、着実に強化してきたサイバー戦能力を駆使するようになり、韓国、日本などの政府機関、企業などに対するサイバー攻撃の件数を著しく増加させた。こうした中、日本政府は、2019年2月に北朝鮮国籍の在日の男ら（出先機関幹部、北朝鮮渡航歴あり）を、日本国内で大規模テロを企てていたテロ等準備罪容疑で逮捕したと発表した。また、同国によるサイバー攻撃で、銀行から不正送金された資金が準備に使われていた痕跡があると発表した。これに対し北朝鮮は、「言いがかりをつけ我が同胞を拘束した日本は、民族の憤激の炎により巨大なクレーターの底に沈むことになる」とする発表を行った。

2019年1月、東京都、オリンピック・パラリンピック準備委員会は、複数の企業と合同で、東京オリパラに向けた最新のセキュリティ・システムを公開した。怪しい行動をとる人物や、事前にデータベースに登録された要注意人物の顔を、五輪会場および主要ターミナル駅等に配置した監視カメラや、警備員が身に着けるウェアラブルカメラ、気球監視カメラなど総数50万台におよぶネットワークカメラが常時監視し、瞬時に不審者の居場所を把握する機能を核にした最新のシステムであると宣伝された。同時に、選手村やメイン会場などの入退場の検査に用いる最新の爆発物探知システムの概要、選手村と一部の会場や会場間を結ぶ自動運転システムの概要が公開された。発表の際には都知事自ら「スマートシティとセキュリティの両立、『第４次産業革命』をリードする東京」を前面に打ち出した。とりわけセキュリティ・システムは、日本の中小企業の技術の粋を集めた傑作ともてはやされ、作成までの過程がテレビ番組で特集されるなど、広く話題を呼んだ。

日本政府も、首都東京を世界の第４次産業革命をリードする先進都市と位置付け、「新たな大都市の未来像を東京オリンピック・パラリンピックで示す」ために、政府として積極的に東京都をはじめとする自治体や企業を支援することを発表した。経済産業省は、都内の競技会場などを自動運転車両でつなぐ交通網の整備、床発電システムにより必要電力を自ら生み出す施設の建設、商業施設等でのデジタルサイネージを用いた競技の実況など、五輪を通じて日本の最先端スマート技術のアピールに繋げることに腐心している。また観光庁は、東京五輪期間中に、スマートフォン向けの Wi-Fi を観光客に無料で提供することを発表した。各会場・選手村および都内主要箇所には Wi-Fi のホットスポットを設置し、貸し出した Wi-Fi の行動履歴を収集して観光客の行動データを収集することで、将来のインバウンド消費と観光戦略への活用を図るとしている。

2020東京五輪開催まで１年となった2019年6月、新設された新国立競技場でテストイベントを兼ねて全日本陸上競技選手権大会が開催される最中、渋谷駅発の新国立競技場行きバス車内で、乗員乗客あわせて５名（うち１名は米国人）がナイフで刺され、負傷する事件が発生した。2020東京五輪中止に共鳴する20代の無職日本人男性による衝動的な犯行だったものの、大規模イベントにおける安全確保の困難さが浮き彫りになり、直後に行われた参院議員選挙期間中も、翌年に控えた東京五輪におけるテロ対策強化の是非が争点となった。

2020東京五輪委員会は、OMOTENASHI を前面に掲げ、オリンピックに向けた観光客誘致に力をいれてきた。とくにイスラム圏からの観光客に対しては、商業施設に対して礼拝所の整備を呼びかけ、また信仰者向けレストランの拡充とハラール認証支援などを行ってきた。しかし、2020年3月に東南アジアのＴＶ局が「日本の認証制度の欺瞞を暴く」と題した特集番組を作成し、食肉処理工場で豚と並んで通常処理された牛肉が認証されていることや、認証レストランで獣脂（豚含む）が混入されていること、アルコールが提供されていることなどを報じた。同特集は東南アジアなど各地で繰り返し放映され、中東地域でも日本の「フェイク認証」として拡散し、各国の日本大使館や現地日系企業に対する抗議活動が拡大した。日本の食品メーカーが豚を混ぜた食品を使用しているとするデマも流され、一部の日系企業の現地法人が取り調べを受けた。また、抗議活動の急速な拡大によって多くの企業が相次いで操業停止に追い込まれた。これに対して日本では「イスラム・リスク」として大きく取り上げられ、2020年度ゴールデンウィーク中には、イスラム圏各国への渡航に際して外務省が注意を呼びかける異例の事態が生じた。

2018年には在日外国人による凶悪犯罪が、発生件数で過去最高となる。なかでも2018年12月に発生した中東系外国人による小学生女児暴行事件はその象徴として日本社会に衝撃を与え、週刊誌やインターネット上には事件と宗教を結びつける言説が拡散し、日本国内でイスラム排斥運動が急速に拡大してきた。過激化した運動家の一部は、2019年のゴールデンウィーク期間中に、イスラム圏諸国の在京大使館やモスク周辺で反イスラム・デモを行い、その模様を動画サイトに公開した。イスラム教を侮辱する言葉が書かれたプラカードを振りかざす姿がイスラム圏諸国のメディアに拡散した。各国の駐日大使館は日本政府に対して取締りとデモの禁止を要請するも、日本政府の対応は警察による監視を強化するに留まった。あるイスラム圏国家の外務大臣が、日本におけるイスラム教徒の安全に対する懸念と日本政府の対応に対する失望を表明するなど、政府が進めてきたVISIT　JAPANキャンペーンに冷や水を浴びせる事態となっている。

2020年4月、埼玉県のある民泊施設で爆発火災事故が発生した。事故を受けて消防・警察が対応に当たったところ、爆発物の製造現場であったことが発覚し、現場では男２名が即死していた。警視庁は、民泊を利用して都内に約３ヶ月滞在していた中央アジア出身の男らがテロの準備をしていたとみているとした上で、借主を含む２名を緊急逮捕（テロ等準備罪）したものの、仲間が逃亡中の恐れがあると発表した。男らは、東京と埼玉でそれぞれ民泊を利用して拠点を築いて爆発物の製造と貯蔵をしており、2020東京五輪期間中の大規模テロを計画していたとみられている。

（２）各主体とテロ実施計画

以上の情勢を踏まえてレッドチームは、テロ計画を検討した。結果は表のとおりである。

2020東京五輪を対象とするテロ計画に際し、イスラム過激派は五輪そのものの成否への関心はなかった。彼らにとって五輪が魅力的であるのは、世界の目

テロリスト主体	目　標	具体的なターゲットとテロ手段	潜伏場所および犯人像
イスラム過激派	社会的インパクトの最大化	無辜の人々（幼稚園・初等教育機関） 報道機関（日本最大の新聞社本社）	イスラム教徒留学生および帯同家族の自主的行動
北朝鮮工作員	情報収集の妨害	政府の情報収集分析機関（霞ヶ関・永田町） 軍事情報の収集分析機関（自衛隊基地） 東海道新幹線（陽動作戦）	脱北工作員（女性） 日本人（浸透工作員）
ローンウルフ	社会に対するカタルシス解消	浄水場 著名な観光スポット 高所得層地域の幼稚園	社会的な鬱屈・不満を抱える個人（日本人）

が集まる中でのテロという行動が注目を集め、訴求効果が高いということによる。イスラム過激派にとって国際的に報道され、自らの認知度が高まることが重要であった。したがって目立つことを目標に、最小限の資源投入で、最大の効果を得ることが企図された。

結果として、無辜の人々、とりわけ外国人子女も多く在籍する都心部の小学校の占拠や、刃物による子供たちの殺傷など、残虐性の際立つテロを計画することとなった。また、国際的に報道されることが重要であることから、日本を代表する大手新聞社本社の占拠を計画した。なお、新聞社を第一のターゲットとし、小学校等は陽動作戦として多発的に実施することが計画された。

北朝鮮工作員は、本国にとって高位の軍事目的を達成するための撹乱作戦の場として2020東京五輪を位置付けた。すなわち、核実験などの把握を困難とするため、日本政府機関、自衛隊基地が主たるターゲットとなった。またこれらを成功させるための陽動作戦として、新幹線車内で日本人（浸透工作員）による液体爆弾テロを計画した。

ホームグロウン型ローンウルフ・テロリストは、そもそも動機や属性などが個々に大きく異なることが想定された。ただし、承認欲求を満たすこと、孤独の解消を目的とすること、社会的格差への不満をぶつけること、これらを共通の基盤に、具体的な破壊行動を計画することが想定された。こうしたつかみどころのないローンウルフは、具体的なテロの対象として、浄水場、外国人の多く訪れる観光地、幼稚園を対象にしたテロを計画した。

（3）日本政府の対応とテロ防止計画

テロリストが以上の計画を立てる中、高まるテロへの懸念を踏まえて首相官邸では国民の安全を確保すべく NSC が開催され、関係省庁より対応について報告を受けた。各省庁が連携を取って2020東京五輪成功に向けてテロ対応を強化する方針が確認され、とくに水際対策の徹底と、BC テロ、サイバーテロに対する予防、さらに事態が発生した場合の警察庁と防衛省・自衛隊のスムーズな連携などの指示が行われた。

各省庁は、自らの所管する施設や領域でテロの防止と万一の発生に備えた取り組みを強化しているとし、官邸に対して報告が行われた。

各省庁	基本方針
外務省	在外公館等を通じたテロ関連情報収集の強化
警察庁	テロの予防と発生時の対処への備え
国土交通省	国民・観光客の生命と重要インフラの防護
経済産業省	非常事態における我が国の生活、経済活動の継続の死守
総務省	（総務省所管施設の）警備・警戒の強化
東京都	2020東京五輪の安全な開催を重視、東京都民の生活に資する重要インフラの安全安心の確保を最優先

また日本政府は各省庁のテロ対処計画や報告等を踏まえて、以下の施設をとくに重点的に警備すべきポイントとして指示を行った。

重点施設の種別	具体的な施設
給水施設	浄水場およびダム
公共交通機関	新幹線および都内地下鉄
通信施設	スカイツリー
ターミナル駅	東京駅、新宿駅
原子力関連施設	某大学研究所
大規模商業施設	六本木ヒルズ

Ⅲ　シミュレーションの展開

前項までの状況をもとに、シミュレーションでは、徐々に危機の烈度を高める新たな状況設定の付与を行いつつ、検討を進めた。具体的な展開は以下のとおりである。

1　第一段階

東京都は、五輪開催を控えてテロ対策実働訓練を実施した。訓練は、第一にオリパラスタジアム周辺の地下鉄構内で化学剤が散布され、多数の被害者が発生したという想定にもとづく救護を含めた訓練と、第二に武装テロリストが選手村で人質をとって立てこもったという想定での制圧訓練の展示が行われた。警察（機動隊）の銃器対策部隊も出動し、突入して抵抗する犯人を制圧する訓練の模様が公開された。

また先進技術をアピールするシステムの試験・実運用が一斉に始まった。具体的には羽田空港で自動運転によるタクシーが営業を開始した。また選手村（東京晴海）では各競技会場との間をつなぐ自動運転バス・システム、各競技会場でのQRコードによる入退場システム、高性能の爆発物検知システム、人工知能を搭載した顔認証システムの試験運用が開始された。

東京都内では、イスラム教徒の観光客に向けて、イスラム教の教えに基づき適切な管理がなされている認証を受けた都内の100以上のレストランが「ハラール・ウィーク」を開催した。講習を受けた調理師が考案したメニューが提供され、「イスラム教徒が安心して訪問できる東京」をアピールしている。

フィリピン・ミンダナオ島のマラウィで、2017年以来となるイスラム過激派武装集団による大規模な襲撃が発生し、警察署を含む多くの政府関連の施設が同時多発的に襲撃を受ける事件が発生した。中東から流入したIS系の集団に加え、東南アジア各国の過激派なども合流したイスラム過激派による襲撃とみられている。

こうした中、北朝鮮の国営中央通信は、東京オリパラに過去最大規模の選手団を派遣すると発表した。また、北朝鮮の北部では新たな核実験の兆候があることが報道された。実験が行われる場合には、過去最大規模となる可能性が高いと報じられ、緊張が高まっている。

2　第二段階

島根県の出雲大社敷地内で、爆発物と思われる物体のついた巨大風船が発見され、出雲市は緊急事態等対処計画に基づき対策本部を設置した。既に県知事の出動要請を受けて陸上自衛隊爆発物処理部隊が出動している。京都府、島根県など、日本海沿岸地域各県では「風船爆弾」の発見が続いており、北朝鮮の関与とさらなる北朝鮮によるテロ工作が懸念された。

東南アジア各地では「日本のフェイク・ハラールに反対する運動」デモが盛り上がりを見せている。これに呼応して、国内のイスラム教徒ら約1,000人（主催者発表）が官邸前でデモを実施した。あるイスラム圏諸国の在京大使館前では、同政府による日本政府に対する公式な抗議を求めた在日同国人によるデモの一部が暴徒化し、警察との衝突で警察官を含む複数の負傷者を出す事態が発生した。

ここまでの展開を踏まえて、日本政府（ブルーチーム）とテロリスト（レッドチーム）はそれぞれ、情報収集と計画の練り直しを行った。日本政府は、各種のトレース情報等（テロリストは行動を起こす際に何らかの痕跡を残すものと設定）に基づき、摘発に移り、アジト（各テロリスが３ヶ所設定）の家宅捜索を実施した。結果としてイスラム過激派はアジト１カ所、北朝鮮工作員はアジト２カ所を失った。ローンウルフ・テロリストに対する捜索は難航し、摘発されることはなかった。

3　第三段階（テロ計画・防衛計画の確定）

第二段階までに、事態の推移と、とりわけ政府側の対応の様相を踏まえた上で、レッドチームは具体的なテロ最終計画の策定に、ブルーチームは防衛計画の策定に移った。

イスラム過激派の達成すべき目標は報道の拡散によって国際的に注目を集めることで一貫していた。このため第一目標の大手新聞社本社に変更はなかったが、陽動作戦とインパクトを兼ねた幼稚園・小学校に対する攻撃計画を変更した。日本政府の対策強化の様相のもとで、逆に対策が薄くなっていると見込まれる対象で、最大の成果を得るべく、柔軟に計画の変更を行ったのである。

北朝鮮工作員は、事前の摘発によって攻撃能力を大きく減じた状態でテロ計画の練り直しを余儀なくされた。選ばれたのは日本銀行と東京証券取引所だった。当初の計画では霞ヶ関・永田町および自衛隊基地を標的に、日本政府の外務・防衛の中枢機能を弱体化させ、情報収集・分析能力を損ねることを企図した。しかし実行予定者に逮捕者を出す中、日本の政府機能を麻痺させるという目標を維持しつつも、テロの標的を、より警備の手薄な対象に移した。同時に、日本政府のハード面でのセキュリティ対策が強固であることから、本国のサイバー部隊による攻撃の糸口を切り開くことに、自らの役割を変更させた。この計画変更の中で、副次的に金融資産の奪取が新たな目標に加わることになった。

ローンウルフは、政治的目標があるわけではなく、強い憎しみをぶつける対象もなかった。また、そのつかみ所のなさ所以に、他の２つのテロリスト・チームに比して、ブルーチーム側の捜索対象としても特定されていなかった。このため、ローンウルフは自由度の高い判断を行い、テロ計画は修正された。見方を変えれば場当たり的とさえ言える柔軟さにより、ローンウルフのテロ計画は、通勤ラッシュ時の地下鉄で同時多発的に非常停止ボタンを押し、また自転車を線路に投げ込むなど、悪質ではあるが悪戯とも言える行動により大混乱を引き起こすことに成功した。また、別のローンウルフは、スタッフとして豪華客船に乗り込み、乗組員を刃物で脅して艦橋を占拠しようと試みた。最終目標はお台場に船ごと突入することだったが、結果的には制圧されて未遂に終わった。また、社会に対する疎外感の強いローンウルフは、スマートフォンのコミュニケーション・アプリ提供者として無くてはならない存在となり、さらに同アプリを中核にした様々な社会サービスを次々展開するなど最も勢いのあるIT 系企業を標的とした。それはキラキラした成功企業とそこで働く人々そのものへの憎悪が動機だった。

レッドチームが以上の動きをとる中、日本政府（官邸・霞ヶ関）は以下の対応行動をとった。まず、テロを100%防ぐことは不可能な中で、首相は「人命優先」と「国家機能の維持」の優先を強く指示した。また、2020東京五輪開催を目前に控える中で、「（テロによって）開催できない」状況は、日本政府として選択肢にないとする判断を基本とした。それは、具体的な対応としては重要インフラ施設などの防護を優先する対応となる。結果としてレッドチームによる計画の実施は以下のとおりとなり、外国人観光客を含む一般人を対象としたテロを許す結果となった。

	テロ・ターゲット	テロの方法〈ねらい〉・概要
イスラム過激派	東京湾来寄港中の豪華客船	無差別殺人〈報道拡散〉 ゴムボートで3名のテロリストが海側から乗り込み、無差別殺人を行う。
	東京ドーム	無差別殺人〈報道拡散〉 軽トラックで突入したのち、運転手が刃物を持って通行人を襲撃する。
	大手新聞社本社	占拠・立てこもり〈報道拡散〉 刃物を持った5名のグループが新聞社本社を襲撃し、人質をとって立てこもり。事件報道を拡散。
北朝鮮工作員	日本銀行	サイバー攻撃〈社会混乱〉 協力者に持ち込ませたUSBメモリ経由でサーバーと防御システムを破壊したのち、本国サイバー部隊が

		修復困難なデータ書き換えを行う。
	東京証券取引所	サイバー攻撃〈金融資産の不法取得〉 日本国内居住者による大量の一斉株取引でシステム障害を引き起こした上で本国サイバー部隊による不正な資産移動を実施。
ホームグロウン型ローンウルフ	都内地下鉄【テロ失敗】	悪質な悪戯〈愉快犯・陽動〉 通勤ラッシュ時に一斉非常停止ボタンによって混乱を惹起。なお、地下鉄の地上露出部分に自転車投げ入れは警備強化で未遂。
	東京湾来寄港中の豪華客船	ハイジャックと自殺攻撃〈カタルシス解消〉 スタッフとして客船に潜り込み、艦橋を乗っ取ってお台場に突入させる。
	新興IT系企業本社	通り魔的放火・殺人〈カタルシス解消〉 社会的に注目される新興IT系企業（キラキラした会社）コ・ワーキングスペースに突入して放火。

テロの発生を受けて日本政府は、以下の緊急声明を発出した。

「同時多発的にテロが起こったことは痛恨の極みであり、亡くなられた方、けがをされた方、そのご遺族、ご家族に心からお見舞いとお悔やみを申し上げる。客船の襲撃事件について、被害にあわれた米、中、インドネシアの方々がおり、各国首脳に対して哀悼の意を伝える。この非道な犯罪を行ったテロリストは、断固許すことはできない。

新聞社の占拠事件については、早急に人質解放と犯人逮捕を目指す。その他の事件も総力を挙げて犯人を探し出すとともに、事件の全面解決に向けて、政府一丸となって人命第一で早期収拾にあたる。我々はテロには決して屈しないし、国内外を問わずテロリストとは交渉しない。

日銀、東証で発生しているシステム障害については、サイバー・テロの可能性が高い。他方、日本経済の根幹に対する攻撃を最小限に留めることができた。金融システムについては早急に復旧する予定である。その間の資金繰り等、必要な措置については万全を期す。再発防止策について、すでに各省庁で対策を検討しており、万全の体制をとる。

オリパラ施設および交通インフラについてはダメージを受けておらず、オリパラは予定通り開催する。電気、水道などのライフラインも万全であり、競技開催に支障はない。参加各国に対しても安全であることをしっかりと説明し、理解を得ていく」

Ⅳ　シミュレーションから考えるテロ対策・国民保護

2020東京五輪を舞台とした以上のシミュレーションから明らかとなったこと、またそこからテロ対策・国民保護において学ぶことは何か。以下ではこれらについて検討する。

1　レッドチームとブルーチームの目標のずれ

冒頭記述したとおり、シミュレーションは「五輪テロの懸念」をテーマに、その動向に注意を払うべきと指定されているテロリストをレッドチームに実施した。シミュレーションにおいてテロリスト側には、2020東京五輪自体を妨害するインセンティブは当初から強くなかった。

イスラム過激派にとっては国際的に注目度が増す場として、北朝鮮工作員にとっては五輪警備に日本政府のアセットが割かれる期間として、ローンウルフにとっては華やかな状況と社会の一体感の中で自らの疎外を実感する状況として、それぞれ最大の意味があった。すなわち2020東京五輪そのものの妨害意図どころか、五輪それ自体の成否に関心を払う「五輪テロ」は志向されなかった。そのこと自体は驚くべき事ではない。しかし、日本政府や日本に対する攻撃を積極的に行おうとするテロリストもまた、存在しなかった。結果としてレッドチームによるテロは、そのすべてが五輪とは直接関係の無い場で実施され、またその概要も犯罪行為として、警察による通常の取り締まりや捜査で粛々と対処すべき事項が意外に多いものとなった。その典型例はローンウルフ・愉快犯であり、最終的に彼らが実行した「テロ」は、中学生の悪戯が大規模になったようなものでもある。

テロが実施されるに至った（防ぎきれなかった）大きな要因に、2020東京五輪という一大イベントの位置づけ・理解にギャップがあったことは疑いない。日本政府にとってその開催は不可避であり、五輪開催が中止となるような事態は何としても防がなければならない。しかしテロリストは五輪妨害に関心が無い以上、ブルーチームの守りたいものとレッドチームの狙うものとの間には自ずと乖離が生じる。こうして2020東京五輪開催とは異なる関心で進められたテロが実行された。一方で日本政府の目指した2020東京五輪は無事に開催される見込みとなった。テロ発生後にブルーチーム、日本政府側が発した緊急声明が述べるように、「五輪関連施設および交通インフラについてはダメージを受けておらず」、「電気、水道などのライフラインも万全」で、競技開催に物理的支障は発生しなかったのである。テロリストによるテロは概ね成功したといってよい。同時に日本政府の求めた「2020東京五輪をテロから防衛する」という最優先目標もまた、達成されたのである。

2　「五輪テロ」対策における葛藤

シミュレーションは、オリンピックを契機にしたテロ（計画）ではあるものの、オリンピックや開催国それ自体にはさほどテロリストの関心は払われなかった。それは、ブルーチームが2020東京五輪の開催に尽力し、五輪の運営に直接に関係する施設やインフラは、狙われないようにする対策が為されたことの帰結でもある。単純な理由として対策が為されているから狙われなかったのであり、仮に関連施設が無防備でかつ無辜の人々が存在する状況であれば、テロリストにとってはむしろよい標的となった可能性はある。いずれにしても2020東京五輪をテーマにレッドチームの思考を追うと、テロリストにとって五輪とは、要するに自らの達成すべき目標における切っ掛けに過ぎないことが露わになる。すなわち五輪によって日本に世界の耳目が集まり、日本政府もその開催に全力を挙げる状況そのものがテロの好機なのである。したがって防衛側が攻撃を完全に防ぐことはほとんど不可能である。テロ対策の徹底を訴えつつ、しかし対策を採れば採るほど、「五輪テロ」対策の対象ではない場所が狙われる、ということになる。

2020東京五輪の開催実現を危うくするテロの防止が、オリンピックテロ対策の最大目標である。レッドチームによる検討が示したのは、2020東京五輪のタイミングで、開催地（開催施設ではない）で発生する犯罪行為というものが「五輪テロ」だった。しかし2020東京五輪を守るために、その開催妨害を伴うものを「五輪テロ」とし、そうではない「一般犯罪」とを区別したところで、テロは発生する。五輪の成功のために対策を強化するほど、五輪を切っ掛けに集まってくるテロリストの行為が五輪とは直接には関係の無いところに向けられる。対策側が直面するこの葛藤は解消されることはない。

これに対してシミュレーションの中でブルーチームは、五輪会場の警備の優先順位を早々に落とした。それは、開催日前で人が多く存在するわけでもないという判断だった。また、イスラム過激派テロリスト・チームが当初狙っていた幼稚園等は、事前に休園としたことでターゲットから外れていった。さらに最終的に狙われた東京ドームは休業したことで、テロ発生時の人的被害を抑えることに成功している。人がいなければ少なくとも人への危害を手段とするテロは起こりようがないというシンプルだが有効な対策となった。2020東京五輪を行うことが日本政府にとって最優先目標なのだとすれば、その他のものは極力、停止させるというのが1つの対応としてあり得よう。混乱を避けるために期間中の自宅作業などが推奨されているが、テロ対策として有効であることを示唆している＊10。

3　国民保護と2020東京五輪テロ

テロリストに狙われたとき、テロは防ぎきれない。ただし2020東京五輪とは直接に関係の無い場所でそれは実行される。このようにみるならば、2020五輪テロ対策の強化はそれとして行い、同時に通常のテロ対策に取り組むことが重要になる。実際に東京都の五輪テロ対策計画では、会場周辺警備等（ラストマイル）に大きな焦点が当てられている。その上で、仮に大規模テロなどが発生して緊急対処事態認定が行われた際には、国民保護計画に則って対応するとされる。国民保護計画が機能するかどうかという問題は別にして、現在の政府の「五輪テロ」対策の進め方は合理的であると言えるかもしれない。

他方でシミュレーションは、それが機能しないことを示唆した。端的には最後まで緊急対処事態は宣言されなかったのである。首相官邸では当初から、テロ発生時の対応として、警察のみならず自衛隊によるものまで真剣に議論が行われた。しかし実際のテロ発生後に緊急事態対処認定は検討もされず、一般的な犯罪対処の枠内で対応が進められた。シミュレーションの中で発生した北朝鮮工作員の侵入に端を発したサイバー攻撃は、仮に日本に対する外国からの攻撃が行われる場合には確実に採用される手法と目されている。またシミュレーションでは、北朝鮮によるものと疑われる事象をいくつか発生させ、またミサイル発射の徴候なども把握されていた。さらに最終段階では前述のサイバー攻撃に加えて、豪華客船の乗っ取り・占拠と30名近い死者が発生し、イスラム過激派による犯行声明まで出されている。ここに至ってなお、日本政府は国民保護法に基づく対応を取らなかった。

2020東京五輪の開催を至上命題とする政府側からすれば、緊急対処事態認定など実施しようもない。国民保護法では事態認定がスタートとなる一方で、大規模イベントはもとより外国からの日本に対するリスク認識を上昇させたくない政府には、事態認定を避けるインセンティブを強くもつ。結果として、国民保護法は使えない法律として存在し、曖昧なままに「テロ」が発生していくことをシミュレーションは示している。また、東京都心部の交通における要である地下鉄を一時的に麻痺させ、社会を混乱させるに至ったのは、愉快犯に類するテロだった。さらにそれらのテロはいずれも、2020東京五輪そのものに対する関心は払われないままに展開した。以上のシミュレーション推移が示す示唆は、国民保護のあり方の再考である。事態認定は基本的に政府に委ねられている以上、政府が認定しなければ法的には事態は存在しない。他方でテロは発生し、現場は対応に追われるのであれば国民保護法は完全に空文なのであり、それに基づく訓練や対策などはせいぜい見積もって絵に描いた餅でしかない。

おわりに

五輪にあたりテロ対策が重要であると言えば、誰も反対はしまい。また過去の五輪で発生したテロ事件、たとえばミュンヘン・オリンピックやアトランタ・オリンピックの事件などを指摘することも警戒心を呼びかけるにはよいかもしれない。しかしシミュレーションが示したのは、「五輪テロ」対策は徒花でしかないということだ。五輪は切っ掛けに過ぎず、テロが発生するとすれば、それは時代と国内外の情勢によるもので、五輪のみを切り離す意味は特にない。

2020東京五輪を舞台にテロを起こすことに魅力を感じる主体がいるとすれば、それはいかなる者で、なぜ魅力を感じるのかを考えることが第一に必要なのであり、過去の五輪等で発生してきたテロを踏まえて選手村の襲撃や爆発物テロ、サイバー攻撃などの対策を考えることが最優先ではない（それが不要と言うことでは無い）。皮肉なことに2020東京五輪をテーマにレッドチームによる検討を進めると、五輪そのものから思考は離れることになる。冒頭の東京都職員の五輪委員会に対する感想は辛辣なものではある。しかし通常の取り組みをやるだけという現場の感覚はあながち外れてはいないのである。

第二にそのことは、2020東京五輪そのものに焦点を当てるのではなく、日本と世界が置かれた状況を踏まえて、日本に対する脅威は何か、それらの脅威から五輪という場を含めて日本を守るには、何が求められるのかを考えるということの必要性を示唆する。それは、日本を取り巻く戦略環境と国際テロリズムの潮流、国内過激派の動向、さらにそれらの基層をなす多くの日本社会・国際社会の構造的要因とを組み合わせて考えることが必要になる。したがって、過激派組織の動向と国内外の情勢を精査し、2020東京五輪をテロの対象とするにあたり、どのような動機があるのか、丁寧に分析していくことが何よりも重要となる。平時の体制のもとで個々のテロ対策を進める努力に、情勢分析に基づいてテロ主体のモチベーションからリスク・シナリオの検討を進めることが求められる。

本書の共通テーマである国民保護の観点から2020東京五輪テロ・シミュレー

ションが露わにするのは、以下の２点である。第１に東京五輪テロ対策ではなく、国民保護の求められる事態としての東京五輪テロというフレームで考える必要である。第２に、その必要性に直面しつつも国民保護法に基づく行動は発令されない蓋然性が高いということである。もとより思考実験としての五輪テロ・シミュレーションは、１つのケースを提供したに過ぎない。しかし、五輪テロ対策を強めるほどにテロの対象が五輪それ自体からはますます離れていった過程は、2020東京五輪そのものを防護する発想の陥穽を示している。同時に国民保護の対象となる事象をどれほど積み上げ、たとえば国民保護訓練をどれほど重ねても、肝心の事態認定がなされないことも示唆された。

それでは国民保護を機能させるには何が必要なのだろうか。シミュレーションが示唆するのは、実行者の立場に立った具体的なシナリオを詰めることの重要性である。現在の国民保護は、その多くが防災・危機管理の視点で進められている。防災・危機管理では、発生する事象がなぜ発生するのかは基本的に問われない。それは自然科学の領域の役割であり、たとえば地震学等に基づく災害想定によって起こりうる事象が示され、対策に当たってはそれを所与として検討が進められる。国民保護についてはそれらの想定が存在しない。いったいなぜ日本や日本人、あるいは日本のイベント等が狙われるのか、誰が狙うのか。脅威を精緻に検討し、それに基づいて対策を考える必要性を、レッドチーム思考に基づくシミュレーションは露わにしている。

註

1 国際組織犯罪等・国際テロ対策推進本部「邦人殺害テロ事件等を受けたテロ対策の強化について」2015年5月29日。
https://www.kantei.go.jp/jp/singi/sosikihanzai/20150529honbun.pdf

2 国際組織犯罪等・国際テロ対策推進本部「2020年東京オリンピック競技大会・東京パラリンピック競技大会等を見据えたテロ対策推進要綱」概要（2017年12月11日）、
https://www.kantei.go.jp/jp/singi/sosikihanzai/20171211gaiyou.pdf

3 東京オリンピック競技大会・東京パラリンピック競技大会推進本部「2020年東京オリンピック競技大会・東京パラリンピック競技大会に向けたセキュリティ基本戦略（Ver.1）」（2019年3月21日）、
https://www.kantei.go.jp/jp/singi/tokyo2020_suishin_honbu/kaigi/dai7/sankou1.pdf

4 オリンピック・パラリンピック準備局「東京2020大会の安全・安心の確保のための対処要領」の改定（第二版の公表）（2019年4月16日）、
https://www.metro.tokyo.lg.jp/tosei/hodohappyo/press/2019/04/16/13.html

5 同上、30頁。

6 東京都職員へのインタビュー（2019年7月15日）

7 たとえば公安調査庁は2020年1月に「2020年東京オリンピック・パラリンピック競技大会の安全開催に向けて」とする特集を組んで検討を行っている。公安調査庁「内外情勢の回顧と展望（令和2年1月）」2019年12月20日。

8 東京都「東京2020大会の安全・安心の確保のための対処要領（第二版）」（2020年4月）、8～10頁。

9 シナリオ内容は、キヤノングローバル戦略研究所の報告書に準拠している。同シミュレーションでは架空の世界を想定して実施したが、本稿では国名など固有名詞を現実のものにアレンジしている。

10 小野愛「東京五輪・パラリンピックに伴うリスク＝企業に求められる危機管理＝」『RICOH Quarterly HeadLine 2019夏号』リコー経済社会研究所、Vol.24、2019年7月1日。

おわりに

本書は、2017年度に、防衛大学校グローバルセキュリティセンターを拠点に立ち上げた「国民保護研究会」の研究成果である。研究会に参加したメンバーは、大学、シンクタンク、民間企業で働く研究者や実務家で構成される。自然災害などの防災分野を中心に発展してきた日本の危機管理研究に対し、国民保護の文脈から学術的かつ政策的な論議を仕掛けてみたいという熱い思いを共有する面々である。第１章を担当した平嶋彰英教授には、元総務省消防庁国民保護室長としての知見を共有するため、急遽執筆陣に加わっていただいた。

研究会の当初の問題関心は、国民保護の担い手である地方自治体に期待される役割と実際の取組みについて調査・分析を行い、制度や施策の現状と課題を解明することであった。その成果は、「国民保護をめぐる課題と対策」（『グローバルセキュリティ調査報告』第2号、2018年8月）として発表した。そして、日本の危機管理体制が抱える諸問題を、その制度設計、実施体制と運用、危機的課題に分けて体系的に検討した成果として、本書『論究　日本の危機管理体制―国民保護と防災をめぐる葛藤』を上梓することとなった。

なお、2017年度～18年度にかけて、危機管理制度の基盤的研究を実施するに当たり、公益財団法人サントリー文化財団の「人文科学、社会科学に関する学際的グループ研究助成」を活用させていただいた。そのご支援の下で、中央省庁および地方自治体、ならびにマスメディア、救急医療、重要インフラ等に携わる多くの実務家に聞き取り調査をすることができた。また、東京海上日動リスクコンサルティング株式会社及びキヤノングローバル戦略研究所の会議室を、研究会の会場として使用させていただいた。そして、本書は、戦略研究学会の2020年度出版プロジェクト刊行書籍に採択していただいた。本書が世に出るまでに様々な支援や協力を賜ったこれらの皆様に、この場を借りて心より御礼申し上げる。最後に、戦略研究学会の理事として出版企画を進めていただくと共に、出版に至る編集作業に多大な助力を頂戴した芙蓉書房出版の平澤公裕社長に、ここに記して、厚く御礼申し上げる次第である。

2020年3月

執筆者一同を代表して
武田 康裕

索　引

さ　行

た　行

な　行

は　行

ま　行

や　行

ら　行

執筆者紹介　（執筆順）

武田 康裕（たけだ やすひろ）
防衛大学校国際関係学科教授
1956年生まれ。東京大学大学院総合文化研究科博士課程単位取得退学、博士（学術）取得。ハーバード大学国際問題研究所客員研究員、世界平和研究所研究員など。
著書：『日米同盟のコスト－自主防衛と自律の追求－』（亜紀書房、2019年）、『新訂第５版　安全保障学入門』（共編著、亜紀書房、2018年）、『エドワード・ルトワックの戦略論』（共訳、毎日新聞出版、2014年）

平嶋 彰英（ひらしま あきひで）
立教大学経済学部経済学研究科特任教授
1958年生まれ。東京大学法学部卒業。山梨県総務部長、総務省消防庁総務課国民保護準備室国民保護企画専門官、総務省消防庁国民保護室長、総務省自治財政局財政課長、総務省大臣官房審議官（財政制度・財務担当、税務担当）、総務省自治税務局長、総務省自治大学校長、地方職員共済組合理事長。
著書・論文：『地方債（地方自治総合講座）』（共著、ぎょうせい、2001年）、『地方公共団体財政構造改革ハンドブック』（共著、ぎょうせい、1997年）、「国民保護法案と地方自治体の関わりについて」（『地域政策―三重から』12号、2004年夏季、三重県政策開発研修センター）

伊藤　潤（いとう じゅん）
中京大学法学部非常勤講師
名古屋大学大学院法学研究科博士後期課程修了、博士（法学）。ワシントン大学ロースクール客員研究員、名古屋大学大学院法学研究科研究員、防衛大学校グローバルセキュリティーセンター共同研究員など。
著書・論文：「国土安全保障における緊急事態管理とAll-Hazards Approach－核攻撃事態の対応・復旧計画を事例に－」（『国民保護を巡る課題と対策』グローバルセキュリティ調査報告第2号、第2章、2018年8月）、「FEMA（連邦緊急事態管理庁）の創設：米国のAll-Hazardsコンセプトに基づく危機管理組織再編」（『国際安全保障』45(1)、2017年）、『米国国立公文書館（NARA）所蔵アメリカ合衆国連邦緊急事態管理庁（FEMA）記録オンライン・アーカイヴ』

(Unit 1 編集・解題、極東書店、2016年)

中村 登志哉(なかむら としや)
名古屋大学大学院情報学研究科教授、附属グローバルメディア研究センター長
1960年生まれ。メルボルン大学(オーストラリア)大学院政治学研究科博士課程修了、Ph.D.(Political Science)取得。
著書・論文:『ドイツの安全保障政策 平和主義と武力行使』(一藝社、2006年)、"Japan's changing security policy and the 'Dynamic Defence Concept'" in Shearman, Peter ed., *Power Transition an International Order in Asia: Issues and Challenges,* Routledge, 2013, pp.103-123. 『ドイツ・パワーの逆説』(訳、一藝社、2019年)

加藤 健(かとう けん)
防衛大学校公共政策学科准教授
1972年生まれ。神戸大学大学院経営学研究科博士課程後期課程修了、経営学博士(神戸大学)。東日本大震災における災害応急対策に関する検討会(内閣府)特別委員、東京駅テロ対策パートナーシップ有識者検討会(警視庁)委員。
論文:「災害時における避難所の情報収集プロセスについての考察－新潟県中越沖地震での柏崎市役所の事例－」(『ノンプロフィット・レビュー』8-2、2008年)、「体内警報システムの機能不全－非避難行動の心理的メカニズム－」(『災害情報』No.8、2010年)、「災害対策本部における組織間連携に関する考察－連携のモジュール化の可能性－」(『災害情報』No.9、2011年)。

川島 佑介(かわしま ゆうすけ)
茨城大学人文社会科学部准教授
1983年生まれ。名古屋大学大学院法学研究科修了、博士(法学)。
著書・論文:『都市再開発から世界都市建設へ』(吉田書店、2017年)、「CIMSによる防災情報共有の現状と課題」(共著、『季刊行政管理研究』157号、2017年)、「米国における危機管理の一元化への歩み」(『防衛学研究』56号、2017年)

宮坂 直史(みやさか なおふみ)
防衛大学校国際関係学科教授
1963年生まれ。早稲田大学大学院政治学研究科修士課程卒。日本郵船株式会社、専修大学法学部助手、同専任講師など。

著書：『国際テロリズム論』（芦書房、2002年）、『日本はテロを防げるか』（筑摩書房、2004年）、『実践危機管理－国民保護訓練マニュアル－』（共著、ぎょうせい、2012年）。

中林 啓修（なかばやし ひろのぶ）
国士舘大学防災・救急救助総合研究所准教授
1976年生まれ。慶應義塾大学大学院政策メディア研究課後期博士課程単位満了卒業、博士（政策メディア）取得。
著書・論文：「退職自衛官の自治体防災関係部局への在職状況と課題－本人および自治体防災関係部局への郵送質問紙調査の分析を通して－」（共著、『地域安全学会論文集』No.31、2017年）、「自治体と在日米軍との防災上の連携の現状と課題に関する研究－主要な在日米軍施設が所在する自治体への質問紙調査から－」（『地域安全学会論文集』（電子ジャーナル）No.32、2017年）、「先島諸島をめぐる武力攻撃事態と国民保護法制の現代的課題－島外への避難と自治体の役割に焦点をあてて－」（『国際安全保障』第46巻第1号、2018年）。

林　昌宏（はやし まさひろ）
常葉大学法学部准教授
1980年生まれ。大阪市立大学大学院創造都市研究科博士（後期）課程修了、博士（創造都市）。
著書：『縮小都市の政治学』（共著、岩波書店、2016年）、『大震災復興過程の政策比較分析－関東、阪神・淡路、東日本の三大震災の検証－』（共著、ミネルヴァ書房、2016年）、『地方分権化と不確実性－多重行政化した港湾整備事業－』（吉田書店、2020年）。

古川 浩司（ふるかわ こうじ）
中京大学法学部教授
1972年生まれ。大阪大学大学院国際公共政策研究科博士後期課程単位取得退学。難民審査参与員（法務省）。
著書：『現代地政学事典』（共編・分担執筆、丸善出版、2020年）、『「国境」で読み解く日本史』（監修、光文社、2019年）、『ボーダーツーリズム－観光で地域をつくる－』（分担執筆、北海道大学出版会、2017年）。

芦沢　崇（あしざわ たかし）
東京海上日動リスクコンサルティング㈱上級主任研究員
1985年生まれ。一橋大学大学院国際・公共政策大学院公共法政プログラム修了。
著書・論文：『TALISMAN：日本社会・企業へのテロと対策－2020年を見据えて－』（東京海上日動火災保険、2018年）、「第8章　企業における弾道ミサイル攻撃対応と国民保護行政」（『国民保護をめぐる課題と対策』防衛大学校グローバルセキュリティ調査報告第2号、2018年）、「弾道ミサイル攻撃発生時の危機対応－J アラート（全国瞬時警報システム）が鳴った時、企業はどうするか、何をしておくべきか－」（『TRC Eye』No.315、2017年）。

川口 貴久（かわぐち たかひさ）
東京海上日動リスクコンサルティング㈱上級主任研究員
1985年生まれ。慶應義塾大学大学院政策・メディア研究科修了。
論文：川口貴久、土屋大洋「デジタル時代の選挙介入と政治不信：ロシアによる2016年米大統領選挙介入を例に」（共著、『公共政策研究』第19号、2019年）、「サイバー空間における『国家中心主義』の台頭」（『国際問題』No.683、2019年）、「米国のサイバー抑止政策の刷新：アトリビューションとレジリエンス」（『Keio SFC Journal』特集：新しい安全保障論の展開、Vol.15、No.2、2016年）。

本多 倫彬（ほんだ ともあき）
一般財団法人キヤノングローバル戦略研究所・研究員
1981年生まれ。慶應義塾大学大学院政策・メディア研究科修了、博士（政策・メディア）。
著書・論文：『平和構築の模索－自衛隊 PKO 派遣の挑戦と帰結－』（内外出版、2017年）、「技術進歩と軍用犬－対テロ戦争で進むローテクの見直し－」（『「技術」が変える戦争と平和』芙蓉書房出版、2018年）、Tomoaki HONDA, Yukako Tanaka Sakabe, Should the 'Continuum' for peacebuilding focus on development or conflict prevention? The case of Timor-Leste, Atsushi Hanatani, Oscar A. Gómez, Chigumi Kawaguchi eds., *Crisis Management Beyond the Humanitarian-Development Nexus*, Routledge, 2018.

論究(ろんきゅう) 日本(にほん)の危機管理体制(ききかんりたいせい)

2020年 4月27日　第1刷発行

編　者
武田(たけだ) 康裕(やすひろ)

発行所
㈱芙蓉書房出版
(代表 平澤公裕)
〒113-0033東京都文京区本郷3-3-13
TEL 03-3813-4466　FAX 03-3813-4615
http://www.fuyoshobo.co.jp

印刷・製本／モリモト印刷

ISBN978-4-8295-0787-2

【芙蓉書房出版の本】

暗黒大陸中国の真実 【新装版】

ラルフ・タウンゼント著 田中秀雄・先田賢紀智訳　本体 2,300円

80年以上前に書かれた本とは思えない！
中国とはどんな国なのか？　その原点が描かれた本が新装版で再登場。
上海・福州副領事だった米人外交官が、その眼で見た中国と中国人の姿を赤裸々に描いた本（原著出版は1933年）。

苦悩する昭和天皇

太平洋戦争の実相と『昭和天皇実録』

工藤美知尋著　本体 2,300円

昭和天皇の発言、行動を軸に、帝国陸海軍の錯誤を明らかにしたノンフィクション。『昭和天皇実録』をはじめ、定評ある第一次史料や、侍従長や侍従の日記・回想録、主要政治家や外交官、陸海軍人の回顧録など膨大な史料から、昭和天皇の苦悩を描く。

知られざるシベリア抑留の悲劇

占守島の戦士たちはどこへ連れていかれたのか

長勢了治著　本体 2,000円

飢餓、重労働、酷寒の三重苦を生き延びた日本兵の体験記、ソ連側の写真文集などを駆使して、ロシア極北マガダンの「地獄の収容所」の実態を明らかにする。

第５回シベリア抑留記録・文化賞 受賞

札幌農学校の理念と人脈

独自の学風はどのようにして生まれたのか

山本悠三著　本体 1,600円

日本の近代化の推進力となる優秀な人材を輩出した札幌農学校の創立から明治30年代までの発展の歴史を描く。その名称にかかわらず、理学・工学・法学などの広範な領域の講義を行い、政界・官界・実業界に進んだ卒業生も少なくない。